機能性流体入門

—基礎と応用—

編著
中野 政身

編著者・執筆者一覧

編著者	
中野政身	東北大学　未来科学技術共同研究センター　教授

執筆者		担当章、節
中野政身	東北大学　未来科学技術共同研究センター　教授	第1章、2.1、2.2、第3章、6.3
吉田和弘	東京工業大学　科学技術創成研究院 未来産業技術研究所　教授	2.3
柳田秀記	豊橋技術科学大学　機械工学系　教授	4.1
横田眞一	東京工業大学　名誉教授	4.2、4.3
竹村研治郎	慶應義塾大学　理工学部　機械工学科　教授	4.2
三井和幸	東京電機大学　工学部　先端機械工学科　教授	4.4
西田　均	富山高等専門学校　名誉教授	第5章
柿沼康弘	慶應義塾大学　理工学部 システムデザイン工学科　教授	6.1
奥崎秀典	山梨大学大学院　総合研究部　教授	6.2
藤原由紀乃	山梨大学大学院　医工農学総合教育部	6.2

「機能性流体入門～基礎と応用～」

目　次

はじめに

機能性流体の歴史を紐解くと、機能性流体そのものだけでなくその工学的な応用も含めて1900年代半ばに提案・開発されている。電気粘性（ER）流体は1947年にWinslow W.M.によってブレーキやクラッチへの応用として、磁気粘性（MR）流体は1948年にRabinow J.によってクラッチへの応用として、電気流体力学（EHD）現象は1800年代から知られていたが1959年にStuetzer O. M.によってイオンドラッグポンプとして、磁性流体は1965年にPapell S.S.によって無重力空間における液体燃料の流れを磁場によって制御するための流体として、それぞれ初めて提示あるいは創製されている。これらのいずれの機能性流体も、機能性を発現させるための外場として電場あるいは磁場を用いており、電磁気学・電気化学などの学問領域に立脚し、電気的に容易に制御可能ということで応用に際しての簡便性に配慮した開発が行われているようである。この方向性は機能性流体を実用に供するという観点から的を射ており、これらの機能性流体の開発・提案を起源として、その後、新たに発展的な優れた機能性流体が創製され、その機能性の評価、機能発現のメカニズムの解明、そしてマルチスケール流動特性解析など流体力学的な観点からのアプローチもなされ、それらの固有の機能性を有効に活用した特徴的な応用デバイス・システムの開発が様々な分野で展開されてきており、いくつかの機能性流体は実用に供され現在に至っている。

本書では、外場として電場あるいは磁場を印加することによって機能性が発現する機能性流体として、電気粘性（ER）流体、磁気粘性（MR）流体、電気流体力学（EHD）現象を呈する流体、磁性流体・磁気混合流体、そして機能性ソフトマテリアルを取りあげ、それらの機能発現メカニズムから特徴的な応用展開までを解説している。

第1章では、緒言として、機能性流体の概念を示し、種々の機能性流体を例示して、種別毎にその機能性と特徴について概観しながら簡単に研究開発・応用の動向について解説している。さらに、その理解を促すためにレオロジーの基礎についても概説している。

第2章では、外部電場の作用のもとでそのレオロジー的性質が大きく変化する電気粘性（ER）流体を取りあげ、これまで開発されてきた

ER流体を組成とER効果の違いから、粒子分散系ER流体と液晶に代表される均一系ER流体に分類し、それぞれのER流体の機能発現メカニズムとER効果の特性や流動特性について詳述し、種々の特徴的な工学分野への応用展開の事例を紹介している。

第3章では、外部磁場の作用のもとでそのレオロジー的性質が大きく変化する磁気粘性（MR）流体を取りあげている。オイルを分散媒として数μmサイズの強磁性体粒子を分散したMR流体、そのMR流体を不織布などの多孔質体に含侵させたMR流体多孔質コンポジット、そしてオイルフリーの強磁性体粒子の粉体からなり流動性を高めたドライMR流体に関して、それぞれのMR効果発現メカニズムと特徴、そしてMR効果の特性や流動特性について記述して、三種のそれぞれのMR流体に特徴的な応用展開の事例を紹介している。

第4章では、誘電液体に高電界を与えると液体内部に電気的な力が発生して流動が生じる電気流体力学（EHD）現象を呈する流体を取りあげている。その現象の発現機構に関するモデル解析とEHDポンプを対象にした数値解析結果を提示するとともに、特に強い流動を呈する電界共役流体（ECF）に関してもその発現機構を詳述し、解析モデルによるシミュレーションによってその効果について解説している。EHD現象の応用事例として、ECFのマイクロモーター、液冷用ポンプ、およびソフトアクチュエータ用のマイクロ液圧源などへの応用、EHD現象を活用した多段EHDポンプを適用した人工筋ロボットアーム、揺動型アクチュエータとその多関節ロボットへの応用などを紹介している。

第5章では、磁場印加により磁気体積力などが発生し若干の粘度変化も生じる磁性流体（MF）を取りあげ、その分散安定性や磁化特性、磁場下での流動特性と粘度特性、そして磁場勾配下で発生する磁気体積力による磁気的エネルギーについて概説して、実用化された応用事例などを紹介している。さらに、磁性流体と磁気粘性（MR）流体を混合した磁気混合流体（MCF）を取りあげ、その組成、磁化特性、流動特性と粘度特性などと関連付けて機能性について概説するとともに、主にその研磨加工への応用について紹介している。

第6章では、機能性ソフトマテリアルとして、電気的に表面の粘着性を変化できる電気粘着ゲル、電場に応答して大きな変形をする各種の機能性高分子材料からなるEAPソフトアクチュエータ、および磁場に反応して粘弾性、特に弾性的特性が大きく変化するMRエラストマーを取りあげ、それぞれの機能性ソフトマテリアルの機能性発現原理、特性と特徴、そして応用について解説している。

内容的には、以上で取りあげた電場や磁場に応答して機能を発揮する機能性流体に関して、各機能性流体の機能性およびその機能発現の基礎から種々の分野への応用およびその可能性までを入門レベルでわかり易く解説するようにしている。ページ数の都合で詳細まで解説できていない部分もあるが、付してある参考文献を参照されたい。現に機能性流体に関する研究・開発に携わっている研究者・技術者のみならず、機能性流体とその応用に興味のある大学院生や若手技術者の必読の書として、その一助となれば幸いである。

本書は、(一社) 日本フルードパワーシステム学会の創立50周年記念事業の一環として出版された。本書の出版の企画に関わられた創立50周年記念事業実行委員会の関係各位に御礼を申し上げる。本学会では、2001年8月に学会名を「日本油空圧学会」から現在の「日本フルードパワーシステム学会」へと名称を変更している。油空圧分野だけでなく、機能性流体や水圧分野など様々なフルードパワーを対象とした学会活動の展開を期してのことであり、現に、1990年代頃から機能性流体に関する研究発表や研究委員会の設置 (1996年から7回 (各3年)) と活動が活発に行われてきている。本書の分担執筆も本研究委員会の委員の方々に依頼している。ご多忙な中執筆を快諾いただいた執筆者各位、並びに出版へと運んでいただいた日本工業出版㈱に改めて謝意を表し、「はじめに」の言葉とする。

中野政身

第1章

緒言

機能性流体の概要を捉えられるように、本章では、緒言として、機能性流体の概念を説明し、機能性流体として、ER（Electro-Rheological）流体、MR（Magneto-Rheological）流体、EHD（Electro-Hydro-Dynamics）効果を呈する流体、磁性流体、機能性ソフトマテリアル、およびShear-Thickening流体などの代表的な機能性流体を取り上げ、これらの機能性流体の種別毎にその機能性と特徴について概観しながら、簡単に研究開発・応用の動向について記述する。さらに、本書で取り上げる機能性流体がその機能性として流体のレオロジー特性を変化できる流体が多いことから、その理解を促すためにレオロジーの基礎について概説しておく。

1.1　機能性流体の概念と種々の機能性流体

1.1.1　機能性流体の概念

身近な水や油は、粘性が比較的大きく圧縮性は一般的にはほとんどないに等しいが、逆に、空気は粘性がほとんどなく顕著な圧縮性を示し、それぞれの流体が固有の性質を有している。これらの粘性や圧縮性などの性質も流体のもつ一つの機能としてみれば、広義には水や油そして空気なども機能性を示す流体と捉えることができる。しかしながら、本書でいう機能性流体(Functional Fluids)とは、狭義に捉えて、図1.1.1の機能性流体の概念図に示すように、流体を人工的に調製してある機能を強調し、かつ外部から加える物理量（電磁場、光、温度など）を制御することによって、その微視的構成要素(微粒子、分子、イオン、電子など）の物理化学的性質を機能的に変化させ、諸機能を発現することができる流体を指しており、工学的に応用可能な機能性を発揮する流体の総称である。また、機能性流体は、グローバルにはスマート流体（Smart fluids）とも呼ばれ、その意味するところから、上述の機能性を発揮するだけでなく、情報処理機能を有するインテリジェントな流体とも捉えられており、流体自身が外部環境条件（電磁場、光、温度など）を自ら認識し、能動的に応答する知能流体や知能流体システムの概念も提唱されている[1]。知能流体の実現には機能性

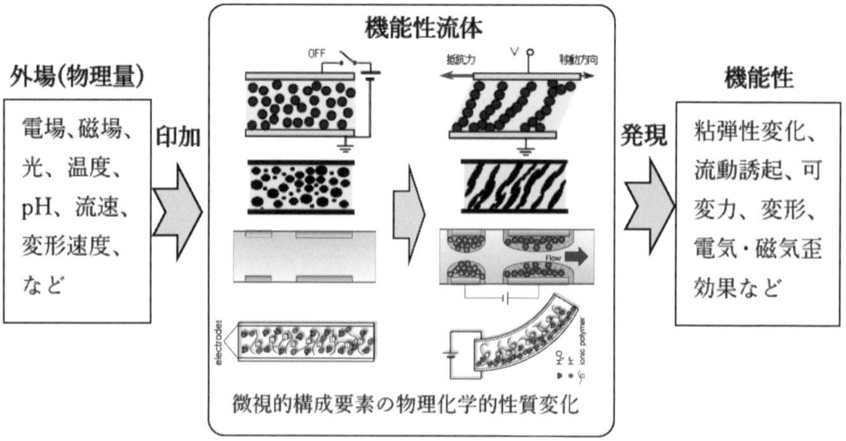

図1.1.1　機能性流体の概念

流体の更なる多機能化や融合化などが必要となるが、現状では、機能性流体のもつ機能性を活用して、その機能性を補完するための既存のセンサ、マイクロプロセッサ、アクチュエータなどとの融合化によって高度な知能制御システムを構築するのが現実的である。

現状では、上述の機能性流体として、電場や磁場に反応して粘弾性のレオロジー特性が変化するER流体（Electro-Rheological Fluids、電気粘性流体）やMR流体（Magneto-Rheological Suspensions、磁気粘性流体）、直流高電圧を印加するとジェット流が発生する電気流体力学（Electro-Hydro-Dynamics; EHD）効果を発揮する流体、磁場に反応して磁気体積力を発生する磁性流体（Magnetic Fluids, Ferrofluids）、電場や磁場に反応して粘弾性特性の変化や変形が生ずる機能性ソフトマテリアルなどがあげられる。

これまで、これらの機能性流体に関して、その創製と機能性の評価、そして機能発現メカニズムの解明とマルチスケール流動特性の把握など流体力学的な観点からのアプローチとともに、その固有の機能性を工学的に有効に活用し、高速性、簡便性、コンパクト性、さらには知能性などの有意な特徴が付与された先進機械デバイスおよびシステムの研究開発が活発に行われてきている。具体的には、ブレーキ、クラッチなどによる動力伝達・制動制御、ダンパによる振動の抑制、可動部の全くないバルブによるアクチュエータ制御、マイクロモーターなど、さまざまな方面に応用可能であり、多方面で活発に研究・開発が進められてきている[2)～4)]。

ここでは、フルードパワーシステムに応用の可能性を有する機能性流体として、ER流体、MR流体、EHD効果を呈する流体、磁性流体、機能性ソフトマテリアル、およびShear-Thickening流体などを取り上げ、これらの機能性流体の種別毎にその機能性と特徴について概観しながら、簡単に研究開発・応用の動向を紹介する。

1.1.2　電気粘性（ER）流体

シリコーンオイルなどの絶縁性の分散媒中に電場下で誘電分極し易い物質からなるμmオーダーのサイズの微粒子を分散した懸濁液である粒子分散系ER流体と、液晶のように電場下での棒状分子の配向によって粘性が変化する粒子を含まない均一系ER流体がある。粒子分散系ER流体は、電場下で分極した分散粒子が鎖状につながりクラスター構造を形成して降伏せん断応力を誘起することにより液体から疑固体へと相変化してそのレオロジー特性を大きく変化する。このように、ER流体は外部電場の作用のもとで分散微粒子や液晶分子が反応して流体の内部構造が変化しそのレオロジー的性質が大きく変化するER効果を示し、そのER効果を数msのオーダーで電気的に可逆的かつ連続的に変化できるため、電気信号によって直接「力」、「圧力」、「流量」などの信号に変換し制御できる特筆すべき機能を有している。

そのため、ER流体を作動流体として流量や圧力を制御する全く稼働部のないバルブ、ER流体の粘性変化を活用した可変減衰ダンパ、ER流体の降伏応力発現を活用した動力伝達・制動するクラッチやブレーキ、そして、ER流体を作動媒体とするこれらのデバイスを融合化した先進スマートマシン・システムの構築が可能となる。特に、ER流体の場合、電極を設置することによってそのレオロジー特性を制御できることから、デバイスの小型化が可能であるため、MEMS（Micro Electro Mechanical Systems）などのマイクロデバイスへの応用が期待できる。

1.1.3　磁気粘性（MR）流体

MR流体は、シリコーンオイル等の油を分散媒としその中に1～10 μmの強磁性体粒子（カルボニル鉄）を分散させた懸濁液であり、磁場の印加によってそのレオロジー特性を急速かつ可逆的に変化できる機能（MR効果）を示す機能性流体である。ER流体との大きな違いは、分散粒子が電場ではなく磁場に応答することである。分散した多数の磁区を有する強磁性体粒子が磁場印加により磁気的に分極し、粒子分散系ER流体と同様に粒子同士が結合してクラスター構造を形成することによりレオロジー特性が大きく変化する。一方、このように外部磁場に反応する機能性流体として磁性流体が古くから知られているが、MR流体との最も大きな違いは分散粒子径である。一般的な磁性流体の粒子径は5～10nm程度であるのに対してMR流体では1～10 μm程度であるため、この粒子径のオーダーの違いからMR流体は磁性流体に比べ著しく大きなMR効果を発揮する。また、両流体とも粒子同士の凝集回避や分散安定性の向上のため分散粒子表面に界面活性剤等を吸着させているが、磁性流体ではブラウン運動によって分散粒子が一様に分散するのに対して、MR流体では分散粒子の比重が大きいため粒子の沈降が問題となる。この対策として、分散媒として動くと流動性が高くなるチキソトロピックな流体を用いたり、常に弱磁場を印加したりするなどして粒子沈降を抑制する提案がなされている。また、MR流体の誘起せん断応力は、粒子分散系ER流体のものに比して格段に大きく、約20から50倍の値を示すのが特徴的である。

MR流体の応用研究は、1990年代から活発化しており、現在では、MR流体は市販されており商業ベースでの市場展開がなされている。MR流体が市販されるほど成熟していることから、MR流体の開発よりもむしろ実用化を目指した応用分野の研究開発が活発に行われてきている。各種のMR流体ブレーキ、クラッチ、ダンパ、ショックアブソーバなどのモジュールが開発され、MR流体ダンパやMRショックアブソーバは実際にトラック・農業用トラクターなどのシートダンパや乗用車・軍用トラックさらにはつり橋のワイヤ振動制御装置やビルなどの建築構造物の免震装置などに搭載され実用化に至っている。他に、MR流体をガラスレンズの研磨加工に応用しその研磨装置を製品化している例もある。MR流体の健康福祉分野への応用として、多盤式MR流体ブレーキを活用して、大腿義足用のMR流体継手や下肢装具なども開発されている。今後、MR流体が高出力で温度依存性が少なく取り扱いが容易なことから、かなり広範な分野での実用化の可能性が期待できるが、最大の欠点である粒子沈降が回避されかつ粒子の再分散性が確保できる応用に限定されるだろう。

1.1.4　EHD効果を呈す流体

誘電性液体（実質的には絶縁性液体）に高い電場を与えると、流体内部に電気的な力が発生し誘電液体に対流や二次流れが発生する。このような現象を電気流体力学（Electrohydrodynamic; EHD）効果といい、このような現象を示す誘電液体を総称してEHD流体と呼ぶ。この流動メカニズムについてはまだ未解明な部分も多いが、直流電場では誘電泳動力より自由電荷に作用するクーロン力が支配的になり、このクーロン力により流体力学的不安定性が生じて流動（イオンドラッグ流動）が生じる場合と、電気歪みが支配的で純伝導流動が生じる場合に大別できる。このような現象発見の起源はかなり前に遡り、1800年代頃から知られていた。近年、高出力の誘電液体が発見され、その特徴である小型化･マイクロ化を指向した、各種のマイクロモーター、マイクロポンプ、マイクロ人工筋、マイクロアクチュエータなどへの応用研究が日本国内で活発に行われてきている[3)]。今後とも、新たなマイクロモーター、マイクロポンプ、マイクロアクチュエータなどマイクロマシンやMEMSの分野への応用が期待される。

1.1.5　磁性流体

1965年にNASAのDr. S.S. Papellによって無重力空間における液体燃料の流れを磁石を用いて制御するために初めて磁性流体が開発されている。磁性流体は、粒子表面を界面活性材処理した10nm程度の強磁性微粒子を、水やケロシンなどの分散媒中に高濃度に分散したコロイド溶液である。非常に安定しており、重力や磁場勾配による凝集を起こすことはなく、その基本的物性は磁性と粘性によって特徴づけられる。磁場の作用により強磁性体なみの磁気分極を示し、磁気的性質はヒステリシスや残留磁化をもたない超常磁性の特性を示す。非一様磁場において磁気体積力が発生する性質をもち、また界面に作用する垂直磁場により界面の内外でマックスウェル応力による圧力差が生じる。分散濃度が低いと磁性流体はニュートン流体と同じ挙動を示すが、高濃度になると擬塑性流動を示し、若干ながら磁性流体の粘度の磁場依存性も認められるようになる。これまで、マグネタイトやマンガン亜鉛フェライトなどの粒子を分散した酸化物磁性流体、コバルトやニッケルなどの強磁性金属や合金を用いた金属性磁性流体、磁化の温度依存性の大きい感温性磁性流体、磁性粒子表面に形成される電気二重層の作用で安定に粒子を分散させるイオン性磁性流体などが開発されてきている[1)7)]。

磁性流体の応用としては、従来から、回転軸との間に磁性材料で磁気回路を形成し軸と磁性材料との間に磁性流体を保持してシールを行う磁性流体シール、磁性流体でボイスコイルを支えるダンパーレスの構造を採用した磁性流体スピーカー、密度の異なる複数の物質群から特定の密度の物質を分離する比重差選別などの実用実績があるが、近年では、感温性磁性流体を活用した磁性流体熱交換ポンプや対流熱伝達の促進制御、磁性流体マイクロマシン、ロータリー型血液ポンプの軸シールへの応用などの基礎研究が鋭意進められてきている[4) 6) 7)]。今後さらに新たな磁性流体活用のブレークスルーと実用化が待たれるところである。

1.1.6　機能性ソフトマテリアル

機能性ソフトマテリアルは大きな変形や流動が生じることから、機能性流体の一つとして取り上げることとする。機能性を発揮するソフトマテリアルとして、電磁場に反応して表面性状や粘弾性特性が変化したり変形したりする興味深い機能性ソフトマターが開発されている。

粒子分散系ER流体の粒子沈降やシール構造の必要性などを回避できるER粒子をゲル構造化した電気粘着ゲルが開発されている[4)]。この電気粘着ゲルと接触して摺動する部材に接触界面の性状を電気的に可変して摩擦抵抗を変化できる機能性を有しており、電気粘着ゲルを用いた片側電極配置のブレーキ、フィクスチャ、電場援用研磨などへの応用が試みられている。

電場に応答して大きな変形をする各種の機能性高分子材料が開発され、材料自体の柔軟性や動作がしなやかなことから「人工筋肉」とも呼ばれ、ソフトアクチュエータ材料として種々の分野への魅力ある応用が展開されている[8)]。イオンが流れる高分子を2枚の電極層で挟んだ接合体からなり、電圧を印加するとイオンと水分の偏りに伴う膨潤・収縮により屈曲運動が生じるイオン導電性高分子ソフトアクチュエータ、電気化学的な酸化還元に基づくドープ・脱ドープにより可逆的な体積変化が生じる電子導電性高分子ソフトアクチュエータ、そして、ゴムなどの誘電体薄膜に柔軟な電極を貼り付けた3層の構造をもち、電極間に1 kV ～ 2 kVの高電圧を印加すると静電力による両電極の引き合いによって電極間が縮み面内方向に延伸する誘電エラストマーなどが開発されている。イオン導電性高分子および電子導電性高分子アクチュエータは、低電圧駆動で応答性、耐久性、加工性に優れている特徴がある。

磁場に応答して粘弾性特性が変化するMRエラストマー[9)]や、あるいは磁気体積力によって能動的に変形する磁性ソフトマテリアルなども開発されている。これらは、各種ゴム材、ゲルなどの非磁性マトリックス中に強磁性体微粒子をフィラーとして分散させたコンポジットであり、磁場印加により弾性率が大きく変化したり、磁場勾配を与え磁気体積力により大きな変形をしたりすることから、振動絶縁部材、可変弾性の力覚提示装置、アクチュエータなどとしての応用が期待できる。

1.1.7　Shear-Thickening流体

以上で取り上げた機能性流体は、電場や磁場の外場に反応して特徴的な機能性を発揮する流体でしたが、ここでは、外場としてせん断速度、すなわち流れや変形の速度に依存して、あるせん断速度で急激に粘度が増大するShear-Thickening流体[10]を紹介する。このShear-Thickening流体（STF）は、1.2.1でのダイラタント流体（Dilatant fluid）に該当するが、図1.1.2に示すように、低せん断速度領域では低粘度を呈しShear-thinning特性を示すが、臨界せん断速度$\dot{\gamma}_c$に達すると分散した微粒子がお互い凝集現象を起こすことによって急激に見かけ粘度が増大し固体的な振舞をする。最小粘度$\eta_{min.}$に対するピーク粘度$\eta_{max.}$の割合$\eta_{max.}/\eta_{min.}$をShear-Thickening効果と呼び、臨界せん断速度$\dot{\gamma}_c$とともに、STFの特徴を表す指標となる。このような特徴的なShear-Thickening特性を呈するように人工的に流体を調整している。STFは、ナノやマイクロサイズの微粒子を分散媒に分散しており、常温での安定性を確保するために、分散媒としてethylene glycol（EG）、polyethylene glycol（PEG）、polypropylene glycol（PPG）などが用いられ、分散媒の種類、分散微粒子の種類・粒径・重量分率などによってShear-Thickening特性が変化する。図1.1.3には、ethylene glycol（EG）の分散媒に26 wt%のナノサイズのFumed silica粒子を分散したShear-Thickening流体のShear-Thickening特性に及ぼす温度の影響を示す[11]。温度が20℃、40℃、60℃と上昇するに伴い、Shear-Thickening現象が生じる臨界せん断速度$\dot{\gamma}_c$が上昇し、最小粘度$\eta_{min.}$およびピーク粘度$\eta_{max.}$は共に低下するようになり、Shear-Thickening効果も弱まる。すなわち、STFに外場として温度を印加すること（STFの温度を変化すること）によって、臨界せん断速度$\dot{\gamma}_c$、最小粘度$\eta_{min.}$、およびピーク粘度$\eta_{max.}$などのShear-Thickening特性を変化できる機能性を有してい

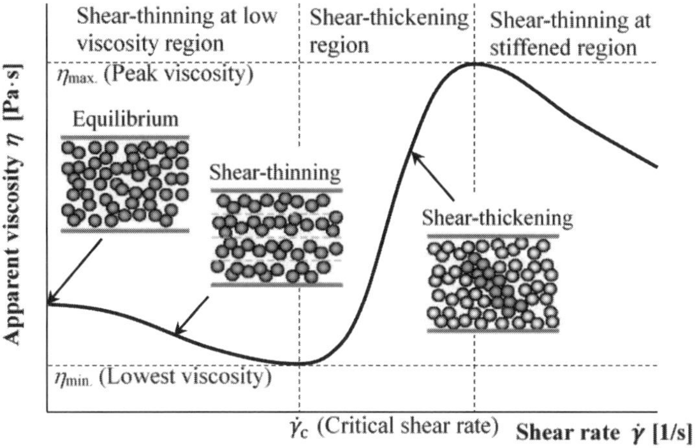

図1.1.2　Shear-Thickening流体のせん断速度に対する粘度の変化特性と流体内部の構造変化

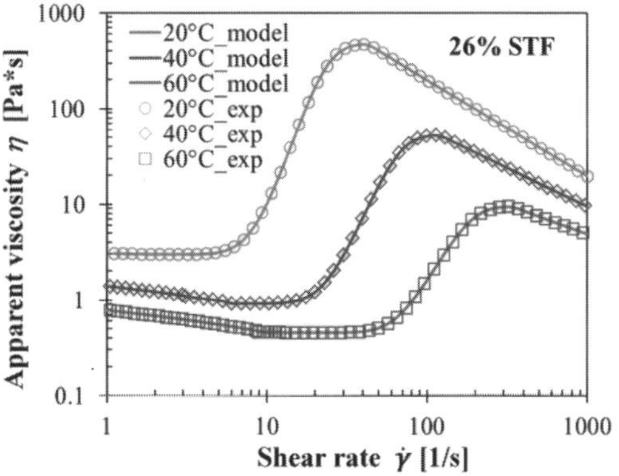

図1.1.3　Shear-Thickening特性に及ぼす温度の影響

ると捉えることもできる。

Shear-Thickening流体の応用[10]としては、ケブラー繊維にSTFを含侵させて弾丸などの衝突に伴う衝撃力に対する強度を増強させた防弾チョッキなどへの応用が試みられている。また、構造物の振動制御を目的としたSTFを挟んだサンドイッチビーム、高い回転速度で制動トルクが急激に増大するSTFブレーキ[12]、鉄道車両の台車のゴムジョイントにSTFを活用して周波数に依存した剛性可変機構を付与したSTFゴムジョイント[13]などが提案・開発され、その有効性が示されている。

＜参考文献＞

1) 日本機械学会編: "機能性流体・知能流体", p.179, コロナ社(2000-4).

2) 精密工学会編: "特集 精密工学における機能性流体の活用", 精密工学会誌, **72**, 7, pp.811-837 (2006-7).

3) 中野政身: "機能性流体の研究動向と将来展望", 日本機械学会論文集（B編)**75**, 753, pp.893-900 (2009-5)

4) 中野政身編: "特集 機能性流体テクノロジーの最前線", フルードパワーシステム, **42**, 1, pp.11-61 (2011-1).

5) 中野政身: "機能性流体の歴史レビューと展望", フルードパワーシステム, **46**, 5, pp.216-221 (2015-9).

6) 中野政身編: "特集 機能性流体を活用したフルードパワー技術の実用化最前線", フルードパワーシステム, **47**, 6, pp.264-298 (2016-11).

7) 神山新一: "磁性流体入門", 産業図書, p.135 (1989).

8) 山北昌毅編: "特集 ソフトマテリアル開発・応用の最前線", 計測と制御, **54**, 1, pp.2-68 (2015-1).

9) Y. Li, J. Li, W. Li and H. Du: "A State-of-the-art Review on Magnetorheological Elastomer Devices", Smart Material and Structures, **23**, 12, Article No.123001, pp.1-24 (2014).

10) T. Tian, M. Nakano and W. Li: "Applications of Shear Thickening Fluids: A Review", International Journal of Hydromechatronics, **1**, 2, pp.238-257 (2018).

11) T. Tian, G. Peng, W. Li, J. Ding and M. Nakano: "Experimental and Modelling Study of the Effect of Temperature on Shear Thickening Fluids", Korea-Australia Rheology Journal, **27**, 1, pp.17-24 (2015).

12) T. Tian and M. Nakano: "Design and Testing of A Rotational Brake with Shear Thickening Fluids", Smart Materials and Structures, **26**, 3, Article No. 035038, pp.1-7 (2017).

13) J. Yang, S. Sun, N. Guo, D. Ning, M. Nakano, H. Du, S. Zhang and W. Li: "Development of A Smart Rubber Joint for Train using Shear Thickening Fluids", Smart Materials and Structures, **29**, 5, Article No.055036, pp.1-14 (2020).

1.2　レオロジーの基礎

1.2.1　ニュートン流体と非ニュートン流体

上述のとおり、本書で取り扱っている機能性流体が電磁場の印加によってそのレオロジー特性が変化する機能性を示す流体やソフトマテリアルが多いことから、ここでは、第2章のER（Electro-Rheological）流体のER効果や第3章のMR（Magneto-Rheological）流体のMR効果、及び第5章の磁性流体や磁気混合流体、6.1節の電気粘着ゲル、6.3のMRエラストマー等のレオロジー特性の理解のために、レオロジーの基礎について解説しておく。

レオロジー（Rheology）とは、物質の流動と変形を取り扱う科学と定義されており、その複雑な力学挙動の基本となるのが、粘性と弾性である。流体のレオロジー特性としては、図1.2.1(a)に示すように、二つの平行平板間に流体を充填して上部平板（面積A）を下部平板に平行に一定速度Uで移動させ流体にせん断流動を与えた際の移動平板に働くせん断力Fから定義される粘性的な特性が主体であるが、流体によっては粘性的な特性だけでなく弾性的な性質を含んだ特性を示すものもある。

水、油、空気などの低分子からなる流体は、式1.2.1のように、せん断応力τが移動平板の速度Uに比例し平板間間隙hに反比例する、いわゆるせん断速度$\dot{\gamma}=du/dy$（速度勾配とも呼ぶ）との間に比例関係が成立するニュートンの粘性法則に従うので、ニュートン流体（Newtonian fluid）と呼ばれる。その比例定数μを粘度と定義しており、図1.2.1(b)の流動曲線では、原点からの傾き（粘度μ）の直線で表される。

$$\tau=\frac{F}{A}=\mu\frac{U}{h}=\mu\frac{du}{dy}=\mu\dot{\gamma} \qquad \cdots\ (1.2.1)$$

一方、高分子融液（Polymer melt）や高分子溶液（Polymer solution）などの高分子流体（Polymeric fluid）、懸濁液（Suspension）、乳濁液（Emulsion）、液晶（Liquid crystal）などはニュートンの粘性法則に従わず、非ニュートン流体（Non-Newtonian fluid）と呼ばれ、せん断流動における流動様式により、以下の4種類に大別できる。それぞれについて、その流動様式の特徴とレオロジー的取り扱いについて概説する。

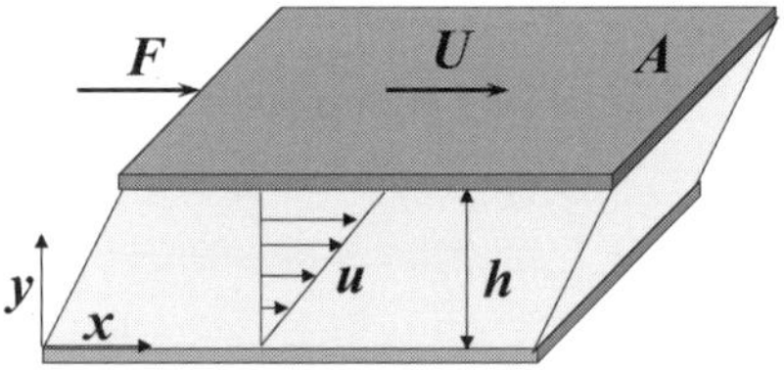

(a)　平行平板間の流体のせん断流動

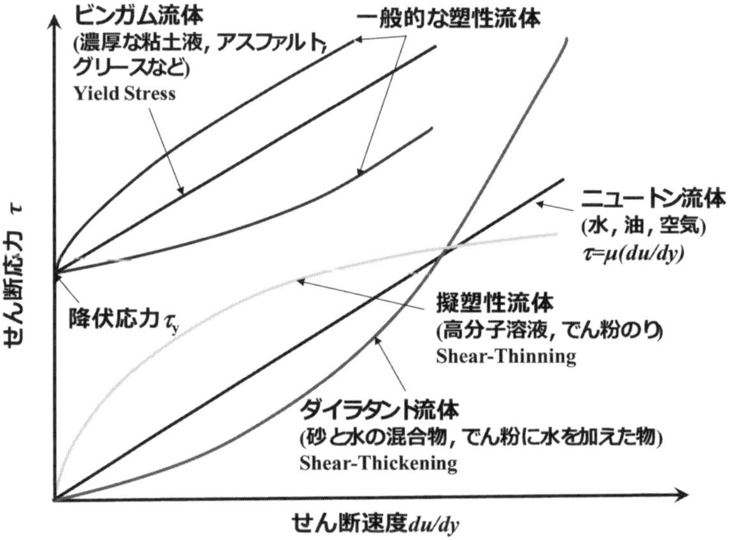

(b)　各種流体の流動曲線（せん断応力 τ vs. せん断速度 du/dy 曲線）

図1.2.1　ニュートンの粘性法則と各種流体の流動曲線

1.2.2　純粘性流体（purely viscous fluid）

せん断応力τが時間に依存せず、せん断速度$\dot{\gamma}$のみの関数（$\tau=f(\dot{\gamma})$）で表される流体である。図1.2.1(b)のように、見かけ粘度$\mu_{app}=\tau/\dot{\gamma}$がせん断速度の増大とともに減少し流れやすくなるShear-thinning特性を示す流体は擬塑性流体と呼ばれ、高分子流体、でん粉のりなどがこれに相当する。また、逆に、見かけ粘度がせん断速度の増加に伴って増大し流れにくくなるShear-thickening特性を示す流体はダイラタント流体（Dilatant fluid）と呼ばれ、砂と水の混合物やでん粉に水を加えた濃厚な混合物などが該当する。すなわち、急激な変形に対しては固体的な挙動を示し、ゆっくりとした変形に対しては流動性を示す。このような純粘性流体の非ニュートン粘性を表す構成式として、$\tau = k\dot{\gamma}^n$ のべき乗則がある。ここで、kは非ニュートン粘性係数で、nは粘性指数と呼び、kとnによって流動曲線にフィッテングすることになる。

1.2.3　時間依存性流体（time-dependent fluid）

粘度またはせん断応力τが、せん断速度のみならずせん断流動の作用した時間tに依存する流体であり、せん断応力はせん断速度と時間の関数（$\tau = f(\dot{\gamma}, t)$）で表される。粘土液や塗料などのように、攪拌によりゾル化して流動性が増すチキソトロピー流体（thixotropic fluid）、逆に、ポリメタクリル酸の濃厚溶液のように、攪拌により固化し静置すると流動性が増す逆チキソトロピー流体（negative thixotropic fluid）が該当する。また、石膏と水のペーストでは、振動的なせん断流動を与えることによってチキソトロピー流体のゲル化が促進される現象が現れ、これをレオペクシー（rheopexy）と呼ぶ。比較的大きな粒子のペーストなどでは、急激な外力が作用すると急激に固化する現象が現れる。この現象をダイラタンシー（dilatancy）と呼ぶ。

1.2.4　塑性流体（plastic fluid）

降伏応力τ_yを有し、その降伏応力を超えると流動する流体であり、せん断応力τはせん断速度$\dot{\gamma}$及び降伏応力τ_yの関数（$\tau = f(\dot{\gamma}, \tau_y)$）で表される。図1.2.1(b)に示すように、せん断応力τが降伏応力τ_yから傾き（塑性粘度η）で直線的に変化する特性を示す流体をビンガム流体と呼び、構成式は$\tau = \tau_y + \eta\dot{\gamma}$と表される。濃厚な粘土液、グリース、そして2.2節の粒子分散系ER流体や第3章の磁気粘性（MR）流体などが、このビンガム流体の粘性特性を呈する。また、同図に示すように、一般の塑性流体の塑性粘度は、ビンガム流体のように一定とはならず、せん断速度$\dot{\gamma}$に依存して変化し、構成式はHerschel-Bulkleyモデル：$\tau = \tau_y + k\dot{\gamma}^n$で表される。

1.2.5　粘弾性流体（viscoelastic fluid）

せん断応力がせん断速度だけでなく、弾性体のようにひずみにも依存する流体である。すなわち、粘性的性質と弾性的性質を併せもつ流体で、粘度や弾性率が時間的に変化する流体である。せん断応力τは履歴に依存する関数（$\tau = f(\gamma, \dot{\gamma}, \ddot{\gamma}, \cdots, \tau, \dot{\tau}, \ddot{\tau}, \cdots)$）で表される。せん断流動に対して加えられたエネルギーが粘性によって消散されるとともに、一部が流体中にひずみエネルギーとして蓄えられるため、単純せん断流動において法線応力に異方性が発生する。そのため、ポリエチレン融液やポリアクリルアミド水溶液中で丸棒を回転させると、円周、軸、及び半径方向に法線応力差が生じ、丸棒に沿って液体が盛り上がるワイセンベルグ効果（Weissenberg effect）や、高分子水溶液が管から噴出する際に噴流が管出口で管内径より太くなるバラス効果（Barus effect）などが粘弾性流体の特徴的現象として知られている。

以上のような法線応力効果や非ニュートン粘性など著しい非線形効果を示すことが粘弾性流体の一つの特徴であるが、もう一つの特徴としては、動的粘弾性や応力緩和に代表されるように、同一の物質が時間や周波数によって粘性的に振舞ったり弾性的に振舞ったりすることである。この粘性と弾性の割合を評価する手法として、動的粘弾性（dynamic viscoelasticity）の測定法がある。次式で示すように、角振動数ω（$=2\pi f$, f：周波数）で正弦的に振動するせん断ひずみ$\gamma(t)$を流体に与えると、図1.2.2(a)に示すように、せん断応力$\tau(t)$も同じ周波数で振動するが、位相がδだけ進んだものとなる。

$$\gamma(t) = \gamma_0 e^{i\omega t} \qquad \cdots (1.2.2)$$

$$\tau(t) = \tau_0 e^{i(\omega t + \delta)} \qquad \cdots (1.2.3)$$

ここで、iは虚数単位である。$\delta = 0$の場合は、せん断応力が与えるせん断ひずみと同位相となり完全弾性体を示し、与えるせん断ひずみと位相が$\delta = \pi/2$異なる場合は粘性特性だけとなり純粘性流体となる。この中間の応答を示すのが一般的な粘弾性流体であり、位相δによってその弾性と粘性の特性の割合を求めることが測定の目的となる。図1.2.2(b)には、これらの位相δの違いによる与えられたせん断ひずみの正弦的振動に対するせん断応力のヒステリシス曲線の変化を示す。$\delta = 0$の場合には、完全弾性体としてせん断応力がせん断ひずみに比例して変化する特性を示し、$\delta = \pi/2$の場合には、純粘性流体としてヒ

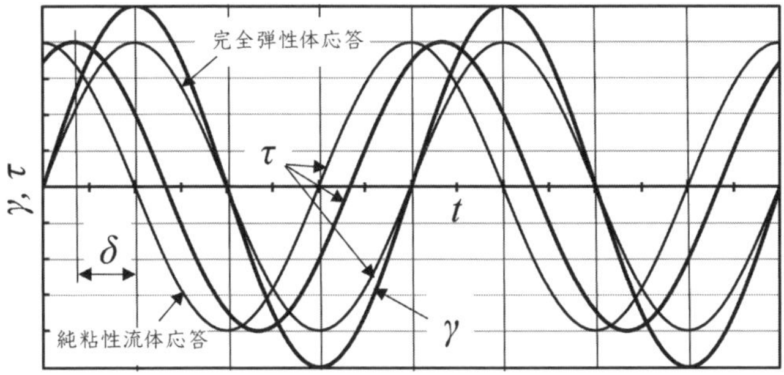

(a)　正弦的振動ひずみに対する応力の時間応答波形

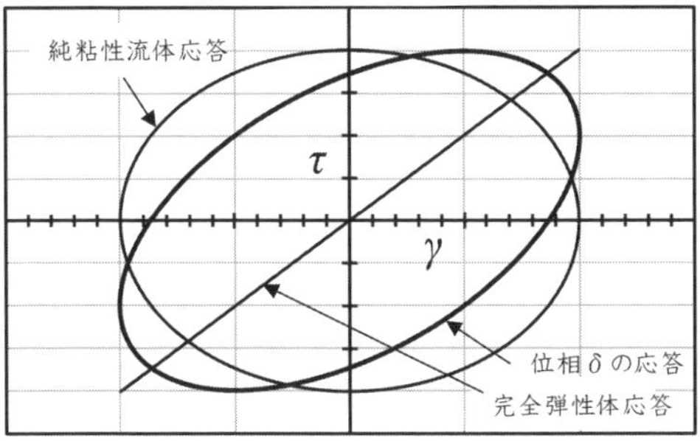

(b)　ひずみに対する応力のヒステリシス曲線

図1.2.2　せん断ひずみの正弦的振動に対するせん断応力の応答

ステリシス曲線は楕円形となり、その内部の面積はせん断ひずみ振動1サイクルで流体が散逸するエネルギーに相当する。位相δでは、楕円が傾いたようなヒステリシス曲線となり、弾性的特性（楕円状曲線の傾き）と粘性的特性（ヒステリシス曲線の内部の面積）を併せもった曲線となる。

式1.2.2と式1.2.3から、次式で表される複素弾性率（complex modulus）$G^*(\omega)$が定義される。

$$G^*(\omega) = (\tau_0/\gamma_0)e^{i\delta} = (\tau_0/\gamma_0)(\cos\delta + i\sin\delta) = G'(\omega)+iG''(\omega) \quad \cdots (1.2.4)$$

$$G'(\omega) = (\tau_0/\gamma_0)\cos\delta \text{ : 貯蔵弾性率 (storage modulus)} \quad \cdots (1.2.5)$$

$G''(\omega) = (\tau_0/\gamma_0)\sin\delta$ ：損失弾性率（loss modulus）　… （1.2.6）

$\tan\delta = G''(\omega)/G'(\omega)$ ：損失正接（loss tangent, loss factor）　… （1.2.7）

上式の貯蔵弾性率$G'(\omega)$が弾性的特性を表し、損失弾性率$G''(\omega)$が粘性的特性を表し、損失正接$\tan\delta$が粘性的特性の弾性的特性に対する割合に相当し、いずれも角振動数ωの関数となる。図1.2.3には、複素平面上での複素弾性率$G^*(\omega)$と貯蔵弾性率$G'(\omega)$、損失弾性率$G''(\omega)$、及び位相δとの関係を示す。

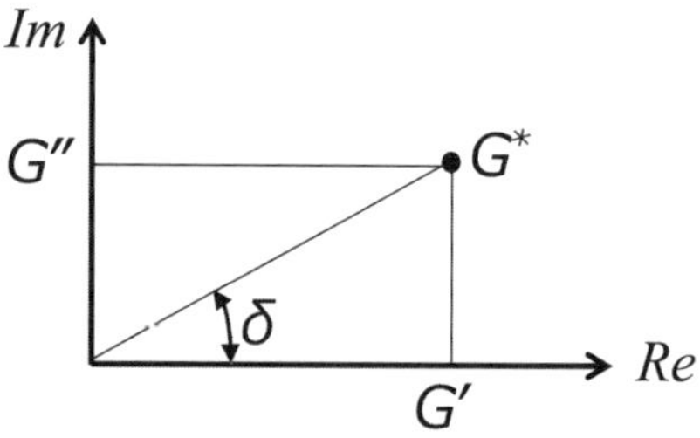

図1.2.3　複素弾性率G*の複素平面表示

1.3　おわりに

21世紀の技術革新をもたらす原動力の一つとして、新物質や新材料、特に高機能材料があげられる。本書で取上げる機能性流体も高付加価値製品の創出という観点からも産業及び工業技術面において大きなブレークスルーをもたらすポテンシャルを有している。今後、種々の斬新な機能性を示す流体の創製が期待されると同時に、各機能性流体のマルチスケールでの機能性発現機構の解明、機能性の増長、そして信頼性の更なる向上などが流体工学的側面から依然として求められる。応用の観点からは、各機能性流体固有の機能性を最大限に活用した独自の機能を発揮するコストパフォーマンスの高い様々な応用分野での先進機器の実用化・製品化が期待される。

第2章

電気粘性（ER）流体

電気粘性（ER）流体（Electro-Rheological Fluid）は、外部電場の作用のもとでそのレオロジー的性質が大きく変化する現象、いわゆるER効果（Electro-Rheological Effect）を示す機能性流体である。特に、粘性を数msのオーダーで電気的に可逆的かつ連続的に変化できる機能性を発揮する。本章では、これまで開発されてきたER流体を組成とER効果の違いから、粒子分散系ER流体と液晶に代表される均一系ER流体に分類し、それぞれのER流体の機能発現メカニズムとER効果の特性や流動特性について記述して、種々の特徴的な工学分野への応用展開の事例を取り上げ紹介する。

2.1　電気粘性(ER)流体の概要

2.1.1　電気粘性(ER)流体とは

「液体の流れやすさや流れにくさ（粘性）、および硬さややわらかさ（弾性）などのレオロジー特性を電場によって自由に制御できたら、どのようなことが実現できるだろうか」、このような問いを我々に投げかけてくれる流体が電気粘性流体（以下では、ER流体（Electro-Rheological Fluid）と呼ぶ）である。ER流体は、外部電場の作用のもとで流体の内部構造が変化し、粘性や弾性などのレオロジー的性質が大きく変化する現象、いわゆるER効果（Electro-Rheological Effect）を示す機能性流体である。我が国では、ER流体のもつ上記特性から、解り易いということで、「電気」と「粘性」という語を用いて、一般には「電気粘性流体」と呼ばれているが、コロイド化学の分野では「電気粘性効果」という用語が粒子の帯電による電気二重層がせん断力により変形して粘度が増大するという全く別の現象を指していることや、ER流体が実際に粘性だけでなく弾性的な特性も変化することなどの理由から、学術用語とその意味する内容の対応づけを明確にするためにも、ここでは、「ER流体」と「ER効果」の用語を統一的に用いることにする。

ER流体の注目すべき特徴として、次の4つがあげられる。

第一に液体の粘性を電場によって自由に可逆的かつ連続的に変化できるため、電気信号によって直接「力」、「圧力」、「流量」などの信号に変換し制御できることである。例えば、ER流体を介してトルクが伝達されるERクラッチでは、「電圧」という電気信号によって直接「トルク」の信号に変換することが可能であり、電気・力変換を直接的に制御できる機能をもつ流体として捉えることができる。

第二の特徴は、ER流体の電場に対する応答時間が数msのオーダーと非常に短いことである。この高速応答性は制御機器に応用する場合には最大の利点となり、従来になかった様式の敏速で簡便な制御用機器及び制御システムの構築が実現可能となる。

第三の特徴は、構造的には、電極を設置することにより直接ER流体を制御することが可能なため、可動部を必要としないことから、機器を構造的に小型化することが可能である。

第四の特徴は、ER流体に加える電圧は目的によって異なるが、数百V/mmから数十kV/mmの高い電場強度を必要とするが、その時の電流値は数μAから数mA程度と少なく、消費電力は数W程度と少なく、省エネルギーでの制御が可能となる。

以上のようなER流体のもつ特徴を活かすことによって、流体を媒体として動力を伝達・制動するクラッチ・ブレーキ，流量や圧力を制御するバルブ，そして液体粘性を利用したダンパなどの流体が介在する機械要素への応用だけでなく、振動制御，ロボット制御，アクチュエータ制御、マイクロマシン制御などの各種制御システムへの特徴的な応用も展開され、その適用分野も自動車、ロボット、福祉機械、一般産業用機械、建築構造物、宇宙構造物など多方面に広がってきている[1)～3)]。

2.1.2　ER流体の種類と特徴

M.W. Winslowによって、1947年に米国で初めて粒子の分散された懸濁液において大きな粘度増加が見いだされ、「電気的インパルスを機械的力に変換する方法と手段」としてER流体を使ったブレーキやクラッチなどの各種応用機器に関する特許[4)]が申請され、1949年にはシリカ粒子を用いたER流体に関する最初の論文[5)]が発表されている。これが、ER流体を各種デバイスに応用しようとする研究の契機である。その後、これまでに様々な種類のER流体が発見され、また新たに開発されてきており、これらのER流体は図2.1.1に示すように分類できる[6)]。ER流体は、その組成とER特性の違いから大きく分けて、粒子を分散した粒子分散系ER流体と均一系ER流体とに分類できる。ここで、均一系とは、液体そのもの、及び粒子または分子等の分散質が沈降しない程度に十分小さいサイズで分散する系を含んでいる。

粒子分散系ER流体は、シリコーンオイル等の絶縁性の分散媒中に電場下で誘電分極し易い物質からなる微粒子（一般に、直径1～10μm程度）を分散した懸濁液である。Winslowの ER流体に関する発表以降、この粒子分散系ER流体の大きなER効果に注目が集まり、シリカ、イオン交換樹脂、デンプンなどの既知の材料を用いたER効果を示す各種の分散粒子が提案されてきたが、そのほとんどが粒子表面の付着水がER効果発現に関与する含水系ER流体であることから、電気的耐久性及び安定性に乏しく実用に供し得るものではなかった。

1990年代になってから、付着水の作用なしに大きなER効果を発生する分散粒子が新規に開発され、電気的安定性に優れた実用化レベルのER流体が出現している。その代表例として、粒子内部に構造水を含む粒子[7)]、及びイオン解離基を有する高分子電解質粒子などを分散した含水系ER流体、水分を全く含まない粒子を有する非含水系ER流体があげられる。非含水系ER流体としては、電子の移動がER効果に関与する半導体粒子[8)]や導電体粒子、バルクとして誘電率の大きな強誘電体粒子、無機・有機複合粒子などを分散粒子にもつER流体が開発されているが、一般にER効果が含水系ER流体に比して弱く、水分が関与しないので高い安定性を示すことが特徴である。同時に、界面活性剤の添加、粒子表面処理、粒子の密度調整などにより粒子の分散安定性の向上も達成され、沈殿しても再分散性の良いER流体が開発されている。

また、平行して、分散粒子の沈降の問題がないことから、極性低分子液体（ニトロベンゼン、ニトロメタン）、非極性低分子液体（ベンゼン）、ネマティック液晶に代表される低分子液晶，高分子液晶，強誘電性高分子溶液（ポリウレタン系溶液など）などの均一系のER流体の開発も活発に進められてきている。液晶ドメイン間に相互作用を持たせるために一つのフレキシブルな分子鎖に複数個の液晶性基を結合させさらに希釈させた液晶性高分子溶液[9)]も開発され、電場による相分離構造の変形を伴って低分子液晶に比して著しく大きなER効果を発現することが報告されている。

上記のER流体は、一般に4～5 kV/mm程度の印加電場強度において大きくて3～4 kPa程度の誘起せん断応力を発揮するが、巨大なER効果を発揮するER流体も開発されている。例えば、ホンコン科学技術大学（HKUST）のPing Sheng教授らによって開発されたナノ粒子を分散したGiant-ER流体[10), 11)]が、基底粘度が非常に高い難点があるものの最大降伏応力が100 kPa程度を示し、従来のER流体の20倍程度の巨大ER効果を発揮することが報告され、その発現機構も明らかにされている。また、ER効果発現に関与するクラスター形成に極性分子を作用させることで、数百kPaの降伏せん断応力を示すPM-ER流体（Polar Molecule dominated Electro-Rheological Fluid）も開発されている[12)]。

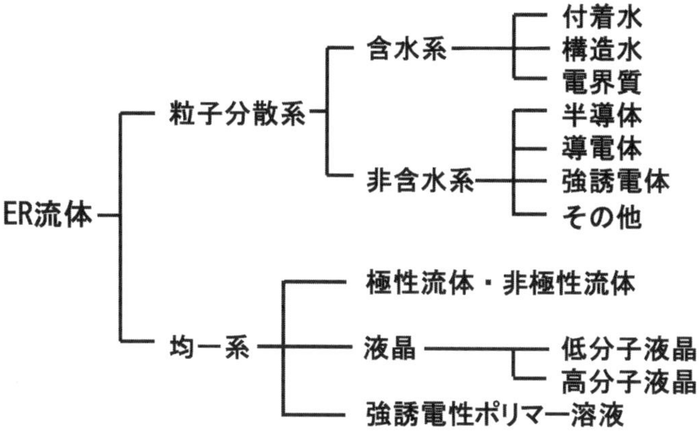

図2.1.1　ER流体の分類

2.1.3　ER効果の特性

粒子分散系ER流体のER効果は、電場下で電気分極した分散微粒子が双極子相互作用によりお互い引きつけ合い、電極間に鎖状につながり多数のクラスター（架橋構造）を形成して電極間を物理的に結合することによって発生する。そのため、流動方向に対して直角に形成されるこれらのクラスターが流動抵抗となり、見かけ上流体の粘性が増加したように振る舞うのである。一般に、図2.1.2(a)に示すように、粒子分散系ER流体は、電場の印加により粘性がニュートン粘性からビンガム塑性へと変化し、その降伏せん断応力が印加電場によって変化する特性を呈する。

一方、均一系ER流体の代表として液晶があげられるが、そのER効果は基本的には電場下での液晶ドメインの配向に起因するため、図2.1.2(b)に示すように、電場下でもニュートン粘性に類似した特性を示し、一般にその粘度が印加電場により増大する。

以上のER効果の詳細については、2.2節及び2.3節を参照されたい。

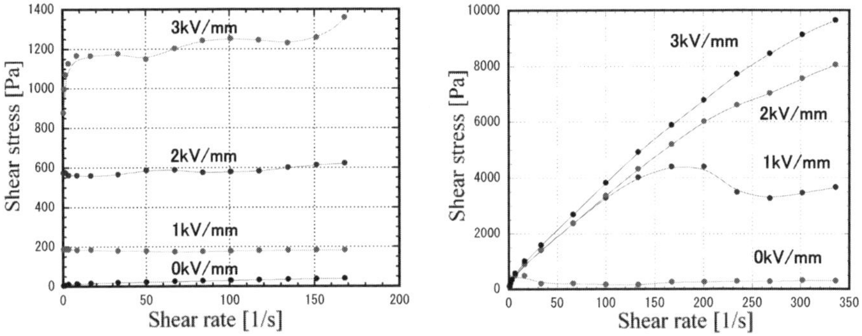

(a)　粒子分散系ER流体のER効果　　(b)　均一系ER流体(高分子液晶)のER効果

図2.1.2　ER流体の代表的な流動曲線

＜参考文献＞

1) M. Nakano and K. Koyama (Eds.): "Electro-Rheological Fluids, Magneto-Rheological Suspensions and their Applications", World Scientific Publishing, p.893 (1998).

2) 中野政身: "機能性流体の研究開発と実用化の動向", フルードパワーシステム, 47, 6, pp.265-271 (2016-11).

3) 井上昭夫: "ER流体とその応用開発の現状", フルードパワーシステム, 47, 6, pp.289-292 (2016-11).

4) W.M. Winslow: "Method and Means for Translating Electrical Impulses into Mechanical Force", U.S. Patent 2417850, (1947).

5) W.M. Winslow: "Induced Fibration of Suspensions", Journal of Applied Physics, 20, 12, pp.1137-1140 (1949).

6) "電気粘性(ER)流体の開発", シーエムシー, pp.39-151 (1999-11).

7) Y. Asako, et al.: "Properties of Electrorhelogical Fluids Containing Numerously Sulfonated Polymer Particles", Progress in Electrorheology -Science and Technology of Electrorheological Materials-, K.O. Havelka and F.E. Filisko eds., Plenum Press, pp.147-156 (1995).

8) Y. Ishino, et al.: "Anhydrous Electrorheological Fluid Using Carbonaceous Particulate as Dispersed Phase", Progress in Electrorheology -Science and Technology of Electrorheological Materials-, K.O. Havelka and F.E. Filisko eds., Plenum Press, pp.137-145 (1995).

9) A. Inoue and S. Maniwa: "Electrorheological Effect of Liquid Crystalline Polymers", Journal of Applied Polymer Science, 55, 1, pp.113-118 (1995).

10) W. Wen, X. Huang, X. Yang, K. Lu and P. Sheng: "The Giant Electrorheological Effects in Suspensions of Nanoparticles", Nature Materials, 2, 11, pp.727-730 (2003).

11) S. Chen, X. Huang, N. Vegt, W. Wen and P. Sheng: "Giant Electrorheological Effect: A Microsopic Mechanism", Physical Review Letters, 105, No.046001, pp.1-4 (2010).

12) R. Shen, X.Z. Wang, Y. Lu, W. Wen, G. Sun and K.Q. Lu: "The Methods for Measuring Shear Stress of Polar Molecule Dominated Electrorheological Fluids", Journal of Applied Physics, 102, No. 024106, pp.1-3 (2007).

2.2　粒子分散系ER流体

2.2.1　ER効果の発現メカニズム

図2.2.1には、粒子分散系ER流体の平行電極間でのレオロジー特性の変化挙動を示す。このER流体は数μmの球形粒子をシリコーンオイル中に分散させた懸濁液である。ビーカーに入ったこのER流体中に二つの平行平板電極を入れて電極間に電場を印加すると、電極間のER流体の降伏応力が増大しほぼ固体的な振る舞いをするため、ER流体中から電極を取り出しても図2.2.1(a)のようにER流体は電極間に保持され充満したままとなる。その後、スイッチを切って電極間の電場を無くすると、図2.2.1(b)のように電極間のER流体の降伏応力がほぼ無くなって流動性が現れ液柱となって下方に落下する。このように、一般に粒子分散系ER流体は、電場が無い状態ではニュートン流体の流動特性をもつが、電場下においては降伏せん断応力が現れるビンガム流体に類似した流動特性をもつようになるため、この場合のように電極間で固体的な振る舞いをする。

以上のような粒子分散系ER流体の電極間での挙動は、基本的には分散媒中に分散した微粒子が電場下で電気分極して多数の微粒子からなるクラスター（架橋構造）を形成することに起因する。すなわち、図2.2.2(a)に示すように、電界の方向に電気的に分極した一つの粒子に着目すると、電界方向に対して±55°以内に位置する他の粒子とはお互い静電引力で引き付け合うが、その範囲外にある他の粒子とは斥力が生じて反発する。そのため、無電場下で分散媒中に不規則に散在していた微粒子が、図2.2.2(b)で観察されるように、電場を印加すると電界方向に粒子同士が鎖状につながり多数のクラスター構造、さらには、複数のク

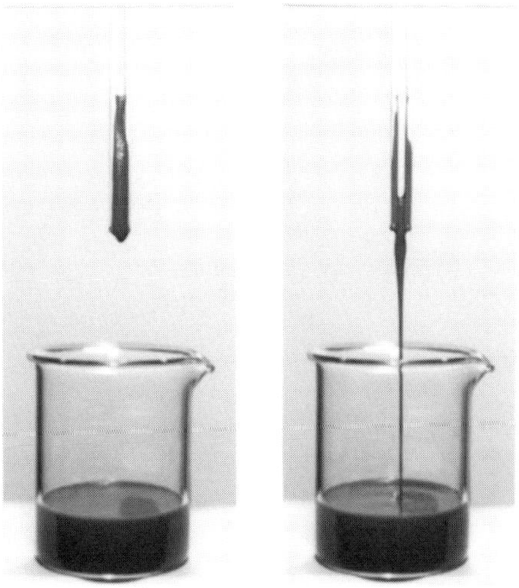

(a)　電場印加時　　　(b)　電場解除直後

図2.2.1　電極間の粒子分散系ER流体の挙動

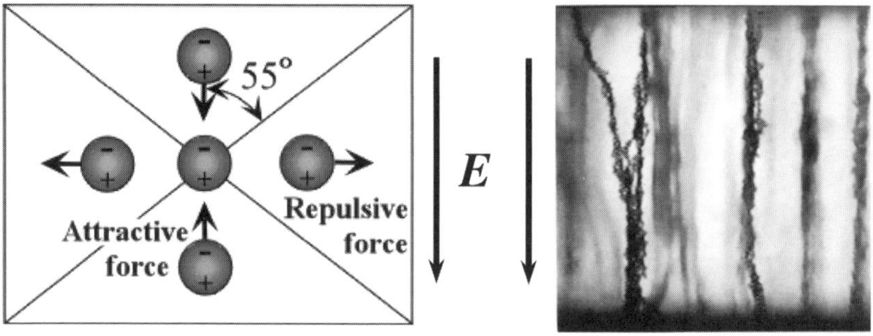

(a)　粒子間の相互作用　　(b)　電場下でのクラスターの形成

図2.2.2　電気分極した粒子間の相互作用と粒子クラスターの形成

ラスターが凝集した集合体（カラム）構造を形成して電極間を物理的に結合する。流動方向に対して直角に形成されるこれらのクラスターが流動抵抗となり、見掛け上流体の粘性が増加したように振る舞うのである。

多数の粒子からなるクラスターの形成に関与する粒子間の静電引力を誘起する粒子の電気分極のメカニズムは、基本的にはイオン性解離基含有型および電子分極型および強誘電体型の3種に分類される。イオン性解離基を含有している粒子の場合、粒子表面の吸着水のため粒子のもつイオン解離基が解離して電気二重層を形成して、外部電場により分極するというものである。すなわち、図2.2.3(a)に示すように、無電場下では分散粒子の周りにはイオン解離基がほぼ均等に配列された電気2重層が形成されるが、電場印加の下では解離イオンが移動してイオン分布に歪みが生じ電気双極子を構成することによって粒子間

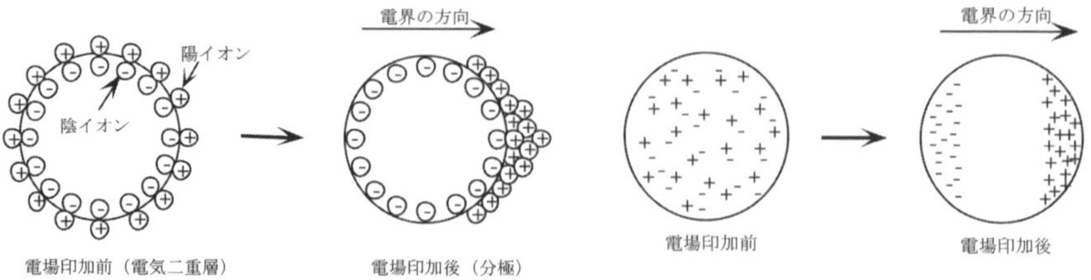

(a)　イオン性解離基型粒子　　(b)　電子分極型粒子

図2.2.3　粒子分散系ER流体の粒子の分極機構

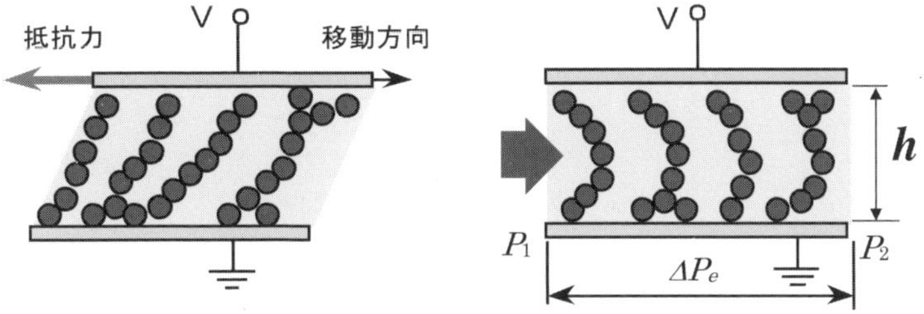

(a)　せん断流れモード　　(b)　圧力流れモード

図2.2.4　ER流体の電気・力変換機構

に静電引力が発生する。この説はER効果が水の添加によって大きく変化するという実験事実によって裏付けられている。半導体粒子のような電子分極型粒子では、図2.2.3(b)に示すように、電場印加によって粒子内の電子が電場の方向に移動し粒子全体が電気分極する。強誘電体型粒子では、電圧を加えても電気が流れないので、誘電体がプラスの電気を帯びた部分とマイナスの電気を帯びた部分に分かれて分極する。

電極間に形成された微粒子からなるクラスターが、図2.2.4(a)のように電極が相対運動をする場合には、せん断流れに対する抵抗となり移動電極には抵抗力が働く。また、図2.2.4(b)のように電極が固定されて電極流路間の圧力差による流れがある場合には、クラスターがその流動抵抗となり電極間への印加電圧によって電極流路間の圧力差$\Delta P_e = P_1 - P_2$や流量を変化することができる。すなわち、固定電極対だけからなる流路を構成することによって、印加電場によってER流体の圧力や流量を制御するバルブとしての機能をもたせることができる。

2.2.2　ER効果の一般的特性

粒子分散系ER流体は、上述したように基本的には分散粒子の電気分極によるクラスター構造の形成に起因してそのレオロジー的性質が変化することから、電場印加によって形成された粒子クラスター構造を崩壊する力、すなわち降伏せん断応力τ_{ER}が現れ、その応力以下の応力では流動せず、応力が降伏せん断応力を越すと流動するビンガム

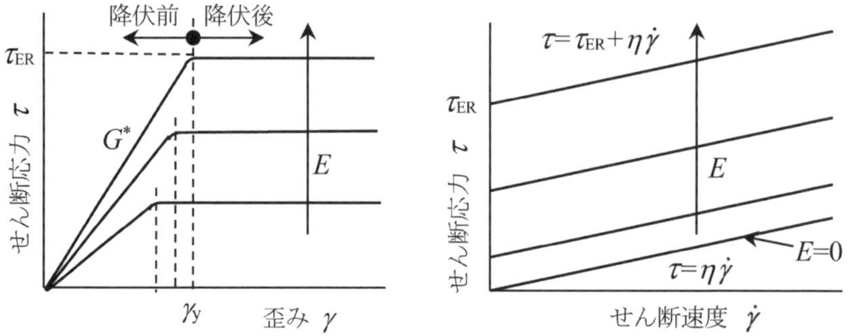

(a)　降伏前　　　　(b)　降伏後

図2.2.5　粒子分散系ER流体の一般的なER特性

流体に類似した挙動を呈する。そのため、そのER特性は降伏前と降伏後の特性とに大きく二つに分けられる。図2.2.5には、二つの平行平板電極が相対滑り運動するせん断流れにおける粒子分散系ER流体のせん断応力τの降伏前と降伏後の一般的なER特性を示す。ここで、$\gamma = x/h$（x：移動電極の変位、h：電極間隙）がせん断歪み、$\dot{\gamma} = d\gamma/dt$がせん断速度である。図2.2.5(a)には、粒子分散系ER流体の電場下での降伏以前の挙動を示す。降伏歪みγ_y以下のせん断歪みを与えると、せん断応力がせん断歪みにほぼ比例して増加する弾性体としての特性も示し、粘弾性体として振る舞う。したがって、その粘弾性特性は、図2.2.5(a)中に併記してあるように、せん断応力と歪みの比として定義される複素弾性率G^*（complex modulus）として表され、その実数部G'（貯蔵弾性率（storage modulus））と虚数部G''（損失弾性率（loss modulus））は、歪みの振動振幅、振動周波数および電場強度（E = 印加電圧V／電極間隙h）などの関数となる。電場強度Eが高くなるにつれて降伏せん断応力τ_{ER}および降伏歪みγ_yが大きくなり弾性的特性がより顕著に現れるようになる。降伏歪みγ_y以上のせん断歪みを与えると、降伏現象と塑性流動が起こり粘性流体としての挙動を呈し、図2.2.5(b)に示すように, せん断応力はせん断速度にほぼ比例して大きくなる。結局、粒子分散系ER流体の誘起せん断応力τは次式のように表せる[1)]。

$$\tau = \tau_{ER} + \eta\dot{\gamma} = \eta_{app}\dot{\gamma} \qquad \cdots\ (2.2.1)$$

ここで、τ_{ER}は降伏せん断応力、ηは流体の無電場時の基底粘度、$\dot{\gamma}$はせん断速度、η_{app}は見かけ粘度である。降伏せん断応力τ_{ER}は、せん断変形下でER流体中に形成された粒子クラスターが切断される際のせん断応力であることから、単位面積当たりの力として次式のように見積ることができる。

$$\tau_{\mathrm{ER}} \sim (6\phi/\pi \mathrm{a}^2)\, F_{\mathrm{cr}} \qquad \cdots (2.2.2)$$

ここで、図2.2.6に示すようにF_{cr}は電場中にあるクラスターを形成している2個の粒子にせん断方向に力を加え徐々に強くした際に粒子同士が離隔する時の力であり、aは粒子の直径、ϕは粒子体積分率で、$6\phi/(\pi a^2)$はせん断面（電場方向に垂直な面）の単位面積当たりの粒子クラスターの本数である。F_{cr}は、粒子の界面効果が無視できるものと考えると、単純に2個の隣り合う電気分極した粒子間の静電引力のせん断方向成分と捉えることができ、印加電場強度Eと粒子と分散媒の誘電率で決まると単純化すると、次式のようになる。

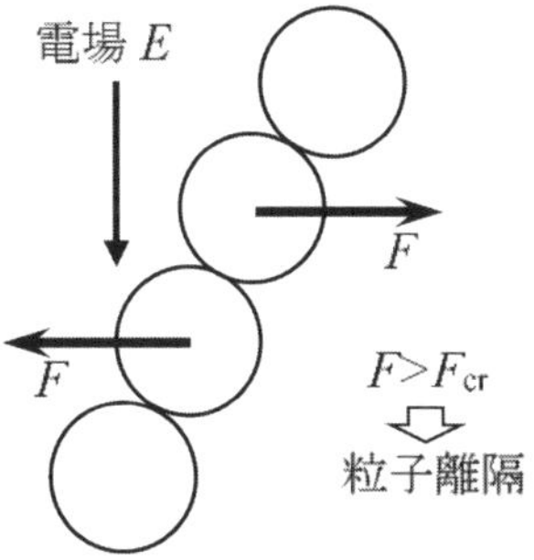

図2.2.6　せん断変形下で粒子同士を離隔する際に粒子に働くせん断力F_{cr}

$$F_{\mathrm{cr}} \simeq \pi \varepsilon_0 \varepsilon_{\mathrm{c}} E^2 a^2 \{(\varepsilon_{\mathrm{p}} - \varepsilon_{\mathrm{c}}) / (\varepsilon_{\mathrm{p}} + 2\varepsilon_{\mathrm{c}})\}^2 \qquad \cdots (2.2.3)$$

ここで、ε_0は真空の誘電率、ε_{c}、ε_{p}はそれぞれ分散媒および粒子の比誘電率である。従って、降伏せん断応力τ_{ER}は次式のように導かれる。

$$\tau_{\mathrm{ER}} \simeq 6\phi \varepsilon_0 \varepsilon_{\mathrm{c}} E^2 \{(\varepsilon_{\mathrm{p}} - \varepsilon_{\mathrm{c}}) / (\varepsilon_{\mathrm{p}} + 2\varepsilon_{\mathrm{c}})\}^2 \qquad \cdots (2.2.4)$$

このように、降伏せん断応力τ_{ER}は粒子体積分率ϕに比例し、外部電場強度Eの二乗に比例して増加する特性を示す[1) 2)]。

粒子分散系ER流体の流れ場における粒子クラスターの形成過程は、粒子を凝集させる粒子間に働く静電引力と粒子凝集を妨げるせん断力との競合によって支配される。この競合を定量的に表す尺度の一つとして次式で定義されるメーソン数M_n (Mason Number) が重要となる。

$$M_n = \eta\dot{\gamma}/2\varepsilon_0\varepsilon_c E^2 \{(\varepsilon_p - \varepsilon_c)/(\varepsilon_p + 2\varepsilon_c)\}^2 \quad \cdots (2.2.5)$$

メーソン数は、$\dot{\gamma}$に比例しE^2に反比例する。電場およびせん断流れ場の大きさによらず、このメーソン数が同じであれば粒子クラスターの形成や凝集形態も含めた流れ場は相似となる。

2.2.3　ER流体による電気・力変換の基本的な流れモード

図2.2.7に示すように、ER流体を活用して電気信号(電場)から機械的な力、あるいは流体圧力へ変換する基本的な流れモードは、移動電極構造をもつせん断流れモードとスクイーズ流れモード、さらに固定電極構造をもつ圧力流れモードの三通りに大別される[3]。他に上記の三種類の流れモードが混在する変換機構も考えられるが、その原理は基本的にはこれら三種類の流れモードで理解されよう。

(1)　せん断流れモード(図2.2.7(a))

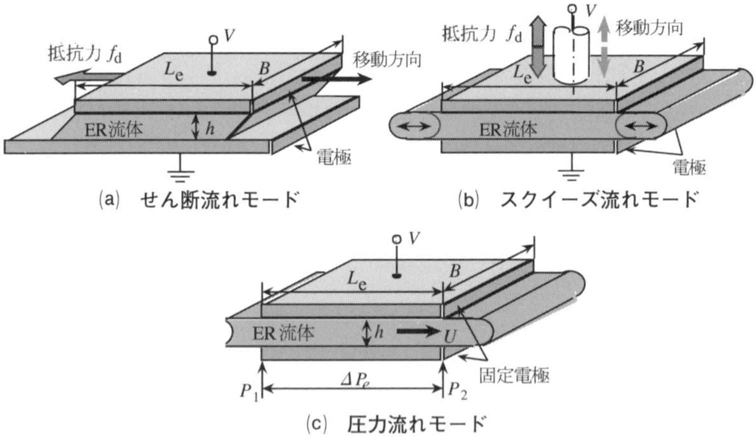

図2.2.7　基本的な電極構造とER流体流れモードによる電気・力変換機構

二つの電極間の電極面接線方向への相対運動によって電極間にせん断流れが生じER流体のせん断抵抗によって運動している電極板に運動方向と反対方向に抵抗力f_dが作用する。電極間への印加電圧によってER流体のせん断抵抗が変化するため抵抗力が可変となる。移動電極の長さと幅をそれぞれL_e及びBとすると、その抵抗力f_dはつぎのように求まる。

$$f_{\mathrm{d}} = L_{\mathrm{e}}B\tau \qquad \cdots \ (2.2.6)$$

すなわち、このような流れモードで抵抗力を大きく可変するには、電極面積を大きくし、かつせん断応力τの変化幅の大きなER流体を用いる必要がある（応用例：ER流体ダンパ、ER流体クラッチ、ER流体ブレーキ）。

せん断流れモードの代表例として、レオメータの平行2円盤間の粒子分散系ER流体（スルホン化重合体粒子（平均粒子径5 μm）をシリコン油中に分散させたTX-ER6（20 Vol%）、日本触媒製）の一定回転せん断流れ場での一定電場下の誘起せん断応力と流動形態の時間的変化を図2.2.8に示す[4) 5)]。円盤間のER流体が形成する流動構造の変化は、下側のITO膜付きガラス円盤電極の下方から観察している。印加電場強度が増加するにつれてER流体中の微粒子からなるクラスターの結合力が強くなるために誘起せん断応力も増加しているが、特徴的なことは、せん断速度が一定な定常せん断流れ（$\dot{\gamma} = 100\ \mathrm{s}^{-1}$）にも拘わらず、いずれの電場強度においても、誘起せん断応力は測定開始直後にある

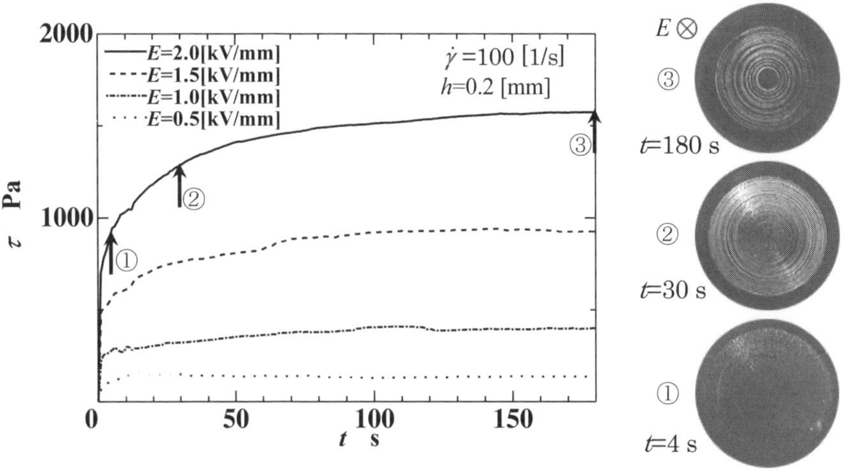

(a)　せん断応力の時間的変化　　　　(b)　流動形態の変化

図2.2.8　定常回転せん断流れ場におけるER流体の一定電場E下での誘起せん断応力τと流動形態の時間的変化

一定の値までステップ状に増加し、その後徐々に上昇して飽和して一定値になる。この傾向は電場強度が高くなるほど著しくなっている。せん断応力の上昇傾向が特に著しい$E = 2.0$ kV/mmの場合の流動形態の時間的変化（図2.2.8(b)）からわかるように、測定開始直後①に円盤間全域に一様に分散していた粒子が、せん断が進むにつれて円盤電極外周部に移動して電極外周部に粒子からなる大きな濃い円環が明確に観察され②、時間の経過と共にその層は厚くなり、その内側にはやはり粒子からなる多層の薄い円環状パターンが観察されるようになる③。このように、せん断の進行に伴うER流体の流動形態の変化が上述の誘起せん断応力の時間的な変化と密接に関係している。

(2)　スクイーズ流れモード（図2.2.7(b)）

二つの電極間の電極面法線方向への相対運動によって電極間のER流体に流出入のスクイーズ流れが生じ、ER流体のスクイーズ流れに対する流動抵抗によって運動している電極板に運動方向と反対方向に抵抗力が発生する。電極間への印加電圧によってその流動抵抗が変化するため電極面へ加わる抵抗力が可変となる。移動電極の長さと幅をそれぞれL_e及びBとすると、その抵抗力f_dはつぎのように求まる。

$$f_d = L_e B \sigma \qquad \cdots (2.2.7)$$

すなわち、このようなスクイーズ流れモードで抵抗力を大きく可変するには、電極面積を大きくし、かつ垂直応力 σ の変化幅の大きなER流体を用いるとか、後述するが電極間へのER流体の充填法を工夫するとかの必要がある（応用例：ER流体ダンパ）。

このスクイーズ流れモード[6]の代表例として、平行二円盤電極間（導電性のITO膜が貼られた直径$d = \phi 60$ mmの二つのガラス電極）のER流体の振動スクイーズ流れの流体歪$\varepsilon = \Delta h/h_i$（$h_i$：初期設定電極間隔）－垂直応力$\sigma = F/(\pi d^2/4)$ヒステリシス曲線と流動構造の印加電場強度$E_0$による変化を図2.2.9に示す[4][7]。ここで、図中に併記してあるように、下部電極が正弦波振動（振動振幅$\Delta h_a = 0.025$ mm, 振動周波数$f = 5$ Hz）しており、その変位をΔh、上部電極に加わる荷重をFとし、振動の繰返し数$N = 3{,}000$回時のものである。ER流体は、炭素性粒子を分散粒子とする黒色のBA-1（体積分率：30 vol%, 粒子径：3～5 μm, Bridgestone社製）を流れ場の可視化のために10 vol%に薄めたも

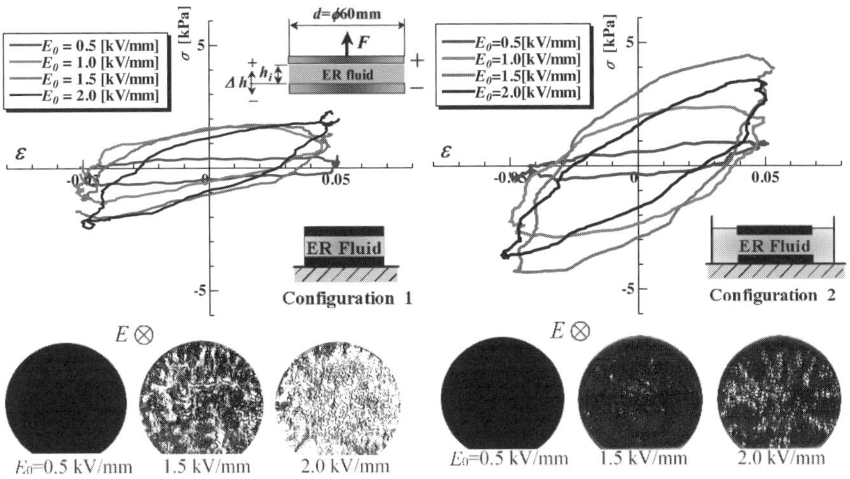

(a)　電極間だけにER流体を満した場合　　(b)　電極全体をER流体中に浸した場合

図2.2.9　振動スクイーズ流れモードにおける繰返し数N=3,000回での歪 ε −応力 σ ヒステリシス曲線と流動構造の印加電場強度E_0による変化（h_i=0.5 mm, Δh_a＝0.025 mm, f＝5 Hz）

のを用いており、その電極間への充填法については、電極間だけに流体を満した場合（図2.2.9(a), Conf.-1）と電極全体を流体中に浸した場合（図2.2.9(b), Conf.-2）とを比較している。電場強度の増加に伴い、Conf.-1及び2の場合ともにクラスターの結合力が大きくなるため応力振幅値は増大するが、Conf.-1の場合には若干変化する程度なのに対して、Conf.-2ではかなり大きく変化し増大しており、同一加振条件にもかかわらず、Conf.-2ではConf.-1の約2倍程度の応力振幅値が認められる。電極間のER流体は、電場強度がE_0 = 0.5 kV/mmと低い場合には均一に分布しており、電場強度が増大するにつれて振動的なスクイーズ流れに誘起されて凝集した粒子群とシリコンオイルあるいは空気層からなる亀裂状に分布した光の透過性の良い部分とからなる相分離構造を除々に形成するようになる。Conf.-1では、電場強度の増加に伴いクラック状の空気の流入が顕著に観測され、これが電場強度による応力振幅値の変化が僅少な原因と考えられる。Conf.-2の場合には、電極外部からの空気の流入が起こらないため、上述した相分離の構造はE_0 = 2.0 kV/mmの場合を除いて顕著には観察されない。

以上のように、電極全体をER流体中に浸す充填法は、スクイーズ流れモードでの印加電場強度に対する減衰特性を大きく変化しかつ安定的にするのには重要なことであることがわかる。

(3)　圧力流れモード（図2.2.7(c)）

固定された電極間流路をER流体が流れる場合には、電極間への印加電圧によってその流動抵抗を可変し電極流路間の圧力降下ΔP_eを変化させることができるため、全く可動部のないバルブを構成することができる（応用例：ER流体バルブ、ER流体ダンパなど）。電場の作用の下で、図2.2.7(c)に示す矩形断面を有する二次元流路（y：流路中心を原点として電極壁に垂直方向座標、h：電極間隙、L_e：電極長）を流れる粒子分散系ER流体の定常流に対して、式(2.2.1)で表されるビンガム流体の挙動を呈すると仮定すると、y軸に沿った速度分布$u(y)$は式(2.2.8)、式(2.2.9)によって与えられる[8]。

$$y_0 < y \leq \frac{h}{2} : u(y) = \left\{ \left(\frac{h}{2} \right)^2 - y^2 \right\} \frac{\Delta P_e}{2\eta L_e} - \left(\frac{h}{2} - y \right) \frac{\tau_{ER}}{\eta} \qquad \cdots \ (2.2.8)$$

$$0 \leq y < y_0 : u(y) = u(y_0) = \text{const.}, \text{ where } y_0 = \left(\frac{L_e}{\Delta P_e} \right) \tau_{ER} \qquad \cdots \ (2.2.9)$$

図2.2.10には、L_e = 10 mm, h = 0.6 mmの電極間矩形流路を流れる粒子分散系ER流体に関して、上式から求めた平均流速U（図(a)）か電場強度E（図(b)）のいずれかを一定に保った際のEおよびΔP_eの変化に対する流速分布の違いを示す[8]。同一の平均流速Uの条件（流量一定）では、Eの増大に伴い降伏せん断応力$\tau_{\mathrm{ER}}(E)$が大きくなるため、速度

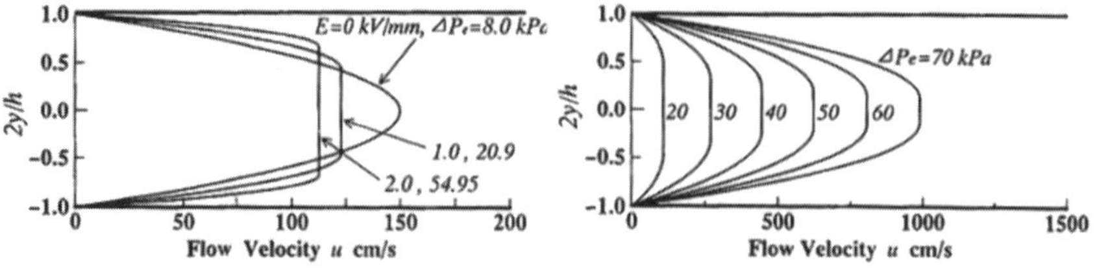

(a)　U=100 cm/s　　(b)　E=1.0 kV/mm

図2.2.10　電場強度Eおよび圧力降下ΔP_eによる速度分布$u(y)$の変化

分布が平坦なプラグ流れの領域が中心部に現れるとともに、電極壁面方向に広がりその最大流速も低下する。また、圧力降下ΔP_eも定流量を保つために同時に大きくなる。電場強度Eが一定の場合には、圧力降下ΔP_eが低下するにつれて平均流速U（流量）が低下しプラグ流れの領域が拡大する。

一方、電極流路間の全圧力降下ΔP_eは無電場時のニュートン粘性による圧力降下成分ΔP_0とER効果による圧力降下成分ΔP_{ER}の二つの成分に分けられ、電極間のER流体の平均流速をUとすると、$h\tau_{ER}/12U\eta < 0.5$と平均流速Uが比較的速い場合には、つぎのように表される[8]。

$$\Delta P_e = \Delta P_0 + \Delta P_{ER} \qquad \cdots (2.2.10)$$

$$\Delta P_0 = (12\eta L_e/h^2)\,U \qquad \cdots (2.2.11)$$

$$\Delta P_{ER} = (3L_e/h)\,\tau_{ER} \qquad \cdots (2.2.12)$$

この圧力流れモードでは、降伏せん断応力τ_{ER}はほぼ電場強度の二乗E^2に比例して増加するが、平均流速Uに対する強い依存性を示し、Uの増大に伴い低下することが報告されており[8]、せん断流れモードのER特性と比較することにより両流れモードの違いによってER効果が大きく異なることが示されている[9]。

以上の粒子分散系ER流体の流れに関する理論は、電極間隙間をER流体が一様に流れることを前提に展開している。ところが、二枚のITO膜の貼られた平行平板ガラス電極とスペーサとからなる電極間間隙h mm、幅10 mmの矩形断面を有する全長60 mm（電極部長さL_e = 30 mm）のスリット流路を一定流量の粒子分散系ER流体（TX-ER6、日本触媒製）が流れる微小隙間流れの電極面に垂直方向からの可視化観察の結果、図2.2.11に示すように、流路全域にわって一様に流れるパターン（FP-1：定常流れ）以外に、粒子によるクラスター（電極間の架橋構造）が崩壊しないで砂州状を形成して電極間に固定化する部分と崩壊して川状に流れる領域が混合した非一様流れパターン（FP-2：準定常非一様流れ、FP-3：非定常非一様流れ）が発生する[4]。このような非一様流れでは、固定化された砂州状のクラスター群によって流路がブロックされることにより流路面積が低下して流動抵抗が増大し著しく大きなER効果を呈する[4]。観察された三種の流動パターン

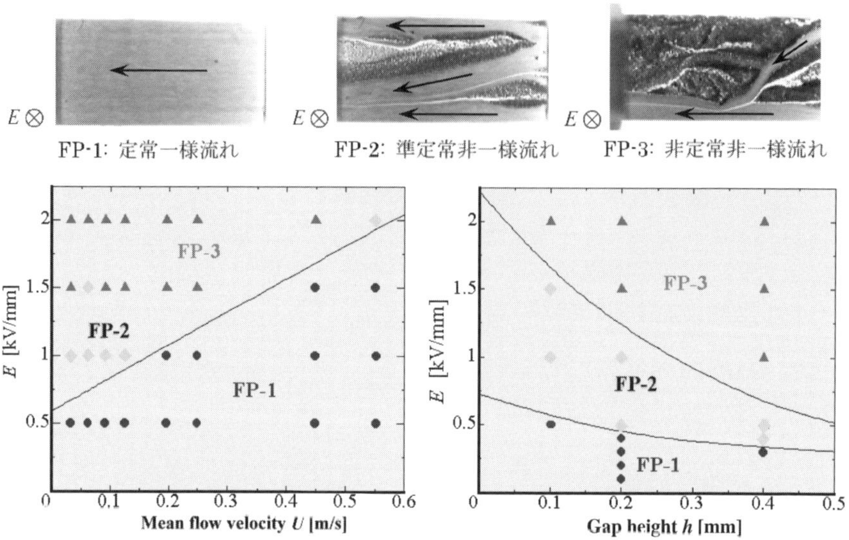

(a)　h=0.1 mm　　(b)　U=0.05 m/s

図2.2.11　平均流速Uおよび電極間隙hとDC電場強度Eの線図上でのER流体スリット流れパターンの分布

の発生領域を平均流速Uおよび電極間間隙hと電場強度Eの線図上にプロットして図2.2.11(a)、(b)に示す。流速Uが速くなるほど、また、電極間間隙hが狭くなるほど、定常一様流れ（FP-1）が発生しER効果が低下する。また、電場強度Eが増大するほど、非一様流れ(FP-2, 3)が発生して、電極間に固定化した砂州状のクラスター群によって流路がブロックされるためER効果が著しく上昇する。

以上のように、粒子分散系ER流体の電場に対するレオロジー特性の変化は、分散媒と分散粒子とからなる固液二相流としての流動形態と密接に関連しており、流れモードによって著しく異なる流動形態を呈し、そのER効果も著しく異なる。そのため、粒子分散系ER流体を応用するデバイス設計に際しては、固液二相流として流れモード毎のER流体の電場に対するレオロジー特性（ER効果）を把握することが肝要となる。また、印加電圧がDCかACかによってもER効果が大きく異なる[9)]。

2.2.4　粒子分散系ER流体のダンパへの応用と振動制御

(1)　ER流体ダンパの基本的な構造

ER流体を活用したダンパの構造の代表的な例[3]を図2.2.12に示す。その発生減衰力の電気的な可変機構は基本的には2.2.3節で分類した三種の流れモードに基づいている。図2.2.12(a)、(b)は移動電極構造で、図(a)のロータリーダンパはせん断モードを、図(b)のスクイーズダンパはスクイーズ流れモードを利用しており、それぞれ回転運動および直動の可変減衰力を発生することができる。なお、図(a)のロータリーダンパは回転型なため制動力を発生するブレーキやトルク伝達をするクラッチとしての機能も発揮できるように構成できる。図(c)のピストン型ダンパは固定電極構造の圧力流れモードを利用した例で、シリンダ室はピストンで区割りされ両シリンダ室はシリンダ周囲に装着された円筒電極間流路で連結されている。ピストンの運動によって円筒電極間の流れが駆動されるため、印加電圧によって両シリンダ室の圧力差を制御しピストンに加わる減衰力が可変される。

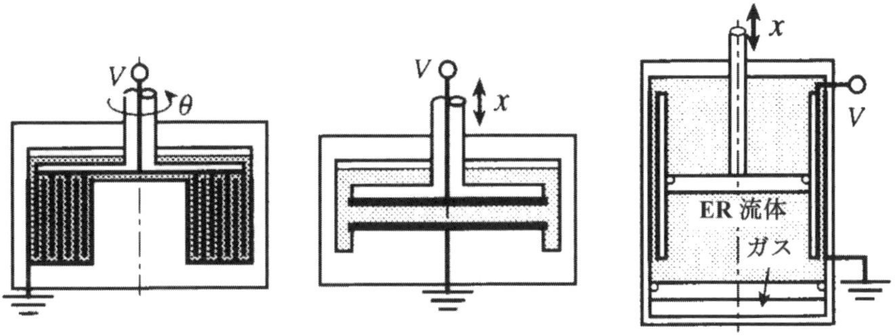

(a)　ロータリーダンパ　　(b)　スクイーズダンパ　　(c)　ピストン型ダンパ

図2.2.12　ER流体を活用したダンパ構造の代表例

(2)　粒子分散系ER流体を活用した減衰力可変ダンパの概念

粒子分散系ER流体をダンパの作動油として用いた場合には、減衰力f_dはダンパ速度dx/dtに対して図2.2.13(b)のような特性を示す。すなわち、図2.2.13(a)に示すように、電場を印加しない時の固定減衰の粘性ダンパ（その減衰力f_v）と印加電場によって摩擦力f_f（降伏せん断応力τ_{ER}に対応）が可変なクーロン摩擦ダンパとが並列に連結されたハ

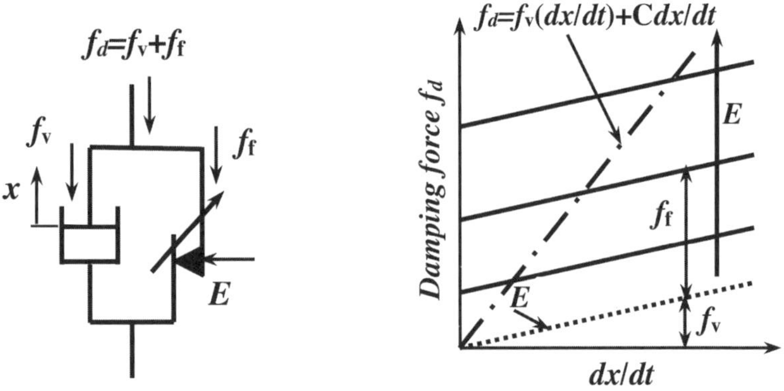

(a)　ダンパの等価モデル　　　(b)　減衰力f_d vs. ダンパ速度dx/dt

図2.2.13　粒子分散系ER流体ダンパの等価ハイブリッドモデルと減衰特性

イブリッドダンパと等価なものとして捉えることができ、印加電場の強さによって摩擦力f_fを変化できる「減衰力可変ダンパ」とみなせる[10]。従って、図2.2.13(b)中の一点鎖線で示すように、電圧信号で可変なER効果に起因する摩擦力f_fをダンパ速度や制振したい振動物体の速度に比例して可変することによって振動を抑制する力を与え、振動を減衰することもできる。ER効果に起因する摩擦力f_fが電場や磁場強度の二乗に比例して増加することを考慮して、ダンパ速度に比例した電圧の平方根をダンパに印加する非線形フィードバック制御系を適用することによって摩擦力f_f成分をダンパ速度に比例して可変することにより、減衰係数がフィードバックゲインに比例して線形的に変化できる可変減衰ダンパを構築できることが示されている[10～12]。粒子分散系ER流体を用いた可変ダンパでは、むしろこのように振動体の速度などに比例して減衰力を可変するなど減衰力可変ダンパであることを積極的に利用した振動制御への応用が期待される。

(3)　粒子分散系ER流体を活用した拮抗型ベローズダンパと除振制御[11]

図2.2.14には、粒子分散系ER流体（TX-ER6、日本触媒製）を用いた拮抗型ベローズダンパとそれに振動体とばねを装着した一自由度振動系の除振脚モデルを示す。ダンパはメタルベローズからなる二つの伸縮液室を円筒電極群からなるERバルブ（A_v：通路総断面積）で連結

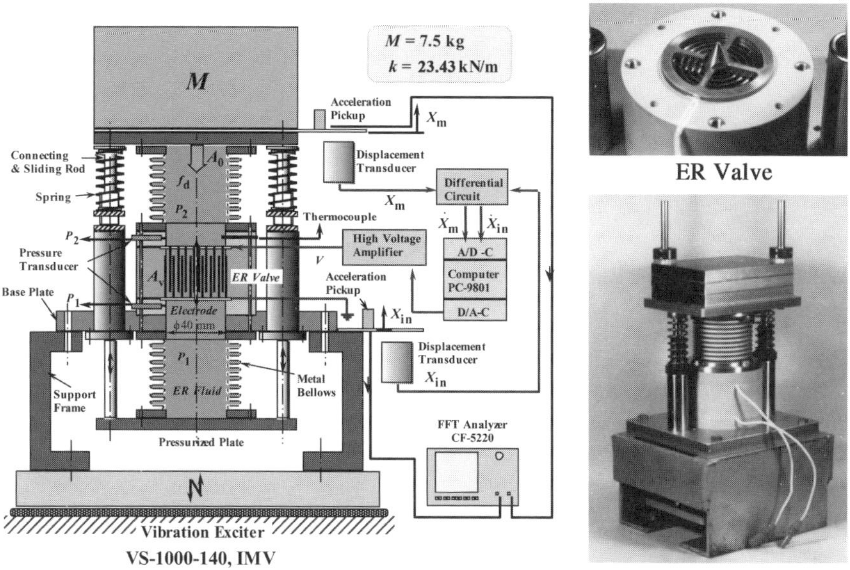

図2.2.14　拮抗型ERベローズダンパとその一自由度振動系からなる除振脚モデル

した構造をしており、両液室端（A_0：受圧面積）の受圧板を二本の摺動ロッドによって連結することにより両液室間の差圧$\Delta P = P_1 - P_2$に対応した減衰力$f_d = A_0 \Delta P$が発生する。振動体の運動に伴ってベローズ液室の伸縮が生じ両液室内のER流体はERバルブ（電極間隙：0.5 mm、長さ：25 mm）の電極間を往来する。その流動抵抗をERバルブの電極間への印加電圧によって変化させて両液室間の差圧ΔPを変えることができるため、ERダンパの減衰力も可変となる。

図2.2.15の変位－減衰力のヒステリシスループからわかるように、定電圧印加時（図2.2.15(a)）にはヒステリシスループは概略矩形を呈しているが、電場強度Eが大きくなるに伴いダンパの運動方向反転後の加速過程直後に減衰力の突出したピークが認められそのピークに至る過程において若干ながら弾性的な特性が現れるのが特徴的である。また、その減衰係数はEが大きくなると増大するが、振動周波数fおよび振幅x_aの増大に伴い急激に低下し強い非線形性を呈する[11)]。一方、2.2.4(2)で示した減衰力可変ダンパの概念に基づいて、ダンパ速度に比例して減衰力を可変するようにダンパ速度の平方根フィードバック

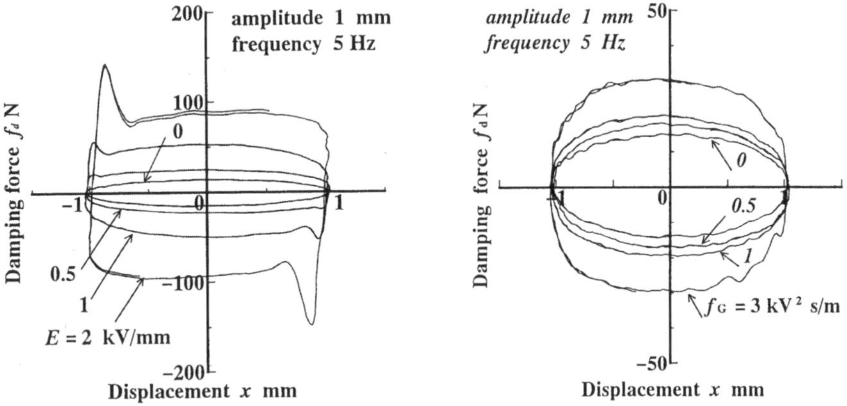

(a)　定電圧印加時　　　(b)　ダンパ速度の平方根フィードバック制御時

図2.2.15　ER流体ダンパの変位−減衰力ヒステリシスループ

を施すと（図2.2.15(b)）、減衰力は変位xに対して連続的に変化し、ループはほぼ楕円に近い形状を描き、そのゲインf_Gの増大に伴いその面積も増大する。減衰係数も振動周波数や振幅には強い依存性を示さず、f_Gによってほぼ線形的に減衰特性が可変な粘性ダンパに類似したダンパを構築できる[11]。

図2.2.14に示す拮抗型ERベローズダンパを用いた一自由度振動系の除振脚モデルに対する除振性能を図2.2.16に示す[11]。これは、スカイフック制御則の概念に基づいてERダンパのER効果により可変な減衰力を除振したい物体の速度フィードバック信号に比例して変化するようにした減衰力可変ダンパとしての適用例である。フィードバックゲインf_Gを増大することによって、高い振動数域の伝達率を変化させることなく共振振動数域の伝達率を1以下に低下させることができ顕著な除振性能が得られることがわかる。

(4)　粒子分散系ER流体ダンパによる車両サスペンション制御[12]

図2.2.14の拮抗型ERベローズダンパの一自由度振動系の支持台部にバネを設け、図2.2.17に示す二自由度振動系の車両サスペンションモデル（M：車体質量（= 7.5 kg）、M_T：タイヤ質量（= 4.0 kg）、k：サスペンションのバネ定数（= 27 kN/m）、k_T：タイヤの弾性係数（= 58 kN/m)）を構築している。そのセミアクティブ制御時の制振性能を図

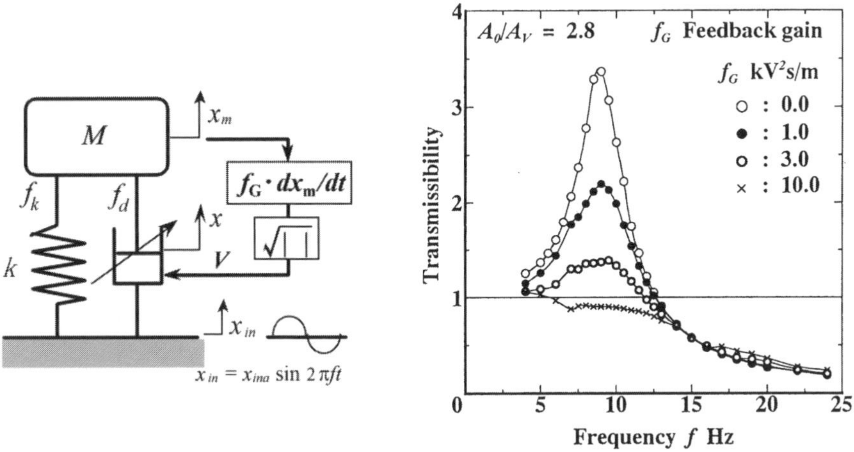

図2.2.16　ER流体ダンパを用いた一自由度振動系除振脚モデルの振動体速度フィードバック制御時の除振性能

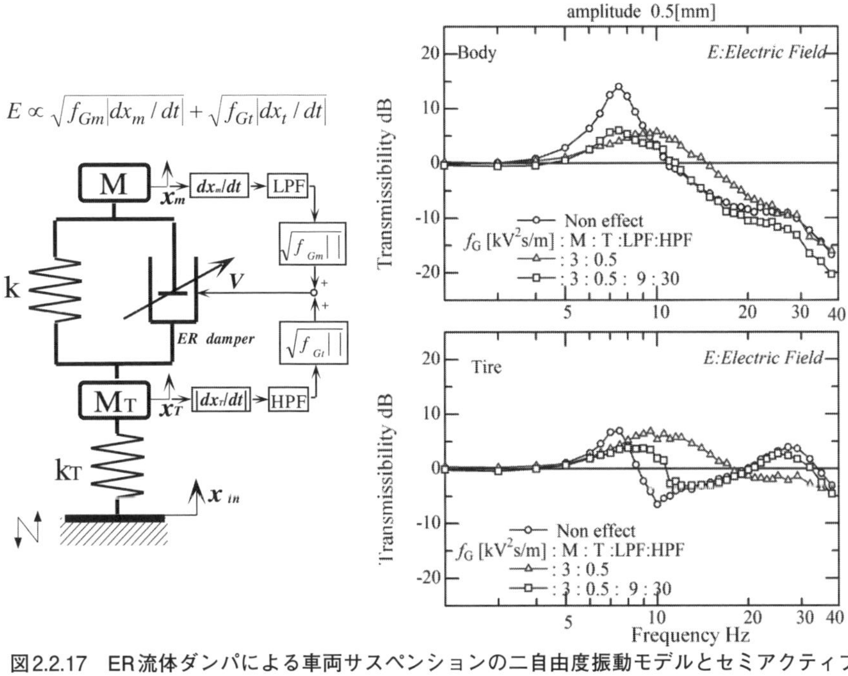

図2.2.17　ER流体ダンパによる車両サスペンションの二自由度振動モデルとセミアクティブ制御時の制振性能

2.2.17に示す[12)]．これらは，図2.2.17に示すように車体速度信号とタイヤ速度信号にそれぞれ良好な効果が得られたときのゲインをかけてフィードバックした場合（△）のものと、さらにそれぞれの信号にLowおよびHighパスフィルタをかけ制御を行った場合（□）のものである。フィルタをかけない場合には、車体、タイヤの共振周波数帯域では顕著な制振効果が得られるが、一方、両者の伝達率は10 Hzから20 Hzの帯域で上昇し好ましくない。Low(9[Hz])およびHigh(30[Hz])パスフィルタを施すことによって、車体（バネ上）共振帯域では車体速度信号を、タイヤ（バネ下）共振帯域ではタイヤ速度信号をそれぞれフィードバックすることができるため、10 Hzから20 Hz付近での伝達率の上昇を効果的に抑制することができ、非常に良い制御性能が得られる。

2.2.5　粒子分散系ER流体を作動流体とするマイクロアクチュエータ

(1)　3ポートマイクロERバルブ

図2.2.7(c)の圧力流れモードを採用することによって、電極間への印加電場強度Eを増減することにより電極間流路を流れるER流体の流量や圧力を制御することが可能となり、バルブの開度を変化させるのと等価な機能が実現でき、全く可動部がないERバルブを構成することができる。特に、粒子分散系ER流体の場合には、電場印加により降伏せん断応力τ_{ER}が誘起されるため、電極流路間の圧力差が式(2.2.10)のΔP_eよりも低い場合には、電極間のER流体は固体化し流れが止められバルブとしての一つの機能である全閉状態が実現できる。また、電極を設置するだけでER流体の流れを制御できることからマイクロ化に適している。図2.2.18には、MEMSなどのマイクロ化を指向してフォトリソグラフィー法によって製作された3ポートマイクロERバルブの構成を示す[13)]。導電性膜であるITO (Indium Tin Oxide) 膜が均一に塗布された二枚のガラス基板をフォトリソグラフィー法により電極形状にエッチングし、一枚のガラス基板にフォトレジストを均一に塗布してフォトリソグラフィー法により流路を形成した後に，そのフォトレジスト上にもう一方のガラス基板を接着することにより製作している。幅2 mm、高さh = 110 μmの微細な流路を有し、入口ポートが一つで出口ポートが二つあり出口ポートの二つの流路に長さ4

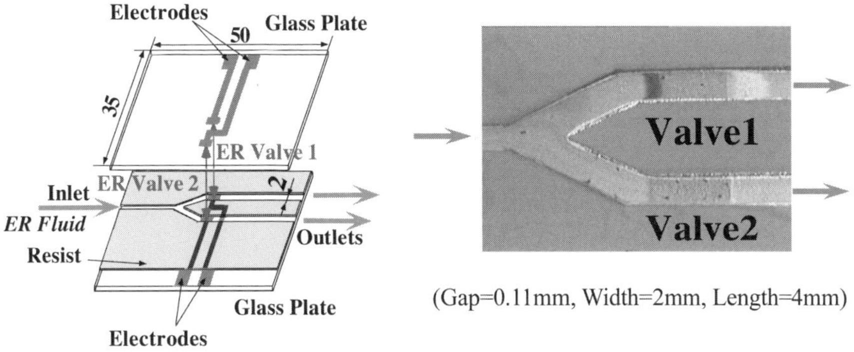

図2.2.18　フォトリソグラフィー法で製作された3ポートマイクロERバルブ

mmのITO膜電極からなるERバルブが設けられている。これらのERバルブを制御することにより入口ポートから一定圧力で供給された粒子分散系ER流体を二つの出口ポートへ分配しその流出流量が制御される。

(2)　ERバルブのDC電圧制御

図2.2.19には、入力ポートから粒子分散系ER流体（TX-ER6, 日本触媒製：平均粒子径5 μm, 体積分率20%）を一定供給圧力P = 20, 30 kPaで供給し、二つの出力ポートの流路に設けられた各ERバルブを別々にDC電圧制御した場合の流量制御特性を示す[13]。各供給圧力において、電場強度Eを増加するにつれて流量は減少し閉鎖されるが、両バルブの閉鎖電場強度に違いが生じている。これは、製作した流路

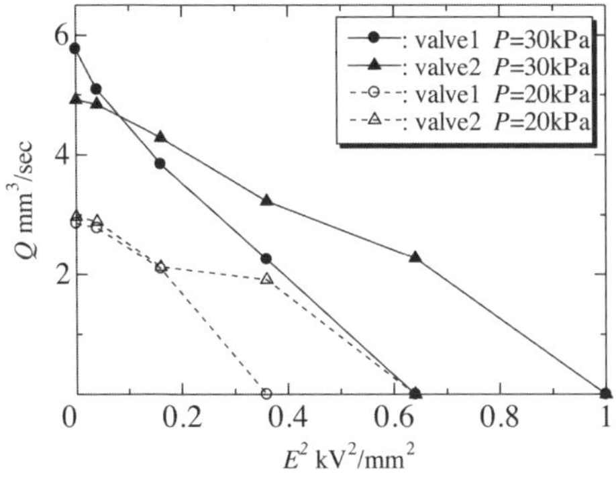

図2.2.19　二つのERバルブのDC電圧による流量制御特性

形状寸法の僅かな差異に起因するものと考えられ、このような微細な流路の製作工程において僅かな形状の差異は避けられず、二つ以上のマイクロERバルブをDC電圧で同期して連続的に流量制御するのには困難が伴うことがわかる。また、ERバルブを全開状態から全閉状態まで連続的に流量制御するには、各供給圧力に対するERバルブの閉鎖電場強度が既知でかつ一定でなければならないことも実際上問題となる。

(3)　ERバルブのPWM流量制御

上述のようなERバルブのDC電圧制御の欠点を解決するために、ERバルブのPWM流量制御が提案されている[14]。図2.2.20(a)に典型的なPWM波の電圧波形を示す。キャリア周波数を100 Hzとしその鋸波とコンピュータから出力される制御電圧（Duty比を定める）とを比較することによりPWM波を発生している。PWM波の電圧レベル（$E_{ON} = V/h = 1.3$ kV/mm）は、Duty比 = 0でERバルブ全開、Duty比 = 1でERバルブが全閉となるように、ER流体の供給圧力PにおいてERバルブが全閉できるように設定している。図2.2.20(b)には、PWM制御電圧をマイクロERバルブに印加した際の定常流量特性を示す[13]。PWM波電圧を印加した場合には、各供給圧力Pにおいて両バルブともDuty比 = 1で閉鎖でき、流路形状寸法の僅かな差異に起因して若干Valve2の方が同一Duty比において流量が低下するが、Duty比を変

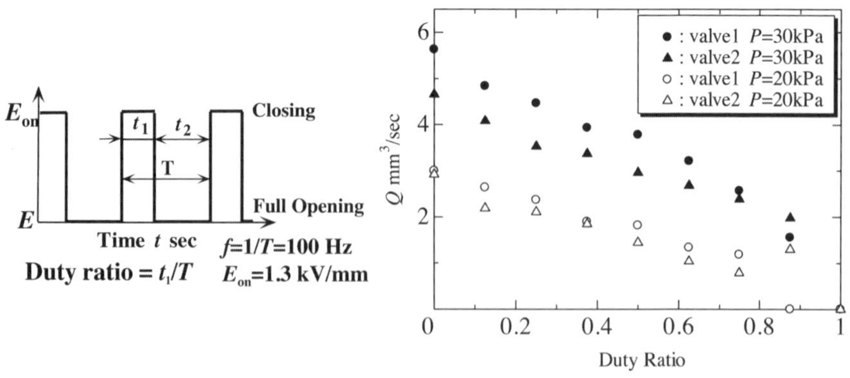

(a)　PWM電圧波形　　　(b)　二つのERバルブのPWM流量制御特性

図2.2.20　二つのERバルブのDuty比によるPWM流量制御特性

化することによってほぼ同等の流量制御が可能となっている。PWM波電圧振幅をER流体の供給圧力最大時におけるバルブ閉鎖電場強度以上に設定することによって、バルブ間圧力差が変動するような場合でもDuty比によって閉鎖及び開放の流量制御が的確にできることもわかる。また、流路形状寸法の僅かな差異によって各バルブの閉鎖DC電場強度が多少異なるような場合においても、PWM制御であればその差異を補うことが可能であることも示されている。

(4)　二つのERバルブ間の流量切換制御

制御電圧とERバルブ1と2へのPWM波のDuty比との関係を図2.2.21(a)に示すように比例して変化するように与えることによって、二つのERバルブ間の流量切換制御が可能となり、両バルブ間のDuty比のオーバーラップ量D_{ov}を設けることで、両バルブにおけるバルブ開閉の相互のタイミングも制御可能としている。図2.2.21(b)には、Duty比を可変するための制御電圧信号として0.25 Hzの正弦波を用い、さらに、両バルブ間のDuty比のオーバーラップ量をD_{ov} = 30%に設定した場合のValve1とValve2の流量の時間的変化特性（流量切換制御特性）を示す[13]。両バルブへ印加するPWM電圧波のDuty比は交互に半波整流正弦波状に連続的に変化し、両バルブ間の流量の切換えにもオーバーラップが認められ、交互に滑らかに流量が増減している。オーバーラップ量を設定することによって、両バルブの開閉の相互のタイミングを

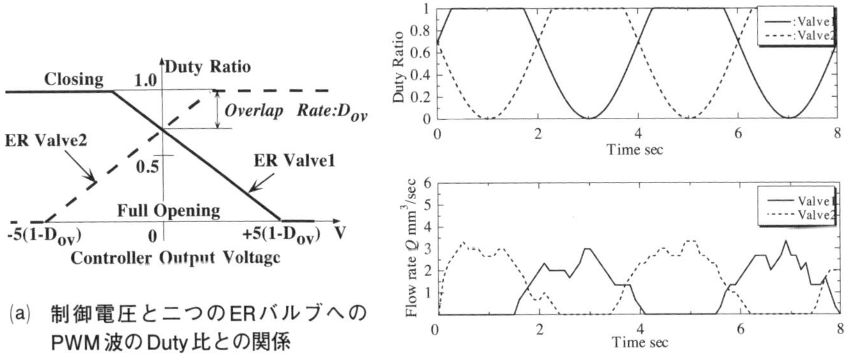

(a)　制御電圧と二つのERバルブへのPWM波のDuty比との関係

(b)　二つのERバルブの流量切換制御特性

図2.2.21　制御電圧と二つのマイクロERバルブへのPWM電圧波Duty比との関係で連続的にDuty比を変化した際の両バルブの流量切換制御特性（D_{ov}＝30 %）

変更でき、両バルブの比較的高い流量域での切換えが可能となることがわかる。

(5)　ダイアフラム型3ポートERマイクロアクチュエータ[15)]

図2.2.22(a)には、3ポートERマイクロアクチュエータの模式図を示す。可動部には厚さ30 μmのポリウレタン膜からなるダイアフラムを採用し、ダイアフラム制御ポートの上流及び下流部にそれぞれERバルブを配置し、両ERバルブに印加する電圧を制御することによりダイアフラムの変位を制御する構造となっている。この3ポートマイクロERアクチュエータは、図2.2.18の3ポートマイクロERバルブと同様にフォトリソグラフィー法によって厚膜レジストを用いてガラス基板上に製作され、アクリルケースに固定されて実験に供されている。ダイアフラム室直径はϕ5 mm、微細な流路は幅2 mm、高さh = 160 μmであり、ERバルブ部は長さ4 mmのITO膜電極からなる。また、ダイアフラムとして機能するポリウレタン製の膜は、アクリルケース上部とガラス基板との間にOリングを用いて固定されている。

アクチュエータへの粒子分散系ER流体（TX-ER6, 日本触媒製）の供給は、ER流体が充填された圧力タンクを圧縮空気により一定圧（30

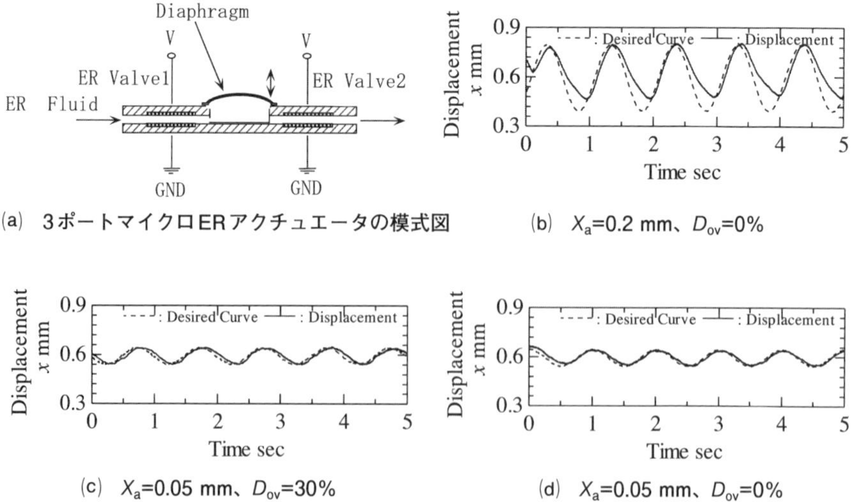

(a)　3ポートマイクロERアクチュエータの模式図　　(b)　X_a=0.2 mm、D_{ov}=0%

(c)　X_a=0.05 mm、D_{ov}=30%　　(d)　X_a=0.05 mm、D_{ov}=0%

図2.2.22　3ポートマイクロERアクチュエータとそのダイアフラム変位の位置フィードバック制御特性（振幅X_a、オーバーラップ量D_{ov}の影響、f＝1 Hz）

kPa)に加圧して行っている。また、アクチュエータの制御方法として、PID位置フィードバック制御を適用し、その制御電圧とERバルブ1と2へのPWM電圧波（キャリア周波数：100 Hz）のDuty比との関係は図2.2.21(a)のように比例して変化するように与えられる。ERバルブへのPWM波電圧の電場強度は$E = 1.2$ kV/mmとしている。ダイアフラムの変位はレーザー変位計で計測している。

限界感度法を用いたステップ応答実験より得られたPIDパラメータ（$K_P = 50$, $T_I = 0.25$ s, $T_D = 0.01$ s）を用いて、PID位置フィードバック制御時のアクチュエータの周波数特性について実験的に検討している。図2.2.22(b)、(c)、(d)には、周波数$f = 1$ Hzの際の目標変位振幅$X_a = 0.2$、0.05 mmにおけるダイアフラムの変位制御特性を示す。目標変位振幅が比較的大きい$X_a = 0.2$ mmの場合（図2.2.22(b)）には、ダイアフラムが下降する際の応答に遅れが生じており、ダイアフラム自身の弾性による復元力のみでは目標変位に追従できていないことがわかる。振幅が小さい$X_a = 0.05$ mmの場合(図2.2.22(c), (d))には、オーバーラップ量$D_{ov} = 30\%$の場合と0%の場合とで変位特性に大きな違いは認められず、D_{ov}の有り無しにかかわらず非常に良い追従特性を示している。なお、オーバーラップ量$D_{ov} = 0\%$、$X_a = 0.2$、0.05 mmにおいて得られたアクチュエータの周波数特性では、$X_a = 0.2$ mmから$X_a = 0.05$ mmと目標変位振幅が小さくなるにつれてバンド幅が高くなり(1 Hz → 2.2 Hz)、位相特性も良くなることが認められ、目標変位振幅が小さいほど周波数特性は向上することが示されている[15)]。

2.2.6　粒子分散系ER流体を作動流体とする点字表示システム[16)] [17)]

図2.2.23(a)に示すように、点字の凸点間の中心間隔は、上下、左右2.2 mm程度と狭く、約10 mm四方の面積に点字表示用の6個の凸点となる触知ピンを駆動するマイクロベローズERアクチュエータを配置した点字表示システムを図2.2.23(b)に示す。図2.2.23(b)の左図下部に示すように、ガラス基盤を3枚用いて可動部であるマイクロベローズへの流入側と流出側のERバルブ（電極間隙$h = 0.3$ mm, 長さ$L_e = 15$ mm、流路幅$B = 1.5$ mm）をそれぞれ上下に立体的に配置する2層流路構造を採用して、フォトリソグラフィー法を用いて厚膜レジストによって流路を形成し、6ユニットのマイクロベローズERアクチュエー

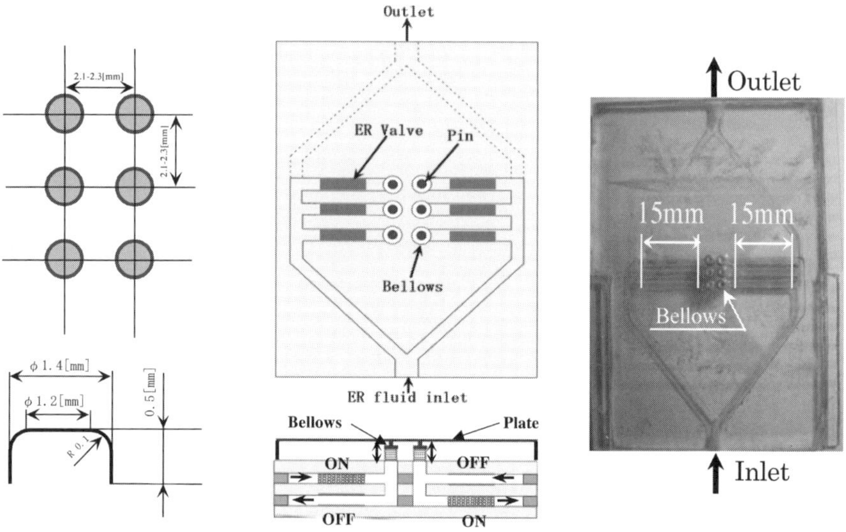

(a)　触知ピン形状と配置　　　(b)　6個のERベローズアクチュエータとERバルブ構成

図2.2.23　6個のERベローズアクチュエータからなる点字表示システム

タを構築している。

図2.2.24には、製作した点字表示用マイクロベローズERアクチュエータのベローズ変位制御試験結果を示す。粒子分散系ER流体（TX-ER6, 日本触媒製）の供給圧力P_s = 500 kPaで、ERバルブへの印加電場強度E_{on} = 7.0 kV/mmの場合のもので、6個のベローズを同時にON/OFFした際のある1つのベローズ変位の時間的変化を示す。目標の0.5 mmの変位を十分達成でき、かつOFF時には元の変位に戻り、ON/OFF制御が実現できている。図2.2.25(b)には、図2.2.25(a)のベローズの上部に触知ピンを取り付けて、後方の3個の触知ピンをON/OFF制御した場合のON状態での点字板上の触知ピン表示の写真を示す。後方の3個の触知ピンが点字板上に突出して、凸点が形成されているのがわかる。

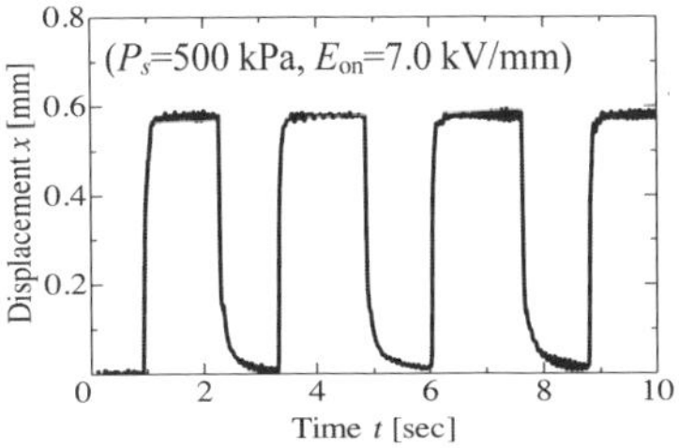

図2.2.24　ERベローズアクチュエータ変位のON/OFF制御特性

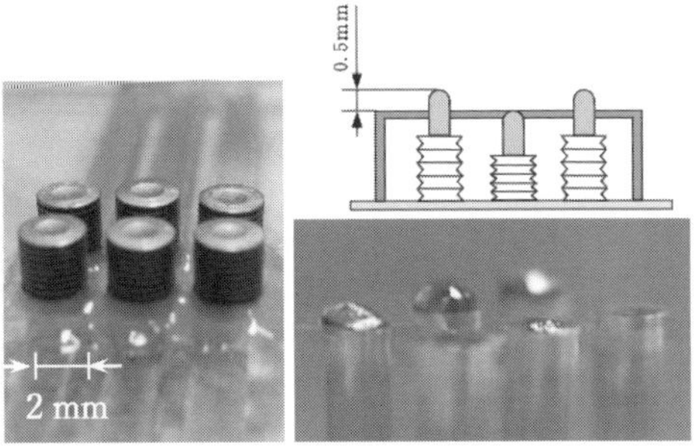

(a)　(b)

図2.2.25　6個のERベローズアクチュエータ(a)と触知ピン表示(b)

＜参考文献＞

1)　D.L. Klass and T.W. Martinek：“Electroviscous Fluids. I. Rheological Properties”, J. of Applied Physics, 38, 1, pp.67-74 (1967-1).

2)　H. Uejima：“Dielectric Mechanism and Rheological Properties of Electro-Fluids”, Japanese J. of Applied Physics, 11, 3, pp.319-326 (1972-3).

3)　中野政身：“ER流体を用いた可変ダンパと振動制御の新展開”, 計測と制御, 34, 9, pp.707-711 (1995-9).

4)　中野政身: “ER/MR流体のレオロジー及び流動特性”, 可視化情報, 27, 105, pp.19-26 (2007-4).

5)　S.L. Vieira, M. Nakano, S. Henley, F. E. Filisko, L. B. Pompeo Neto and A.C.F. Arruda：“Transient Behavior of Microstructure of Electrorheological Fluids in Shear Flow Mode”, Int. J. of Modern Physics B, 15, 6&7, pp.695-703 (2001-3).

6)　S.L. Vieira, M. Nakano, R. Oke and T. Nagata：“Mechanical Properties of an ER Fluid in Tensile, Compression and Oscillatory Squeeze Tests”, Int. J. of Modern Physics B, 15, 6&7, pp.714-722 (2001-3).

7)　M. Nakano and T. Nagata：“ER Properties and Flow-induced Microstructures of an ER Fluid Between Two Parallel Disk Electrodes in Squeeze Flow Mode”, Int. J. of Modern Physics B, 16, 17&18, pp.2555–2561 (2002-7).

8)　中野政身, 米川琢哉：“ERダンパモデルにおける分散系ER流体の圧力応答”, 日本機械学会論文集 (B編), 61, 581, pp.166-172 (1995-1).

9)　M. Nakano, R. Aizawa and Y. Asako：“Steady and Transient Responses of Electrorheological Suspension Passing Through a Rectangular Channel” , Int. J. of Modern Physics B, 10, 23 &24, pp. 2965-2972 (1996-10).

10)　中野政身, 米川琢哉: “分散系ER流体を用いたアクティブダンパとその除振制御への応用”, 日本機械学会論文集 (C編), 62, 593, pp.33-40 (1996-1).

11)　中野政身, 伊藤浩也, 近野誠, 伊藤一寿：“分散系ER流体を用いた拮抗形ベローズダンパとそのアクティブダンパとしての除振制御への応用”, 日本機械学会論文集 (C編), 64, 619, pp.804-810 (1998-3).

12) 森尾武史, 中野政身, 大橋栄一："ERダンパを用いた車両サスペンション系のセミアクティブ制御", 日本機械学会東北支部米沢地方講演会講演論文集, 991-2, pp.141-142 (1999-9).
13) M. Nakano, T. Katou, A. Satou, K. Miyata and K. Matsushita："Three-ports Micro ER Valve for ER Suspension Fabricated by Photolithography", J. of Intelligent Material Systems and Structures, 13, 7/8, pp.503-508 (2002-7).
14) M. Nakano, S. Minagawa and K. Hagino："PWM Flow Rate Control of ER Valve and Its Application to ER Actuator Control", Int. J. of Modern Physics B, 13, 14-16, pp. 216-2175 (1999-6).
15) 中野政身："粒子分散系ER流体を用いたマイクロアクチュエータ", フルードパワーシステム, 35, 6, pp.32-36 (2004-11).
16) 中野政身："ナノ・マイクロ粒子分散系ER流体のマイクロギャップフローとその点字表示システムへの応用", 混相流, 23, 2, pp.135-142 (2009-6).
17) T. Tsujita, M. Nakano and M Kobayashi："Design and Development of a Braille Display using Micro Actuators Driven by ER Suspension", Int. J. of Applied Electromagnetics and Mechanics, 33, 3&4, pp.1661-1669 (2010-10).

2.3　均一系ER流体(液晶)

2.3.1　機能発現機構と機能性

(1)　液晶型ER流体とその機能発現機構

2.1節で述べているように、ER流体は、誘電体微粒子を誘電液体中に安定に分散させた粒子分散系ER流体と、ネマティック液晶に代表される均一系ER流体に大別される。均一系ER流体には、液晶型、極性ポリマー溶液型、エラストマー溶液型、コロイド溶液型、ゲル分散型などがある[1)]。液晶には、低分子液晶と高分子液晶がある。高分子液晶[2)]はER効果が大きいという利点はあるが、基底粘度が高いため、フルードパワーシステムで流して用いる用途にはあまり適していないと考えられる。これに対し低分子液晶の一つのネマティック液晶は、低い電界強度からER効果を発現し、基底粘度が比較的低いという特長を有しており、フルードパワーシステムの作動流体として応用することができる。本節では、均一系ER流体の中でも、ネマティック液晶を用いた液晶型ER流体について述べる。

ネマティック液晶は低分子液晶の1種であり、図2.3.1(a)に示すような細長い棒状の分子から構成されている（この図ではわかりやすいように分子間に隙間があるように描いているが、実際にはこの分子で満たされている）。以下では、簡単のため、ネマティック液晶を単に液晶と記述する。

図2.3.1(a)に示すように平行に配置された2枚の平板電極の間に液晶を流したとき、流れによるせん断力により、液晶分子には電極表面に平行な方向に配向させようとするトルクが作用する。また、図2.3.1(a)の右図に示すように、平板電極対に電圧を印加すると、液晶に電界が加わり、各液晶分子では誘電異方性により長手方向に誘電分極を生

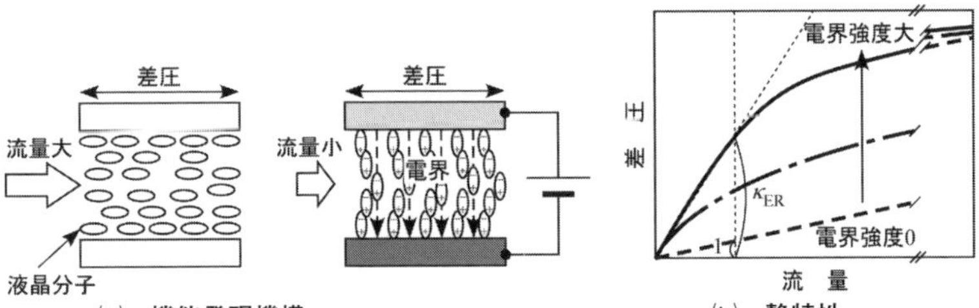

(a)　機能発現機構　　(b)　静特性

図2.3.1　ネマティック液晶のER効果

じてその電荷に電界によるクーロン力が作用し、電界方向に配向させようとするトルクがはたらく。静的には、主にこれら二つのトルクのつり合いにより液晶分子の配向が決まる[3]。したがって、図2.3.1(a)の左図に示すように、平板電極対に電圧を印加していないときは、液晶分子が平板電極表面と平行になるように配向し、流路抵抗は低く、差圧に対する流量は大きくなる。この特性を図2.3.1(b)の破線で示す。これに対し、図2.3.1(a)の右図に示すように平板電極対に電圧を印加すると、電界方向に配向する傾向が強くなり、電界方向に配向した液晶分子は流れを妨げるため、流路抵抗は高く，差圧に対する流量は小さくなる。この特性を図2.3.1(b)の一点鎖線で示す。電界が十分高くなり、液晶分子が電界方向とほぼ等しくなればそれ以上粘度は上昇せず、粘度変化は飽和する。この特性を図2.3.1(b)の実線で示す。このような流路抵抗の変化は、液体の粘度が上昇したときと等価な効果であり、電界により液晶の粘度が上昇したとみなすことができる（ER効果）。なお、同一の電界強度に対し電界によるトルクは一定であるが、流れによるトルクは流量の増加とともに大きくなる。したがって、流量が大きくなると電界方向の配向が崩れてくると考えられ、十分大きな流量になると電界によるトルクを無視できるようになり、図2.3.1(b)に示すように、基底粘度の特性に漸近すると考えられる。流れによるせん断力の影響が十分小さい範囲における最大粘度と基底粘度の比はER効果指数（κ_{ER}）と定義され、ER流体の特性指標に用いられている[4]。

図2.3.1(b)は、平行平板電極対がER流体の流れを電界により制御するバルブとして機能することを表している。このようなバルブはERバルブと呼ばれる。ERバルブは固定電極と流路のみから成り、摺動部分がない単純構造であり、液晶型ER流体を用いた場合には、さらに分散粒子の沈降、磨耗、閉塞などの問題がなく流路を細くできるため、マイクロバルブとしての応用が考えられている（具体的な事例は2.3.2項を参照）。ER効果を有効に利用するためには、図2.3.1(b)の低い流量に相当するせん断速度域で使用することが望ましく、流量の要求仕様に合わせて平行平板電極対の寸法を設計する必要がある。

(2)　ERバルブによる圧力制御

ER流体の応用の基本となるERバルブを用いた圧力制御について説

明する。これにより液圧アクチュエータの内圧を制御することができる。

図2.3.2(a)には、1組の平行平板電極対から成る2ポートERバルブの上流に固定絞り（流路抵抗R）を接続した構造を示す。ここでは、簡単な説明のため、電圧vを0～Vの範囲で変化させたとき、ERバルブの流路抵抗$R_{ER}(v)$を第1次近似として、

$$R_{ER}(v) = R_0 + Kv \quad \left(R_0 = R_{ER}(0),\ R_{\max} = R_{ER}(V),\ K = \frac{R_{\max} - R_0}{V} \right) \qquad \cdots (2.3.1)$$

と表すものとする。このとき、負荷流量が0のときの負荷圧力p_Lは、

$$p_L = \frac{R_{ER}(v)}{R + R_{ER}(v)} P_S = \frac{R_0 + Kv}{(R + R_0) + Kv} P_S \qquad \cdots (2.3.2)$$

と表される。電圧vにより負荷圧力p_Lを制御できることがわかる。また、負荷圧力の変化幅Δp_Lは、以下のように求められる。

$$\begin{aligned} p_L &= p_{L,\max} - p_{L,\min} = \frac{R_{\max}}{R + R_{\max}} P_S - \frac{R_0}{R + R_0} P_S \\ &= \frac{\alpha(\kappa_{ER} - 1)}{(\alpha + 1)(\kappa_{ER} + \alpha)} P_S \quad \left(\alpha = \frac{R}{R_0},\ \kappa_{ER} = \frac{R_{\max}}{R_0} \right) \end{aligned} \qquad \cdots (2.3.3)$$

式（2.3.3）においてαを変数とすると、$\alpha = \sqrt{\kappa_{ER}}$のとき$\Delta p_L$は最大となり、

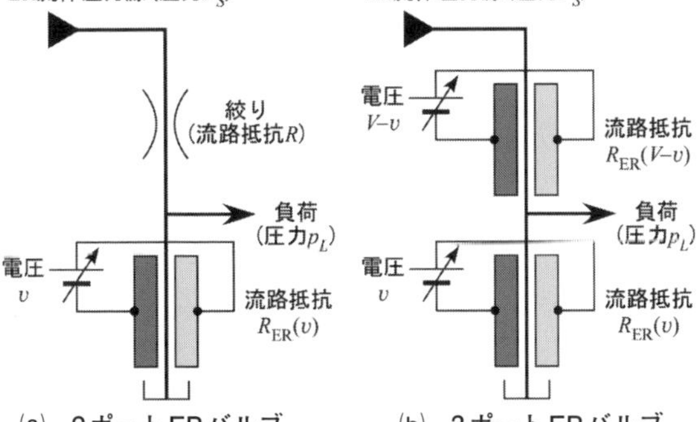

(a)　2ポートERバルブ　　(b)　3ポートERバルブ

図2.3.2　ERバルブによる圧力制御

$$p_{L,\max} = \frac{\kappa_{\mathrm{ER}} - 1}{(\kappa_{\mathrm{ER}} + 1) + 2\sqrt{\kappa_{\mathrm{ER}}}} P_S \qquad \cdots (2.3.4)$$

となることがわかる。

図2.3.2(b)には、2ポートERバルブ2個を直列に接続しその接続点を制御ポートとした3ポートERバルブを示す。上流側の電極対の電圧を下流側の電極対の電圧との和が一定になるように印加すると、負荷流量0のときの負荷圧力p_Lは

$$p_L = \frac{R_{\mathrm{ER}}(v)}{R_{\mathrm{ER}}(V - v) + R_{\mathrm{ER}}(v)} P_S = \frac{R_0 P_S}{R_0 + R_{\max}} + \frac{K P_S}{R_0 + R_{\max}} v \qquad \cdots (2.3.5)$$

と表され、電圧vの線形関数として制御できることがわかる。また、負荷圧力の変化幅Δp_Lは、以下のように求められる。

$$p_L = p_{L,\max} - p_{L,\min} = \frac{R_{\max}}{R_0 + R_{\max}} P_S - \frac{R_0}{R_0 + R_{\max}} P_S = \frac{\kappa_{\mathrm{ER}} - 1}{\kappa_{\mathrm{ER}} + 1} P_S \qquad \cdots (2.3.6)$$

これを式(2.3.4)と比較することにより、図2.3.2(a)の2ポートERバルブを用いた場合より広く負荷圧力を制御できることがわかる。

2.3.2　応用

液圧駆動は、図2.3.3の液圧シリンダの微小化特性の解析結果[5]に示すように、最大エネルギー密度が高いため、小さなサイズで大きな出力を得ることができる。また、機能性流体を作動流体とすると、電

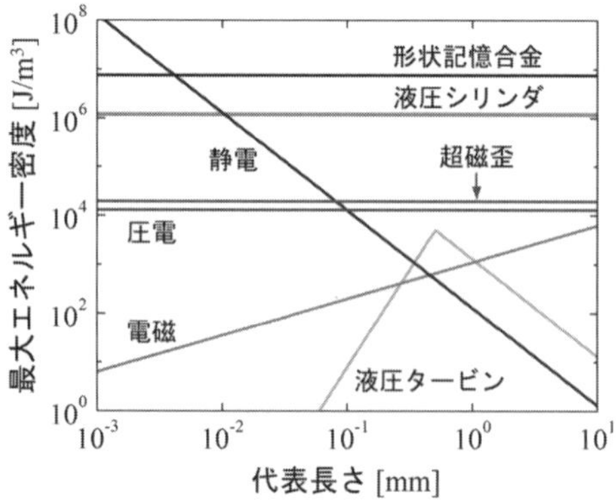

図2.3.3　アクチュエータの微小化特性

極や磁極による可動部のない単純な機構で電気信号により直接、出力を制御することができる。したがって、マイクロ駆動システムへの応用に適している。さらに、液体は固有の形状を持たないためソフトアクチュエータも容易に実現することができ、次世代フルードパワーシステムの実現に貢献することが期待されている。

本項では液晶型ER流体の応用例として、ERマイクロバルブおよびERマイクロアクチュエータの研究事例を紹介する。

(1)　MEMS技術を用いたシリコン製ERマイクロバルブ[6]

微細加工を行うMEMS (Micro Electro Mechanical Systems) 技術を用いたシリコン製ERマイクロバルブが開発されている。試作されたバルブの概要を図2.3.4(a)に示す。本バルブは2ポート型で、溝を有するシリコン基板と、アルミ薄膜を成膜したパイレックスガラスを接合したものである。液晶は絶縁性が高く通電電流が小さいため、半導体であるシリコンを電極として用いることができる。シリコン基板の溝を流路とし、アルミ薄膜を上側の電極、シリコン基板の溝の底面を下側の電極として、平行平板電極対が構成されている。シリコン基板の溝は、シリコンの結晶面に沿ってエッチングを行う異方性エッチングにより形成され、図2.3.4(a)に示すように台形の断面を有する流路が形成されている。同図右にはシリコン基板の溝部のSEM写真を示している。アルミ薄膜は、パイレックスガラス上にスパッタにより形成されている。シリコン基板とパイレックスガラスの陽極接合を行うことにより漏れがない強固な接合が実現されている。電極部の流路は長さ$L_{ER} = 5$ mm、幅$B_{ER} = 1.2$ mmで、高さ（電極間隔）H_{ER}は0.08 mm ～

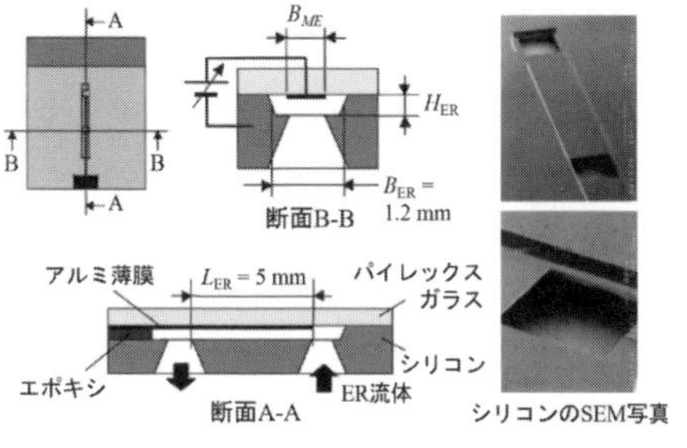

(a)　概要

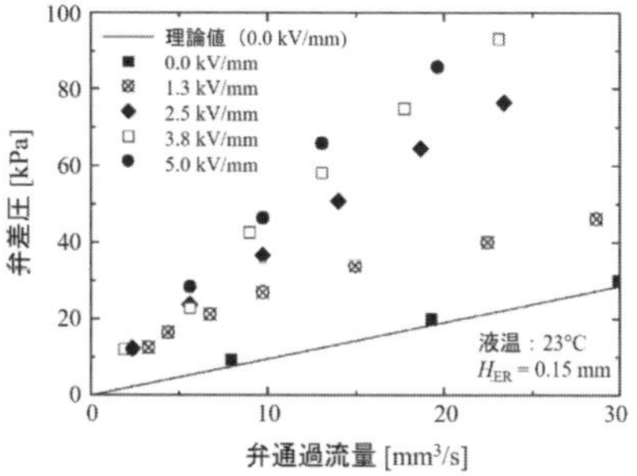

(b)　静特性

図2.3.4　シリコン製ERマイクロバルブ

0.15 mmである。アルミ薄膜の幅B_{ME}は、流路の側壁からの最短距離がH_{ER}と等しくなるように設定されている。

図2.3.4(b)に測定された負荷流量0のときの静特性を示す。ただし、この結果は$H_{\mathrm{ER}} = 0.15$ mmのものである。使用された液晶の基底粘度は68.8 mPa·s、密度は1.07×10^3 kg/m^{3}である。電界強度の上昇とともに粘度に比例する弁差圧の直線の傾きが大きくなり、電界強度5 kV/mmでほぼ飽和している。ER効果指数は$\kappa_{\mathrm{ER}} = 4.5$である。

(2)　MEMS技術を用いたERバルブ集積型マイクロアクチュエータ[4)]

ダイアフラム型液圧マイクロアクチュエータに3ポートERマイクロバルブを集積した、図2.3.5(a)に示すようなマイクロアクチュエータが開発されている。ダイアフラムは、ポリイミド（厚さ5 μm）、薄いクロム膜、および薄いシリコン酸化膜を積層した4 mm×4 mmサイズのもので、シリコン基板上に製作されている。3ポートERマイクロバルブは、図2.3.4(a)と同様の構造で長さ$L_{\mathrm{ER}} = 5$ mm、幅$B_{\mathrm{ER}} = 1.2$ mm、高さ（電極間隔）$H_{\mathrm{ER}} = 0.15$ mmの電極を持つ流路2個を直列に接続した構造で、シリコン基板上に製作されている。これら2枚のシリコン基板を接着することで、ERバルブ集積型マイクロアクチュエータは構成されている。

図2.3.5(b)は試作されたアクチュエータの静特性の測定結果を示す。ただし、使用した液晶の基底粘度は24 mPa·s、密度は0.99×10^3 kg/

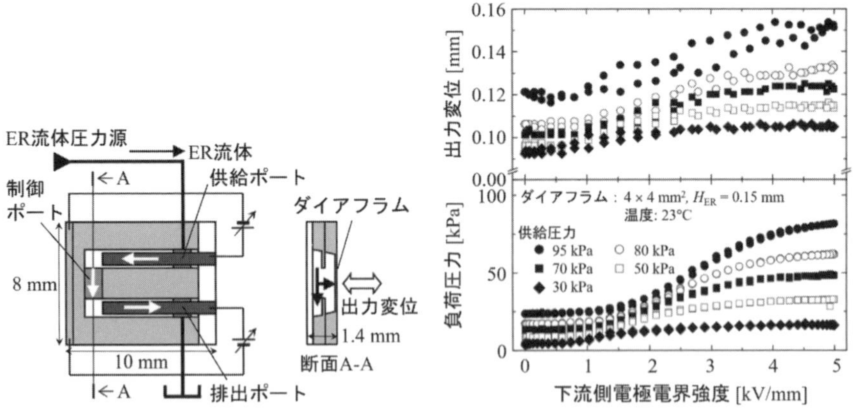

(a)　概要　　(b)　静特性

図2.3.5　ERバルブ集積型マイクロアクチュエータ

m^3、ER効果指数は$\kappa_{ER} = 5.4$である。また、上流側と下流側の電極対に印加する電圧は、その電界の和が5 kV/mmとなるように印加されている。図2.3.5(b)の下段に示すように、電界の変化に伴い滑らかに再現性高く負荷圧力が変化することがわかる。また、この圧力を受けて得られたダイアフラムの変位は上段に示されているが、ダイアフラムにしわが残ってしまっているため、ヒステリシスとばらつきはあるものの、電圧により変位を制御できることがわかる。

さらに、ERバルブ集積型マイクロアクチュエータのダイアフラムを6 mm × 6 mmサイズとし、その変位をてこにより拡大した長さ9 mmのマイクログリッパが試作され、供給圧力40 kPaでグリッパの先端変位80 μmの動作が確認されている。

(3)　フレキシブルERマイクロバルブ(FERV)[7)～10)]

産業用プラントの細い配管内を走行しメンテナンスを行う管内作業マイクロロボット、生体組織と接触し検査、治療を行う医療用デバイス、壊れやすいマイクロサイズの物体を損傷することなく操作できるマイクログリッパなどに応用するため、ソフトマイクロアクチュエータの研究が盛んにおこなわれている[11)]。ソフトマイクロアクチュエータには、高分子材料内のイオンの移動により屈曲運動する高分子アクチュエータICPF (Ionic Conducting Polymergel Film)、静電気力による圧縮力により径方向に伸長する誘電性高分子アクチュエータ(Dielectric Elastomer Actuator。DEアクチュエータ、DEAとも呼ばれる)などもあるが、空気圧や液圧でゴムなどの柔軟材料製の容器を膨張させ、拘束要素などによる構造異方性により伸縮、ねじり、または屈曲運動を得る流体圧駆動ソフトマイクロアクチュエータが数多く研究開発されている。

液圧ソフトマイクロアクチュエータの内圧を制御するためにはマイクロバルブが必要であり、それを実現する有望な候補がERバルブである。ERバルブの制御圧力を高く保ちながらマイクロ化を図る一つの方法は、流路の断面積を小さくして流路抵抗を大きくする方法である。しかし、電極部の流路の幅を小さくすると、液晶に接触する壁面に対し電界を発生せずER効果に貢献しない側面が占める割合が大きくなるため、等価的にER効果が低下すると考えられる。また、電極部の流路の高さを小さくし電極間の間隔を小さくすると、実験を行っ

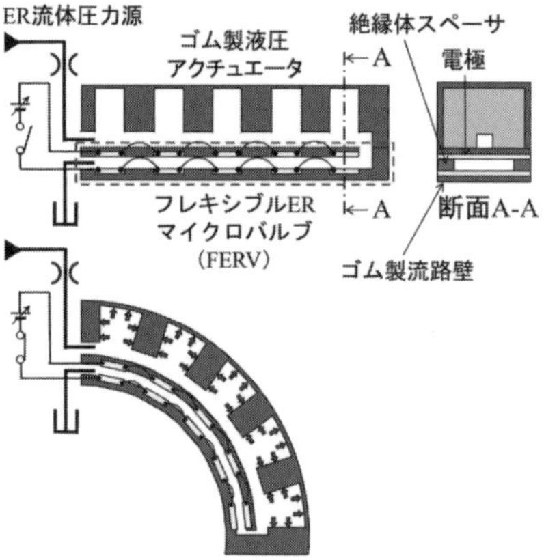

図2.3.6　FERVを用いたマイクロフィンガ

た液晶では応答性が低下することが確認されている[3]。したがって、断面積を小さくする方法は望ましくないため、ERバルブは十分な流路抵抗を得るための長さが必要である。しかし、長いERバルブをソフトマイクロアクチュエータの外部に設置すると全体が大きくなり、ソフトマイクロアクチュエータに集積すると柔軟性が阻害される。そこで、ソフトアクチュエータと共に柔軟に屈曲することができるフレキシブルERマイクロバルブ（flexible ER microvalve：FERV）が提案、開発されている[7]。FERVが実現されると、たとえば図2.3.6に示すように、マイクログリッパのフィンガに集積することができる。これまでに、カンチレバー型FERV（cantilever type FERV。以下、C-FERVと呼ぶ）、電極分割型FERV（divided electrode type FERV。以下、DE-FERVと呼ぶ）、導電性高分子型FERV（coductive polymer type FERV。以下、CP-FERVと呼ぶ）が提案、開発されている。以下、それぞれについて紹介する。

(a)　カンチレバー型FERV (C-FERV)[7]

C-FERVは、図2.3.7(a)に示すように、上面および下面に薄膜電極を有する管路2本が平行に配置された3ポートERマイクロバルブをカンチレバー構造で実現したものである。構造体の材料を樹脂とし、薄く細長いカンチレバー構造とすることで、電極表面と垂直方向に柔軟に屈曲することを可能としている。さらに樹脂としてエポキシ樹脂

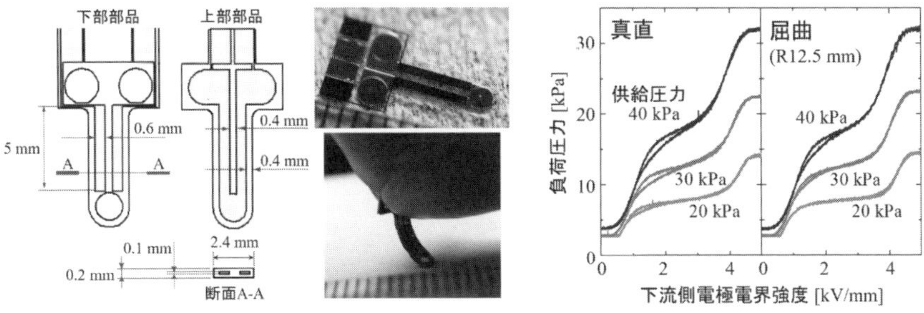

(a)　概要　　　(b)　静特性

図2.3.7　C-FERV

ベースのフォトレジストSU-8を用いることで、フォトリソグラフィにより高精度に製作することを可能としている。電極部の流路はそれぞれ長さ5.0 mm、幅0.60 mm、高さ(電極間隔)0.10 mmである。

C-FERVの製作は、上下の2個の部品をそれぞれMEMSプロセスで製作し、それらを接着することで行われている。上部部品については、ガラス基板上に形成されたSU-8の平板の上に金薄膜がパターニングされている。下部部品については、上部部品と同様に製作された構造体の上に、SU-8製の流路壁がパターニングされている。上部部品に未硬化のSU-8を接着層として塗布した上で下部部品がアライメントされ、電極をマスクとしてUV照射して接着層のSU-8を硬化させることでC-FERVは製作されている。

試作されたC-FERVの写真を図2.3.7(a)の右図に示す。高い柔軟性が実現されていることが示されている。図2.3.7(b)には、負荷流量0のときの静特性の実験結果を示す。ただし、使用された液晶は2.3.2項(2)と同一である。図2.3.7(b)の左図が真直の状態、右図が曲率半径12.5 mmに曲げたときの結果である。ほぼ同一の静特性が得られ、屈曲にほとんど依存せず電界強度により圧力を制御できることがわかる。

(b)　電極分割型FERV (DE-FERV)[8,9]

DE-FERVは、図2.3.6に示すように、上面と下面に配置されスペーサにより間隔が一定に保たれた硬い電極対を軸方向に分割して柔軟な電気配線により接続し、それら全体を柔軟なゴムチューブに収めたもので、分割電極対の間で屈曲することで全体として柔軟な構造を実現

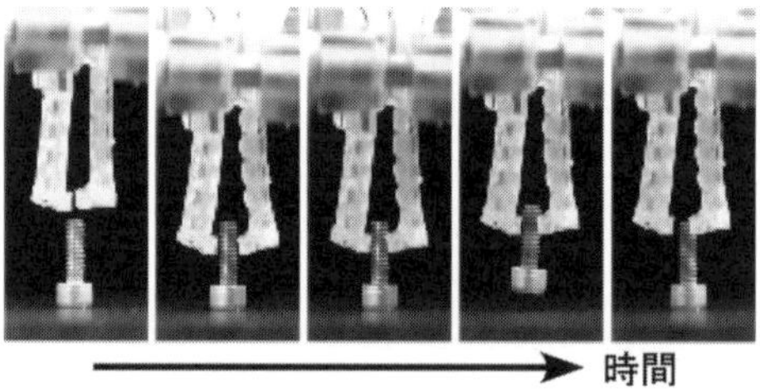

図2.3.8　DE-FERVを用いた長さ10 mmのマイクログリッパ

するものである。各分割電極対は、制御圧力は低いもののERバルブの機能を有し、それらを軸方向に直列に接続することで圧力を積算し、大きな圧力を制御するものである。配線部はERバルブの機能を持たないため、全体の長さに対してERバルブとして機能する有効長さは短くなるが、柔軟性を得ることができる。また、分割電極対間の多数の配線を組織的に製作するために、分割電極対となる硬い有効電極部と柔軟に変形できるZ字形の配線部を一体の電極部品とする工夫が図られている。

図2.3.6の構造を有し、長さ10 mmのフィンガ2本から成るグリッパが試作されている[8]。電極部品の有効電極部は合計長さ5.0 mm、幅1.0 mm、間隔0.10 mmであり、ワイヤ放電加工により製作されている。図2.3.8に示すようにボルトを持ち上げることができることが確認されている。

さらに、マイクロ化を図った長さ3 mmのDE-FERVの試作がMEMSプロセスを用いて行われている[9]。電極部品の有効電極部は、スペー

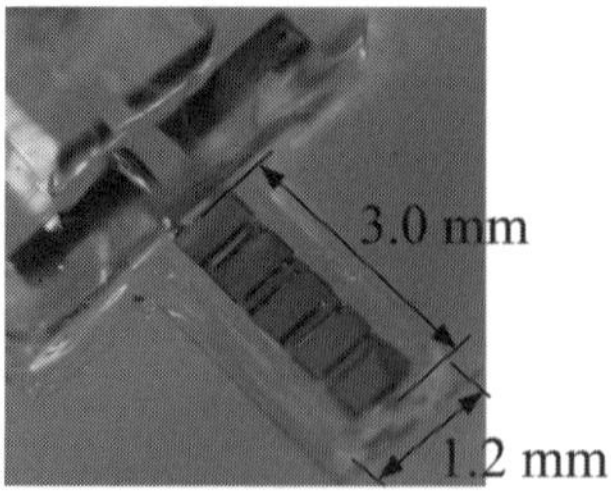

(a)　概要

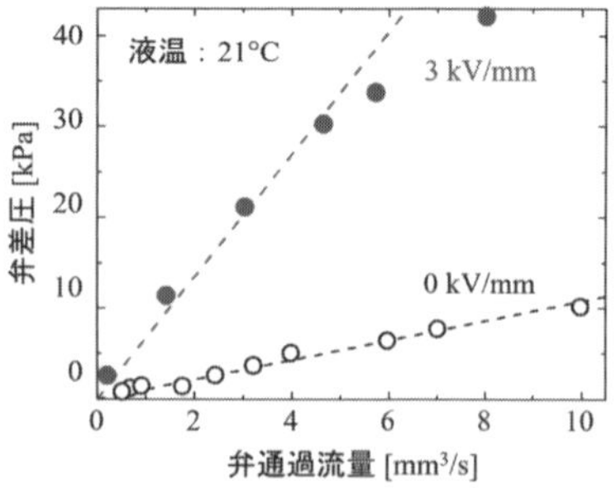

(b)　静特性

図2.3.9　MEMS技術を用いたDE-FERV

サにより対向する有効電極との間隔を圧力によらず一定に保つ必要があるため、十分に剛性が高くなるように厚くする必要がある。一方、配線部は柔軟に変形できるようにするため、薄くする必要がある。そこで、基板上でシード層をパターニングした後、フォトレジストで型をパターニングし、電鋳加工で厚い構造を得るマイクロ電鋳プロセスを2回繰り返すMEMSプロセスが開発され、応用されている。

図2.3.9(a)に試作された長さ3 mm、幅1.2 mmの２ポートDE-FERVの写真を示す。有効電極部は合計長さ2.0 mm、幅0.8 mm、間隔0.10 mmである。図2.3.9(b)にその静特性の実験結果を示す。ただし、使用された液晶の基底粘度は17 mPa･s、ER効果指数は$\kappa_{ER} = 6.4$である。印加電圧で弁差圧－弁通過流量を制御することができ、FERVとして機能することがわかる。

(c)　導電性高分子型FERV (CP-FERV) [10)]

CP-FERVは、DE-FERVの電極部品を導電性高分子PEDOT:PSSの一様な薄膜に変更したものである。DE-FERVの金属製の電極部品は、柔軟性を実現するために配線部のみ薄くしたもので、2段階のマイクロ電鋳プロセスという複雑なMEMSプロセスを必要とする。これに対し、柔軟な高分子材料であるPEDOT:PSSを用いれば配線部を含め一様な厚さで形成すればよく、さらに紫外線硬化性PEDOT:PSSを用いることでフォトリソグラフィで製作することができるようになる。これらにより、高い柔軟性を有するFERVを比較的簡単な製作プロセスで実現することができるものである。

上記のMEMSプロセスが開発され、試作されたCP-FERVを図2.3.10

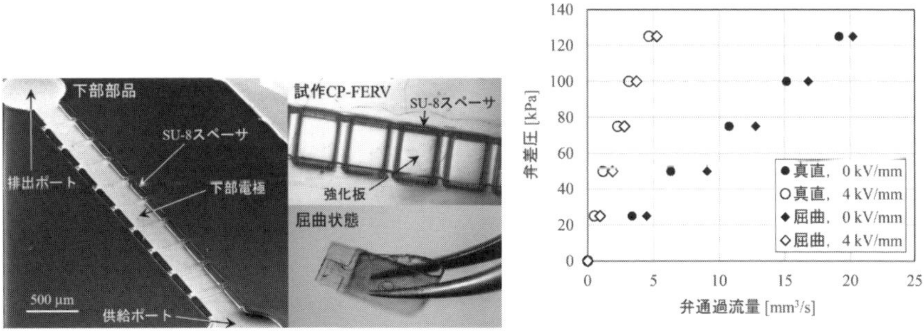

(a)　概要　　(b)　静特性

図2.3.10　CP-FERV

(a)に示す。フォトレジストSU-8の薄板の上にUV硬化性PEDOT:PSSの電極薄膜を形成したものを2個用意し、それらを軸方向に分割されているSU-8スペーサをはさんで接合したものである。スペーサをまたぐようにPEDOT:PSSの上部にはSU-8による強化板が形成されており、安定してERバルブの機能を発揮できるようになっている。電極部の流路は長さ5.0 mm、幅0.40 mm、高さ(電極間隔)70 μmである。

図2.3.10(b)に静特性の結果を示す。ただし、使用された液晶の基底粘度は14 mPa･s、ER効果指数は$\kappa_{ER} = 4.4$である。真直の状態でも曲率半径12.5 mmで曲がった状態でもほぼ同様の静特性を示しており、FERVとして機能することが示されている。

(4)　交流圧力源を用いた多自由度ERフィンガシステム[12][13]

ERマイクロアクチュエータを応用するマイクロロボットは、複数の機能を有する。たとえば管内作業マイクロロボットでは、前進、後進、操舵、物体のハンドリングなどを行う必要があり、多自由度マイクロアクチュエータシステムが必要である。しかし液圧マイクロアクチュエータを複数用いたシステムを実現しようとすると、図2.3.11(a)に示すように、各アクチュエータに作動流体の供給および戻りの2本の配管が必要であり、配管系が複雑かつ大形になる。これに対し、交流圧力源を用い、往復流を各アクチュエータに付属したオンオフ弁を同期して動作させ整流する図2.3.11(b)に示すようなシステムが提案されている[12]。さらに、このオンオフ弁としてERマイクロバルブを用いるとともに、図2.3.11(b)のタンクをアクチュエータに置き換えた

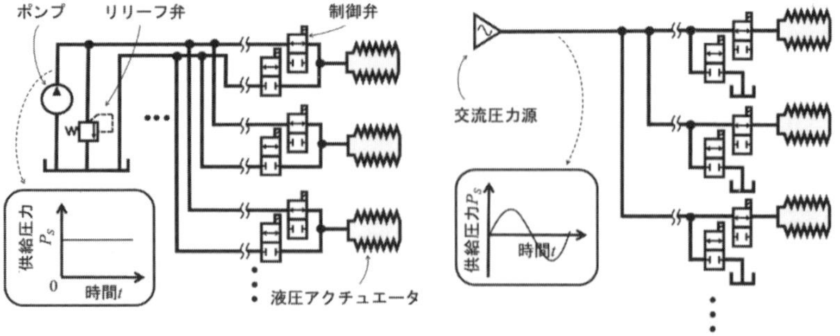

(a)　直流圧力源システム　　(b)　交流圧力源システム

図2.3.11　交流圧力源システム

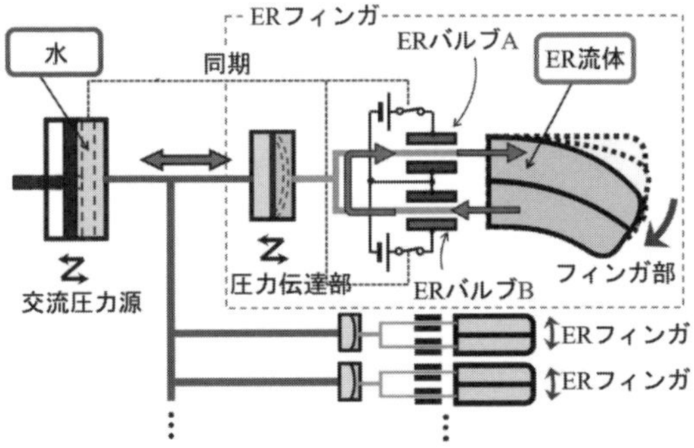

図2.3.12　交流圧力源を用いた多自由度ERフィンガシステム

ERフィンガシステムが提案されている[12)]。

提案されたシステムでは、図2.3.12に示すように、1個の交流圧力源に対し、複数のERフィンガが接続される。ERフィンガは、2個の液圧室を有するゴム製のフィンガ部、それぞれの液圧室に接続されたERバルブAおよびB、およびアクチュエータ側のER流体と交流圧力源側の水など低粘度流体を分離し、圧力のみ伝達する圧力伝達部から構成されている。交流圧力源の吐出行程（図2.3.13上図）では、電圧を印加することによってERバルブBを閉じてフィンガ部の下側液圧室の体積変化を防ぎ、上側液圧室には圧力伝達部からER流体を流入

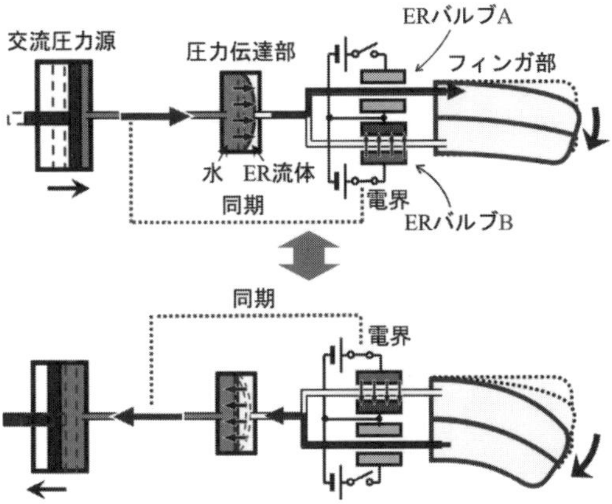

図2.3.13　交流圧力源を用いたERフィンガシステムの動作

させて伸長させ、フィンガ部を1ステップ下方向に屈曲させる。続く吸入行程（図2.3.13下図）では、電圧を印加することによってERバルブAを閉じてフィンガ部の上側液圧室の体積変化を防ぎ、下側液圧室からER流体を吸入して収縮させ、フィンガ部を1ステップ下方向に屈曲させる。これを繰り返すことでER流体はフィンガ部の下側液圧室から上側液圧室に移動され、1ステップずつ下方向に屈曲する。ERバルブA、Bへの電界印加のタイミングを交換すると、フィンガ部は上方向に屈曲する。ERバルブAおよびBに同時に電界を印加するとフィンガ部は停止する。提案されたシステムは、1個のERフィンガへの配管が1本ですみ、また圧力伝達部による低粘度流体の使用で長い配管を細径化できるため、多自由度アクチュエータシステムでも配管系がシンプルで小形という特長を有する。

提案されたシステムのラージモデルが試作され、原理検証が行われている[12]。フィンガ部は長さ11 mmのシリコーンゴム製の構造体の外部にアラミド繊維を巻いたもので、各液圧室は加圧時に径方向への膨張を抑えつつ伸長する。キャビテーションを防ぐためのバイアス圧力を印加したときのフィンガ部の長さは16 mmである。ERバルブの電極部の流路は、長さ8 mm、幅0.7 mm、高さ（電極間隔）0.15 mmである。圧力伝達部はシリコーンゴム製ダイアフラムにより構成されている。交流圧力源はボイスコイルモータ駆動のもので、10 Hz駆動時の設計値は、最大圧力0.37 MPa、最大有効流量710 mm^3/sである。2個のERフィンガで構成されたグリッパの動作を図2.3.14に示す。交流圧力は振幅90 kPa、周波数5 Hzであり、ERバルブの印加電圧の振幅は750 Vである。図2.3.14(a)に示すように、2個のフィンガを独立

(a)　独立動作　　(b)　把持動作

図2.3.14　ERフィンガシステムのラージモデル

に動作できることがわかる。また、図2.3.14(b)に示すように、質量6.3 gのM6ボルトを持ち上げることができている。

さらに、ERフィンガをマイクロサイズで実現するため、MEMS技術を用いた各部品の製作と組み立てが行われている[13]。試作されたフィンガ部長さ1.6 mmのERマイクロフィンガを図2.3.15に示す。ERマイクロバルブの電極部の流路は長さ2 mm、幅0.1 mm、高さ（電極間隔）47 μmである。その他の寸法は、有限要素法解析に基づき決定されている。フィンガ部はPDMS（polydimethylsiloxane。シリコーンゴムの1種）製であり、図2.3.15(a)に示すように、内部に径方向の膨張を抑える強化壁を有する高アスペクト比構造の2個の部品と中板が接着されたものである。PDMSフィンガ部はフォトレジストSU-8の鋳型を用いたPDMSの成型によって製作されている。ERマイクロバルブは2.3.2項(1)と同様に製作されている。圧力伝達部はシリコンウェハの異方性エッチングにより製作されている。PDMSフィンガ部、ERバルブ、および圧力伝達部が接合され、ERマイクロフィンガは構成されている。試作されたERマイクロフィンガとその動作を図2.3.15(b)に示す。液晶は基底粘度103 mPa･sのもので、交流圧力は振幅320 kPa、周波数15 Hzであり、ERマイクロバルブの印加電圧の振幅は700 Vである。長さ1.6 mmのPDMSフィンガ部が先端変位1.1 mm、立上り時間1.1 sで屈曲できることが示されている。

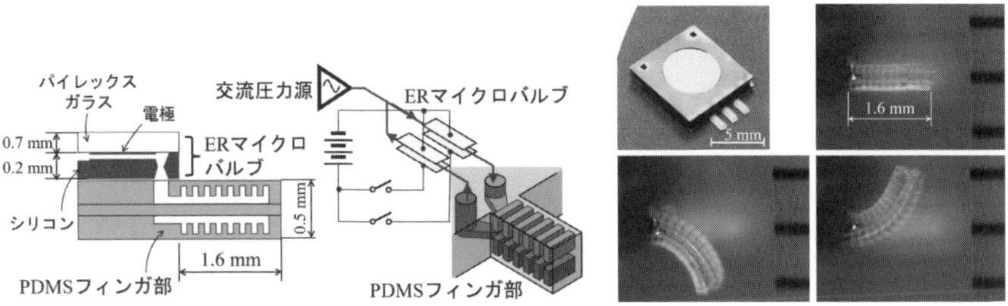

(a)　概要　　(b)　動作

図2.3.15　ERマイクロフィンガシステム

(5)　外乱補償機能を有するDC型ERマイクロアクチュエータ[14]

ER流体を用いたセンシング機能を有するインテリジェントアクチュエータとして、外力による電極間隔変化を抑制する位置フィードバック機構を内蔵したDC（Disturbance Compensation）型ERマイクロアクチュエータが提案、開発されている。提案されたアクチュエータは、図2.3.16(a)に示すように、一方が間隔方向に可動である平行平板電極対およびその上流の固定絞りから構成される。電極は円板形で外周上のポートから中心のポートに流す対称形であり、ベローズのようなばね要素で支持された可動電極は、固定電極と平行を保ちつつ上下に変位する。印加電圧を増加（減少）すると、ER流体の粘度変化で電極部の圧力降下が増加（減少）し、出力変位が増加（減少）する。また印加電圧一定で外力により出力変位が増加（減少）したとき、印加電界の減少（増加）も作用して電極部の流路抵抗および圧力降下が減少（増加）して発生力が減少（増加）し、外力による変位を抑制するものである。図2.3.16(a)の右図に試作された電極部を示す。可動電極はシ

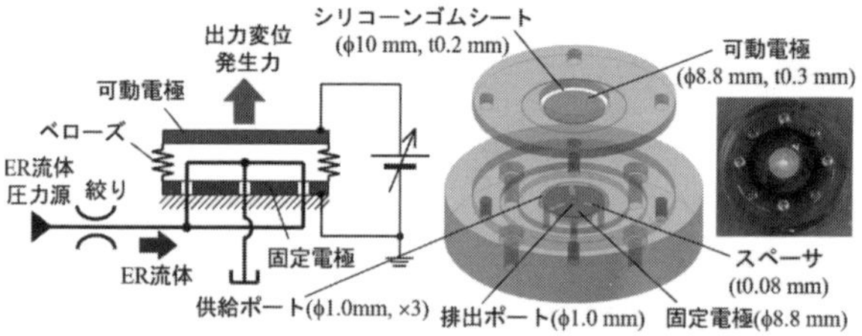

(a)　概要

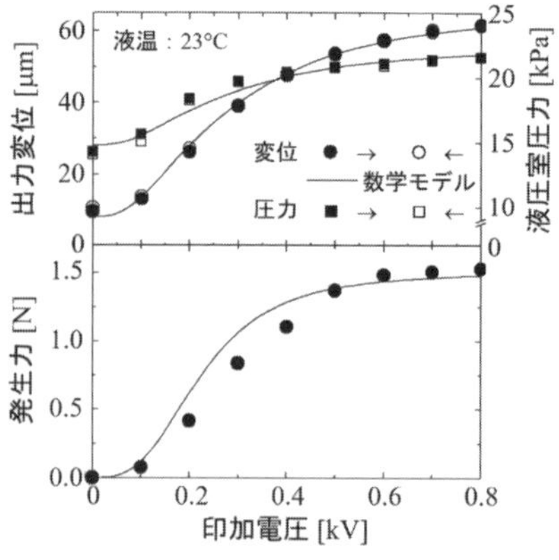

(b)　静特性

図2.3.16　DC形ERマイクロアクチュエータ

リコーンゴムシートで支持されている。

供給圧力200 kPaのときの試作アクチュエータの静特性を図2.3.16(b)に示す。上段の無負荷変位では、ER流体の粘度変化の飽和などによる非線形性はあるが、ヒステリシスはほとんどなく、出力変位変化52 μmが得られている。また下段に示すように、変位0に対する最大発生力1.5 Nが得られている。試作アクチュエータの剛性は16 kN/mである。これは位置フィードバック機構がない場合の3.7倍であり、本アクチュエータの有効性がわかる。バンド幅は4 Hz以上である。

さらに、本アクチュエータの出力変位を拡大するため、DC型ERマイクロアクチュエータの可動電極の上に可動電極上流の圧力を供給したベローズを設けた変位拡大機構が提案されている。出力変位は、可動電極の変位とこのベローズの伸縮変位の和であり、発生力を低下することなく変位を拡大することができる。動作部直径10 mmの変位拡大機構と図2.3.16(a)と同一サイズの電極部を用いた試作アクチュエータの特性実験の結果、出力変位0.20 mm，最大発生力1.8 Nが実現されている。最大出力変位における剛性は6.3 kN/mである。

＜参考文献＞

1)　井上昭夫：“均一系ER流体の開発動向”，計測と制御，34，9，pp.698-701 (1995)

2)　井上昭夫，真庭俊嗣，佐藤富雄，谷口恵子：“高分子液晶のER効果”，日本レオロジー学会誌，23，1，pp.7-11 (1995)

3)　M. De Volder, K. Yoshida, S. Yokota and D. Reynaerts: “The use of liquid crystals as electrorheological fluids in microsystems: model and measurements”, J. of Micromechanics and Microengineering, 16, 3, pp.612-619 (2006)

4)　K. Yoshida, J.-H. Park, H. Yano, S. Yokota and S. Yun: “Study of valve-integrated microactuator using homogeneous electro-rheological fluid”, Sensors and Materials, 17, 3, pp.97-112 (2005)

5)　吉田和弘，横田眞一：“流体パワーを用いたマイクロアクチュエータに関する研究（第1報　微小化に適したアクチュエータ方式の検討と管内走行機械への応用)”，油圧と空気圧，25，2，pp.281-288 (1994)

6)　K. Yoshida, M. Kikuchi, J.-H. Park and S. Yokota: “Fabrication of micro electro-rheological valves (ER valves) by micromachining and experiments” , Sensors and Actuators A, 95, 2-3, pp.227-233 (2002)

7)　J.-W. Kim, K. Yoshida, K. Kouda and S. Yokota: “A flexible electro-rheological microvalve (FERV) based on SU-8 cantilever structures and its application to microactuators”, Sensors and Actuators A, 156, 2, pp.366-372 (2009)

8)　K. Yoshida, S. Hara, S. I. Eom and S. Yokota: “A novel soft microgripper using divided-electrode type flexible ER valves” , Bulletin of the JSME, Mechanical Engineering J., 2, 6, Paper No. 15-

00340（2015）
9） K. Yoshida, N. Tsukamoto, J.-W. Kim and S. Yokota: "A study on a soft microgripper using MEMS-based divided electrode type flexible electro-rheological valves" , Mechatronics, 29, pp.103-109（2014）
10） T. Sudhawiyangkul, K. Yoshida, S. I. Eom and J.-W. Kim; "A study on a hybrid structure flexible electro-rheological microvalve for soft microactuators" , Microsystem Technologies, DOI:10.1007/s00542-019-04492-2,（2019）
11） B. Gorrison, D. Reynaerts, S. Konishi, K. Yoshida, J.-W. Kim and M. De Volder: "Elastic Inflatable Actuators for Soft Robotic Applications", Advanced Materials, 1604977（2017）
12） T. Miyoshi, K. Yoshida, S. I. Eom and S. Yokota: "Proposal of a multiple ER microactuator system using an alternating pressure source", Sensors and Actuators A, 222, pp.167-175（2014）
13） T. Miyoshi, K. Yoshida, J.-W. Kim, S. I. Eom and S. Yokota: "An MEMS-based multiple electro-rheological bending actuator system with an alternating pressure source" , Sensors and Actuators A, 245, pp.68-75（2016）
14） K. Yoshida, K. Kamiyama, J.-W. Kim and S. Yokota: "An intelligent microactuator robust against disturbance using electro-rheological fluid", Sensors and Actuators A, 175, pp.101-107（2012）

第3章

磁気粘性(MR)流体

磁気粘性（MR）流体（Magneto-Rheological Fluid）は、外部磁場の作用のもとでそのレオロジー的性質が大きく変化する現象、いわゆるMR効果（Magneto-Rheological Effect）を示す機能性流体である。特に、粘性を数msのオーダーで磁気的に可逆的かつ連続的に大きく変化できる機能性を有している。我が国では、MR流体のもつ上記特性から、解り易いということで、「磁気」と「粘性」という語を用いて、一般には「磁気粘性流体」と呼ばれることもあるが、MR流体が実際には「粘性」だけでなく「弾性的な特性」も大きく変化することから、ここでは、磁気レオロジー特性を重視し「MR流体」と「MR効果」の用語を統一的に用いることにする。本章では、オイルを分散媒として数μmサイズの強磁性体粒子を分散したMR流体、そのMR流体を不織布などの多孔質体に含侵させたMR流体多孔質コンポジット、そしてオイルフリーの強磁性体粒子の粉体からなり流動性を高めたドライMR流体に関して、それぞれのMR効果発現メカニズムと特徴、そしてMR効果の特性や流動特性について記述して、三種のそれぞれのMR流体に特徴的な工学分野への応用展開の事例を取り上げ紹介する。

3.1　MR流体

3.1.1　MR効果の発現メカニズムと特徴

MR（Magneto-Rheological）流体は、シリコーンオイル等の油を分散媒としその中にμmサイズの強磁性体粒子を高濃度で分散させた懸濁液であり、磁場の印加によってそのレオロジー特性を急速かつ可逆的に変化できる機能（MR効果）を有する。例えば、このようなMR流体中に平行な二つの磁極を入れて磁極間に磁場を印加して持ち上げると、図3.1.1のようにMR流体が磁極間に固まって付いて持ち上がる。すなわち磁場下では降伏応力が現れ固体のように振舞う。その後、磁極間の磁場を切るとMR流体の降伏応力がほぼ無くなり流動性が生じて重力により流れ落ちる。このように、MR流体は磁場印加によって降伏応力が現れるビンガム流体に類似した流動特性を示し液体から固体へ、そして磁場を解除することにより固体から液体へと可逆的な相変化を示す。このようなMR流体のMR効果の発現は、基本的には、図3.1.2(a)、(b)に示すようにMR流体中に分散してある多磁区構造をもつ強磁性体粒子が、その粒子中でランダムな方向を向いていた磁区が磁場の印加によって磁界方向に一様に配向することにより、磁気的に分極することに基づいている。すなわち、磁場下で磁気的に分極した粒子同士が互いに引き付け合い結合して鎖状につながり、図3.1.2(c)に示すように多数のクラスター（架橋構造）を形成して磁極間を物理的に結合し、流動方向に対して直角に形成するこれらのクラスターが流動抵抗となり、見かけ上流体の粘性が増加したように振舞うのである。

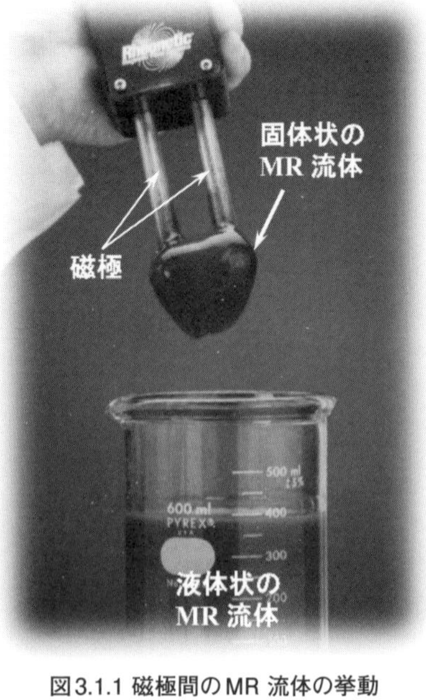

図3.1.1 磁極間のMR 流体の挙動
（米国Lord 社のカタログより引用）

以上のようなMR流体の磁場下での挙動は、第2.2節で取りあ

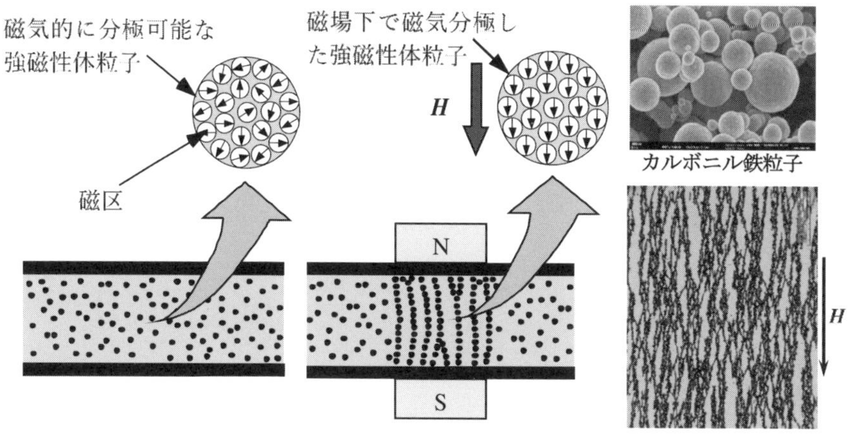

(a)　無磁場下　　(b)　磁場下　　(c)　クラスターの形成

図3.1.2　MR流体中の強磁性体粒子の磁場下での磁気分極とクラスターの形成

げた粒子分散系ER流体の電場下でのものとほぼ同様であり、印加する外場が磁場か電場かの違いだけである。したがって、MR流体の磁気レオロジー（MR）特性は、粒子分散系ER流体のER特性と類似した特性を呈す。表3.1.1には、MR流体と粒子分散系ER流体の最大誘起降伏せん断応力、応答時間、流体密度、使用できる温度範囲などの性能を比較して示す。MR流体と粒子分散系ER流体の大きな違いは、分散媒に対する分散粒子の比重がER流体に比してMR流体の場合にかなり大きく、かつ流体密度が3 ～ 4 g/cm^{3}と比較的大きく通常の油等と比較すると重いこと、MR流体の誘起最大降伏せん断応力が50 ～ 100 kPaと粒子分散系ER流体のものに比して約10 ～ 50倍程度大きいこと、そしてMR流体の使用温度範囲が分散媒の基油の蒸発や凝固に依存し－40 ～ 150 ℃と広いことなどである。MR流体では分散粒子径がμmオーダーでブラウン運動が期待できないため分散媒のオイルに比して比重の大きい強磁性体粒子の沈降が問題となる場合もある。この対策として、MR流体では、粒子同士の凝集や分散安定性の向上のため分散粒子表面に界面活性剤等を吸着させているが、さらに粒子沈降抑制剤などの添加剤を加えて分散粒子の長期安定性を確保することもなされてきており、粒子沈降が回避され実用に供し得るMR

表3.1.1　MR流体と粒子分散系ER流体の諸特性の比較

	MR流体	粒子分散系ER流体
最大降伏応力	50 ～ 100 kPa	2 ～ 5 kPa
最大印加電磁場	～ 250 kA/m	～ 5 kV/mm
基底粘度	0.1 ～ 1.0 Pa・s	0.1 ～ 1.0 Pa・s
使用温度範囲	− 40 ～ +150 ℃	+5 ～ +90 ℃（含水系） − 25 ～ +125 ℃（非含水系）
応答時間	< 数ms	< 数ms
流体密度	3 ～ 4 g/cm^3	1 ～ 2 g/cm^3
供給電源	2 ～ 25 V/1 ～ 2 A	2 ～ 5 kV/1 ～ 10 mA

流体も開発されてきている。

MR流体の注目すべき特徴として、第2章のER流体と同様に、次の4つがあげられる。

第一に液体の粘性を磁場によって自由に可逆的かつ連続的に変化できるため、電気信号によって直接「力」、「圧力」、「流量」などの信号に変換し制御できることである。例えば、MR流体を介してトルクが伝達されるMR流体クラッチでは、磁場を印加するための電磁石のコイルへの「電流」という電気信号によって直接「トルク」の信号に変換することが可能であり、電気・力変換を直接的に制御できる機能をもつ流体として捉えることができる。

第二の特徴は、MR流体の磁場に対する応答時間が数msのオーダーと非常に短いことである。この高速応答性は制御機器に応用する場合には最大の利点となり、従来になかった様式の敏速で簡便な制御用機器及び制御システムの構築が実現可能となる。

第三の特徴は、構造的には、磁場を印加するための電磁石あるいは永久磁石からなる磁極を設置することにより直接MR流体を制御することが可能なため、可動部を全く必要としないこと、そしてMR流体の発生する最大降伏応力が50 ～ 100 kPaと非常に大きいことなどから、機器を構造的に小型化することが可能である。

第四の特徴は、MR流体に印加する磁場は最大1.0 T程度で、その磁場を発生する電磁石のコイルに印加する電流はMR流体デバイスによっても異なるが、1 ～ 2 A程度で、その時に電圧は2 ～ 25 V程度と、消費電力としては2 ～ 50 W程度と少なく、省エネルギーでの制御が可能となる。

以上のようなMR流体のもつ特徴を活かすことによって、流体を媒体として動力を伝達・制動するクラッチ・ブレーキ、流量や圧力を制御するバルブ、そして液体粘性を利用したダンパなどの流体が介在する機械要素への応用だけでなく、振動制御、ロボット制御、アクチュエータ制御、マイクロマシン制御などの各種制御システムへの特徴的な応用も展開され、その適用分野も車両、ロボット、福祉機械、一般産業用機械、建築構造物、ホビー機器など多方面に広がってきている[1)～4)]。

3.1.2　MR流体の一般的な磁気レオロジー（MR）特性

MR流体は基本的には分散した強磁性体粒子の磁場下での磁気分極によるクラスター構造の形成に起因してレオロジー特性が変化することから、磁場の印加により降伏せん断応力τ_{MR}が誘起されるビンガム流体に類似した挙動を呈する。その誘起せん断応力τは次式のように表せる[5) 6)]。

$$\tau = \tau_{MR} + \eta\dot{\gamma} = \eta_{app}\dot{\gamma} \qquad \cdots (3.1.1)$$

ここで、τ_{MR}は降伏せん断応力、ηは流体の無磁場時の基底粘度、$\dot{\gamma}$はせん断速度、η_{app}は見かけ粘度である。印加磁場によって変化する降伏せん断応力τ_{MR}は、MR流体中に形成された磁気分極した強磁性体粒子からなるクラスターがせん断変形下で切断される際のせん断応力であることから、粒子分散系ER流体に関する2.2.2節と同様に、単位面積当たりの力として見積もることができる。その切断する力を粒子の界面効果が無視できるものと考えると、単純に2個の隣り合う磁気分極した粒子間の磁気力のせん断方向成分と捉えることができ、印加磁場強度Hと粒子と分散媒の透磁率で決まると単純化すると、降伏せん断応力τ_{MR}は次式のように導出される。

$$\tau_{MR} \simeq 6\phi\mu_0\mu_c H^2\{(\mu_p-\mu_c)/(\mu_p+2\mu_c)\}^2 \qquad \cdots (3.1.2)$$

ここで、ϕは粒子体積分率、μ_0は真空の透磁率、μ_c、μ_pはそれぞれ分散媒および粒子の比透磁率、そしてHは印加磁場強度である。すなわち、降伏せん断応力τ_{MR}は、強磁性体粒子の体積分率ϕおよび印加磁場強度Hの二乗に比例して増大する。

図3.1.3(a)、(b)には、それぞれ二つの平行平板電極が相対滑り運動するせん断流れにおけるMR流体の降伏前（せん断歪みγ－せん断応力τ曲線）と降伏後（せん断速度$\dot{\gamma}$－せん断応力τ曲線）の一般的な磁気レオロジー（MR）特性を示す。ここで、せん断歪みは$\gamma = x/h$（x：移動磁極の変位、h：磁極間隙）、せん断速度は$\dot{\gamma} = d\gamma/dt$である。せん断応力$\tau$の式（3.1.1）はMR流体の降伏後のMR特性を表し、降伏歪みγ_y以上のせん断歪みを与えると、降伏現象と塑性流動が起こり粘性流体としての挙動を呈し、図3.1.3(b)に示すように、降伏せん断応力τ_{MR}が印加磁場強度Hとともに増大し、せん断応力はせん断速度に対してほぼ比例して大きくなる特性を呈する。図3.1.3(a)に示すように、降伏歪みγ_y以下のせん断歪みを与えると、せん断応力がせん断歪みにほぼ比例して増加する弾性体としての特性も示し、粘弾性体として振る舞う。したがって、その粘弾性特性は、図3.1.3(a)中に併記してあるように、せん断応力と歪みの比として定義される複素弾性率G^*（complex modulus）として表され、その実数部G'（貯蔵弾性率（storage modulus））と虚数部G''（損失弾性率（loss modulus））は、歪みの振動振幅、振動周波数および磁場強度Hなどの関数となる。磁場強度Hが高くなるにつれて降伏せん断応力τ_{MR}および降伏歪みγ_yが大きくなり弾性的な特性がより顕著に現れるようになる。この降伏以前と降伏後の遷移が起こる歪み振動領域でのMR流体の挙動は、クラスターの崩壊と形成が関与するため動的な粘弾性特性として非常に興味深い[5)]。

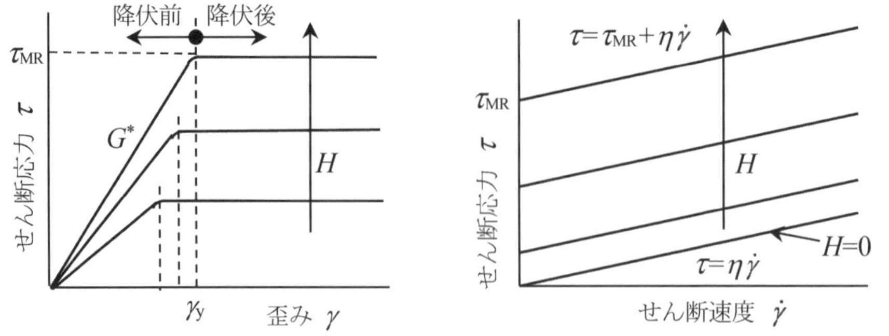

(a)　降伏前　　(b)　降伏後

図3.1.3　MR流体の一般的な磁気レオロジー（MR）特性

3.1.3　磁気レオロジー（MR）特性の計測と市販MR流体のMR特性

(1)　MR流体の磁気レオロジー計測

粘性・粘弾性などの測定が可能な高精度レオメータに装着することを前提に、磁場解析を援用して開発されたMR流体の磁気レオロジー（MR）特性を測定する磁場印加型の平行二円盤レオメータを図3.1.4に示す[7)]。測定部である直径ϕ20 mmの回転平行二円盤間にMR流体が充填され、最大磁束密度1.0 Tの均一な磁場が二円盤間のMR流体に垂直に印加されるように設計されている。MR流体の磁気レオロジー特性の計測に際しては、円盤外周面と液体面とが同一になるように、円盤間の容積と同量のMR流体を計測して二円盤間にMR流体を充填している。また、せん断応力τは、測定部の円盤全面に印加磁場によって変化する一定のせん断応力が働くとして、次式によって求めている。

$$\tau = (12/\pi d^3)\,T \qquad \cdots\ (3.1.3)$$

ここで、dは円盤直径、Tは計測トルクである。開発された磁場印加型レオメータは、市販の高精度レオメータ（HAAKE社製）のオプション品（MR-101N）として製品化され販売されており、新規MR流体の創製研究などで実用に供されている。

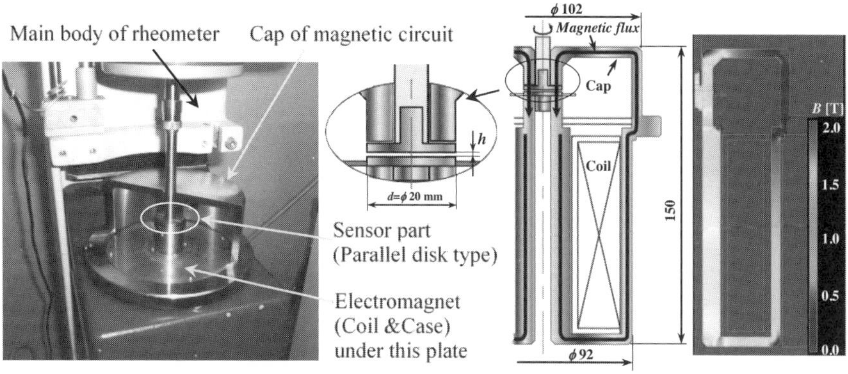

(a)　外観　　　(b)　測定部、断面、磁場解析結果 (I=0.5 A)

図3.1.4　MR効果測定用の磁場印加型平行二円盤レオメータ

⑵　市販MR流体（MRF-132DG）の磁気レオロジー特性

図3.1.5には、開発された磁場印加型の平行二円盤レオメータ（円盤間隙$h = 0.5$ mm）を用いて計測した市販MR流体（MRF-132DG、Lord社製）の代表的な磁気レオロジー特性（流動曲線；せん断速度$\dot{\gamma}$－せん断応力τ 曲線）を示す[7]。比較的高磁場での低せん断速度域を除いて、すべての印加磁束密度Bにおいてせん断応力はせん断速度の変化に対して大きな変化はなくほぼ一定の値を示していることが一つの特徴である。これは、表3.1.1に示したように、一般にMR流体の無磁場時の基底粘度が0.1 ～ 1.0 Pa・sと比較的低粘度に調整されていることによる。この特性により、各種MR流体デバイスはその運転速度に大きく依存せず、印加磁場に依存したパッシブな力を発生することができる。印加磁束密度Bが高くなるにつれてせん断速度$\dot{\gamma} = 0$ s^{-1}近傍での降伏せん断応力τ_{MR}（流動曲線と縦軸との交点でのせん断応力値）が比例的に増大するが、$B = 0.7$ T程度から磁気的に飽和する傾向がみられ、$B = 1.0$ Tで$\tau = 45$ kPa程度に達している。MRF-132DGのMR流体に対して販売元から公表されているB-τ曲線の変化とほぼ一致していることが確認されている[7]。

高精度レオメータの本体に備わっている、測定部の上側円盤に往復回転振動を与えて動的な粘弾性特性を計測する機能を使って、市販

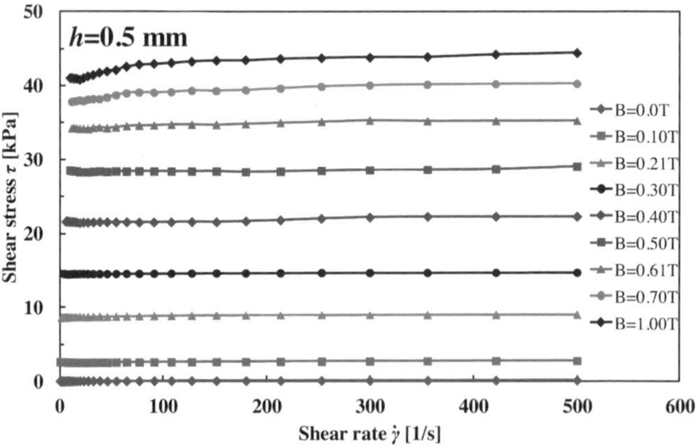

図3.1.5　市販MR流体（MRF-132DG）の一定磁場下におけるせん断速度$\dot{\gamma}$－せん断応力τ曲線（磁束密度B変化）

MR流体の動的粘弾性特性が計測されている[7]。その一例として、図3.1.6には、印加磁束密度B = 0.2 T、振動周波数f = 1.0 Hzの際のMR流体の貯蔵弾性率G'、損失弾性率G'' および損失正接tanδのせん断応力振幅τ_aに対する変化を示す。せん断応力振幅τ_aの増大に伴い、G'が徐々に低下しG'' が徐々に増加しそしてtanδが上昇し始めるτ_a = 0.35 kPaを弾性降伏せん断応力として定義でき、その左側（τ_a<0.35 kPa）では完全弾性特性が支配的な線形粘弾性特性を呈する。τ_a>0.35 kPaの範囲では、τ_aが大きくなるにつれて弾性的特性に加えて粘性的特性が顕著になる線形粘弾性特性を示すが、τ_a = 5 kPa程度付近でG' およびG''が急激に低下して完全な降伏現象が加わり、それ以上のτ_aでは降伏現象が明確に現れる非線形粘弾性特性が支配的になる。τ_a<0.35 kPaの線形粘弾性域では、貯蔵弾性率G' がほぼ一定値を示すことが特徴的である。また、図3.1.7に示すように、印加磁束密度Bが大きくなるほど弾性降伏せん断応力は増大するが、その値は図3.1.5に示す定常的な磁気レオロジー特性から判断できる降伏せん断応力値（流動曲線と縦軸との交点）よりかなり低い値を示す。むしろこの降伏せん断応力値は、G'およびG''がともに急激に低下して完全な降伏現象が加わる際のせん断応力振幅値に近い値を示している。例えば、印加磁束密度B =

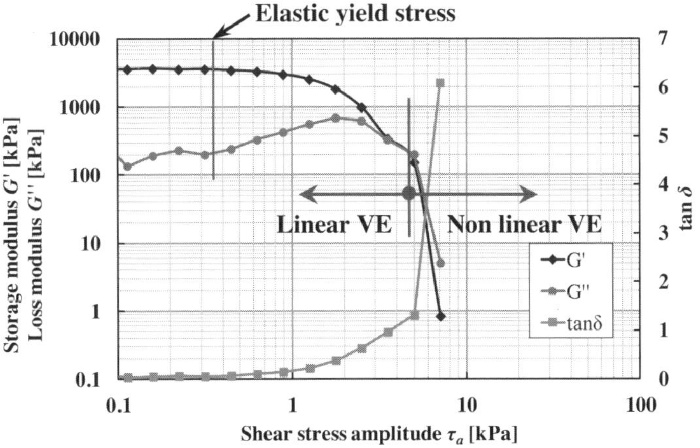

図3.1.6　市販MR流体（MRF-132DG）のせん断応力振幅 τ_aに対する動的粘弾性特性の変化（h＝1.0 mm, B＝0.2 T, f＝1 Hz））

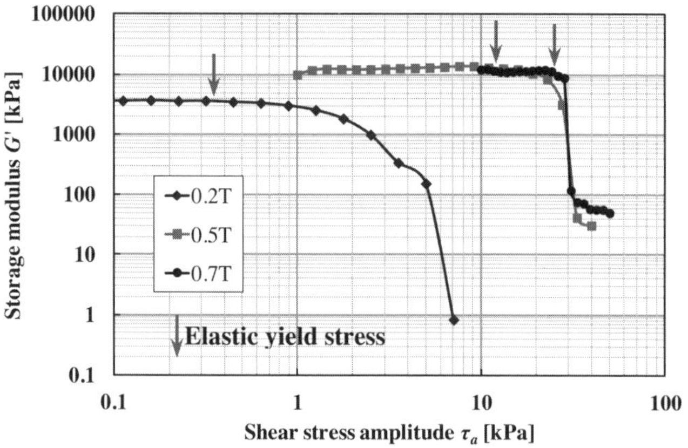

図3.1.7　市販MR流体（MRF-132DG）のせん断応力振幅 τ_a に対する貯蔵弾性率 G' の変化の印加磁束密度 B による違い（h＝1.0 mm, f＝1 Hz）

0.5 Tの際には、図2.1.7では貯蔵弾性率 G' が急激に低下するせん断応力振幅値 τ_a は約26 kPaと計測されており、図3.1.5では降伏せん断応力値は約28 kPa程度と読み取れる。

3.1.4　ナノ・マイクロ粒子混合系MR流体の磁気レオロジー特性

μmサイズの鉄粒子のMR流体への鉄ナノ粒子の添加によって誘起される粒子クラスター構造の変化に起因するMR効果の向上を目的に、マイクロ粒子（カルボニル鉄粒子：CIP CS 6.6 μm, BASF Japan）をシリコーンオイル（KF96-50cs）に分散したMR流体にアークプラズマ法で合成された鉄ナノ粒子（粒径約110 nm）[9] を添加したナノ・マイクロ粒子混合系MR流体が創製されている[8]。鉄粒子の固体濃度は10vol%一定とし、鉄ナノ粒子の混合比 ϕ_{nano}（重量比）を0%、5%、15%、25%、35%、50%、75%、100%とした8種の試料が作成されている。図3.1.8には、B = 0.3 T印加した際のせん断応力－せん断速度曲線（流動曲線）の混合比 ϕ_{nano} による変化を示す。鉄ナノ粒子の混合比 ϕ_{nano} によって流動曲線は大きく異なる。Nano15%、25%、35%、50%では、他のものに比してせん断速度のほぼ全領域でせん断応力が著しく大きくなり、特に、Nano25%ではMicro100%、Nano100%のMR流体に比して最大で約2倍程度大きな値を示している。図3.1.9には、印加磁場$B = 0.3$ T（図3.1.8）の場合について、せん断速度10、100、800 s^{-1}一定の場合のナノ粒子の混合比ϕ_{nano}によるせん断応力の変化を示す。いずれのせん断速度においても、混合比ϕ_{nano}が25%の場合に最もせん断応力が大きく、そのレベルはせん断速度が大きくなるほど高くなり、特に、最も高いせん断速度800 s^{-1}においては、Micro100%（$\phi_{nano} = 0\%$）のマイクロ粒子だけのMR流体の約2倍のせ

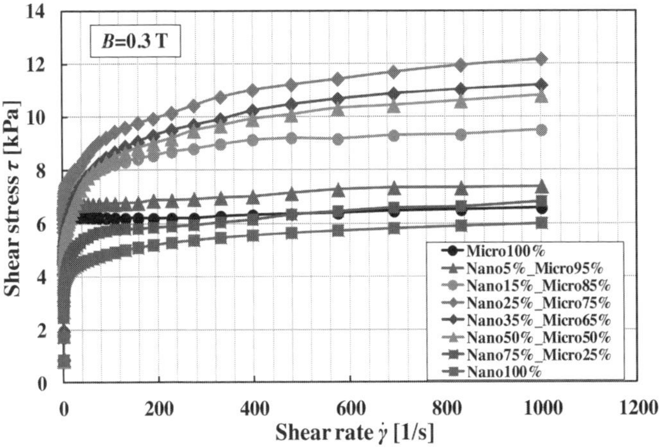

図3.1.8　ナノ・マイクロ粒子混合系MR流体の流動曲線の混合比による変化

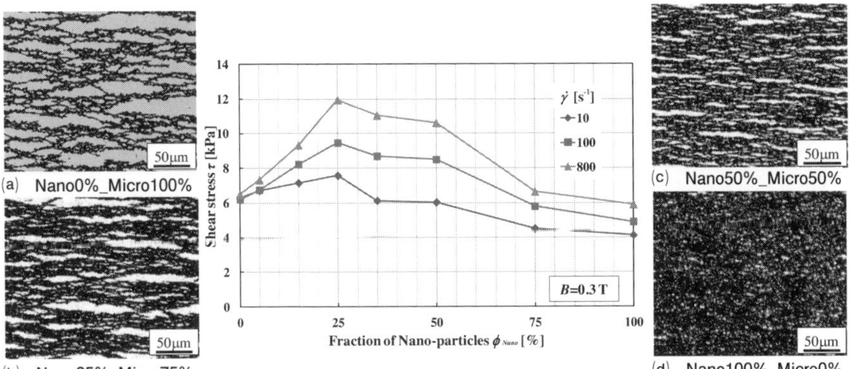

図3.1.9　ナノ・マイクロ粒子混合系MR流体の混合比ϕ_{nano}によるMR効果と粒子クラスター構造の違い（$B = 0.3$ T）

ん断応力を発揮している。以上のように、ナノ・マイクロ粒子混合系MR流体は、混合比ϕ_{nano}を最適に調整することにより、高せん断速度域まで大きなせん断応力を発揮する。同図には、ナノ粒子の混合比ϕ_{nano}が0%、25%、50%、100%のMR流体にB = 0.3 Tの磁場を印加した際に形成される粒子クラスター構造の可視化写真も併記する。μmサイズの鉄粒子だけの場合（図(a) Nano0%_Micro100%）には不均一なネットワーク構造の形成が観察されるが、ナノ粒子の混合比が25%および50%（図(b)、(c)）と増加するにつれて、より太い粒子クラスター構造が形成され、この構造形成によってMR効果が向上したと考えられる。この構造はμmサイズの鉄粒子ネットワークを骨格としてその周囲をナノ粒子が覆うように配向凝集して形成されたものと推察される。ナノ粒子の混合比が100%（図(d)）の場合にはクラスター構造を光学顕微鏡で観察はできていないが、ナノ粒子が粒子クラスター構造の主たる構成要素になるために、MR効果の向上は観察されなくなる。

ナノ・マイクロ粒子混合系MR流体のせん断流れ場における粒子カラム構造とその崩壊・再結合の挙動を観察した結果を図3.1.10に示す。外周の固定ディスクと中央部に設置された回転ディスクとの間の間隙

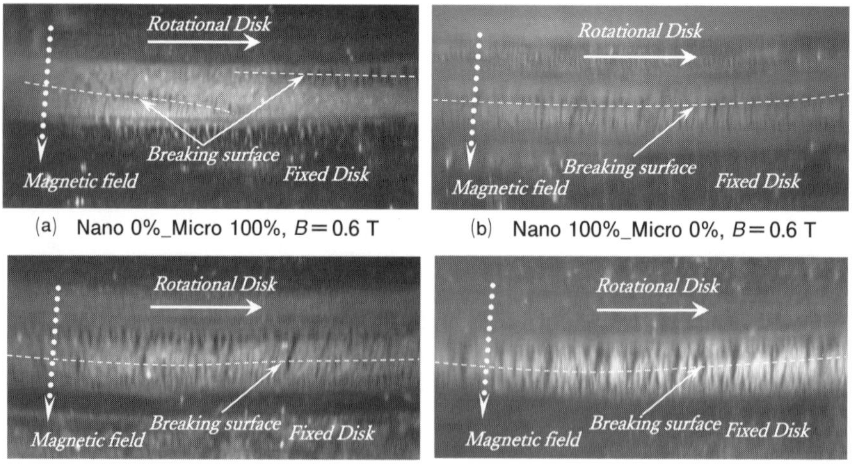

(a) Nano 0%_Micro 100%, B = 0.6 T　(b) Nano 100%_Micro 0%, B = 0.6 T

(c) Nano25%_Micro75%, B = 0.6 T　(d) Nano25%_Micro75%, B = 0.8 T

図3.1.10　ナノ・マイクロ粒子混合系MR流体のせん断流れ場における粒子カラム挙動（せん断速度1.0 s^{-1}）

(0.5 mm) に供試MR流体を充填し、中央部の回転ディスクを可変速モータで回転させることによって、供試MR流体にせん断流れを誘起することができる装置を用いてビデオ観察したものである。いずれのMR流体においても、磁場を印加した瞬間に中央回転ディスクおよび固定ディスクの両側から粒子カラム構造を形成し、流体層の中央付近を境としてその崩壊と再結合が繰り返される。MR効果が著しく向上したナノ粒子混合比25%のMR流体（図(c)）では、形成される粒子カラムがより太くなっていることが明確に観察できる。ナノ粒子がマイクロ粒子からなるクラスター構造を補強するように作用して粒子カラムが太く強固なものとなり，MR効果が著しく向上しているものと推察できる。図(d)に示すように、印加磁場を $B = 0.8$ Tと増大すると、形成される粒子カラムがより太くなる。間隙間に形成された粒子カラムの崩壊・再結合の境界面は、マイクロ粒子100%のMR流体ではその位置が安定しておらず、流体層の中央付近にある場合もあれば、図(a)のようにMR流体全体が中央ディスクに伴って流動し境界面が間欠的に不連続になる場合もある。一方、ナノ粒子を混合したMR流体（図3.1.10(b), (c), (d)）では、境界面は流体層のほぼ中央付近に安定的に位置し、ディスク両側から形成された粒子カラムがこの面を境にして崩壊と再結合が繰り返されている。その結果、低せん断速度領域において、マイクロ粒子分散系MR流体で観察されるステックスリップ状のトルク変動が、ナノ粒子分散系MR流体では発生せず滑らかなトルク制御が可能なことが報告されている[9)]。そのため、ナノ粒子分散MR流体は、低せん断速度領域で使用されるMR流体クラッチ・ブレーキを用いた力覚提示装置などに適しているといえる。

3.1.5　MR流体による電気・力変換機構

MR流体を活用して、磁場を発生する電磁コイルへの電気信号から機械的な力あるいは流体圧力などへ変換する基本的な構造は、移動壁面構造をもつせん断流れモード（二つの平板間の平板接線方向への相対運動）とスクイーズ流れモード（二つの平板間の平板法線方向への相対運動)、さらに固定壁面構造をもつ圧力流れモード（固定された二平板間の流路をMR流体が流れる）の三通りに大別される（図2.2.7のER流体のものを参照。ER流体→MR流体、電極→磁極、電極面に垂直に電場印加→磁極面に垂直に磁場印加と変換）。他に上記三種類の流れモードが混在する変換機構も考えられるが、その原理は基本的にはこれら三種類の流れモードで理解される。

(1)　せん断流れモード

MR流体を充填した二つの平板間に平板接線方向への相対運動によってせん断流れが生じ流体のせん断抵抗によって平板に運動方向と反対方向に抵抗力f_dが作用する。平板間への垂直印加磁場の強さによってMR流体のせん断抵抗が変化し抵抗力が可変となる。平板の長さと幅をそれぞれL_eおよびBとすると、その抵抗力f_dはつぎのように求まる。

$$f_d = L_e B \tau \qquad \cdots (3.1.4)$$

すなわち、このようなせん断流れモードで抵抗力を大きく可変するには、平板面積を大きくしかつせん断応力τの変化幅の大きなMR流体を用いる必要がある。このせん断流れモードが利用される機械要素としては、並進・回転型ダンパ、回転型クラッチ・ブレーキなどがあげられる。

回転平行円盤間のMR流体の弱磁場下におけるせん断流れに関して、その誘起せん断応力の時間的な変化と可視化された流動場との関係が検討されている[10]。MR流体では、分散媒と強磁性体粒子（カルボニル鉄）との密度差が大きいため、図3.1.11に示すように回転平行円盤間のMR流体には回転初期に周囲に亀裂が生じ（図(a)）、時間tの経過とともに凝集粒子が塊状となって遠心力により外側に放射状に移

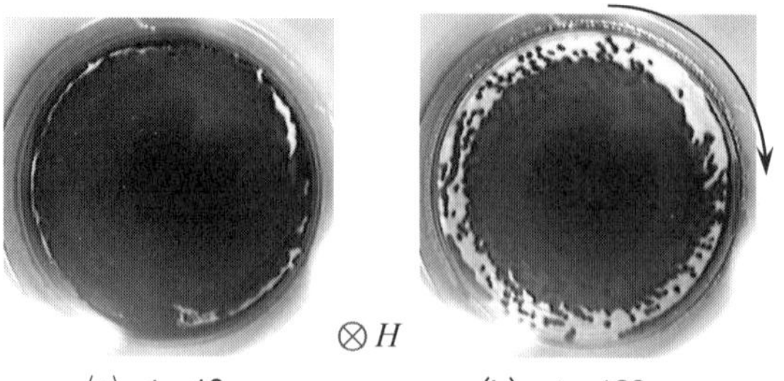

(a)　$t = 10$ s　　(b)　$t = 120$ s

図3.1.11　平行二円盤間のMR流体の回転せん断流れ場における流動形態の変化
(H = 4.72 kA/m、h = 0.2 mm、$\dot{\gamma}$ = 100 s^{-1})

動し外周部から流出する現象が生じる（図(b)）。それに伴って、誘起せん断応力も時間の経過とともに低下する。このようなMR流体に対する遠心力の影響は、実際には回転円盤を用いるMR流体ブレーキやMR流体クラッチで顕著に現れる可能性があり、分散粒子が遠心力で円盤外周部に集まる可能性があることを示唆している。

(2)　スクイーズ流れモード

二つの平板間の平板法線方向への相対運動によって平板間のMR流体に流出入のスクイーズ流れが生じ、運動している平板に運動方向と反対方向に抵抗力が発生する。平板間への垂直印加磁場の強さによってその流動抵抗が変化し平板面へ加わる抵抗力が可変となる。この流れモードは微小振動に対するスクイーズダンパとして利用され、発生減衰力が比較的大きいのが特徴である。

(3)　圧力流れモード

固定された二平板間流路（L_e：長さ、B：幅、h：間隔）をMR流体が流れる場合には、平板に垂直な印加磁場の強さによってその流動抵抗を可変し流路間の圧力降下ΔPを変化させることができ、全く可動部のないバルブを構成することができる。磁場印加によるこの圧力降下成分ΔP_{MR}は、降伏せん断応力をτ_{MR}とすると、つぎのようになる[5) 6)]。

$$\Delta P_{MR} = ((2 \sim 3)\, L_e/h)\, \tau_{MR} \qquad \cdots (3.1.5)$$

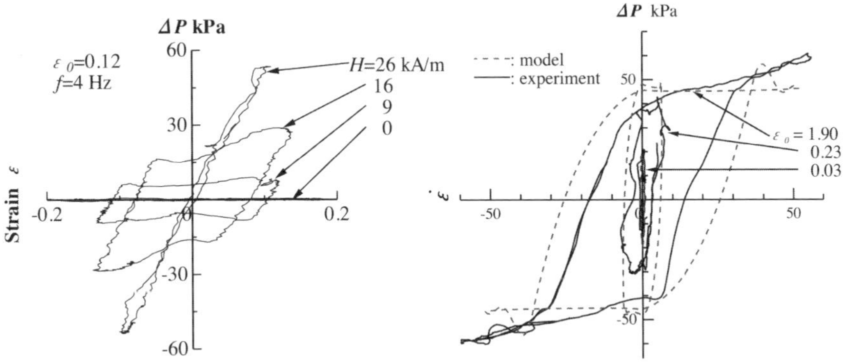

(a)　流体歪ε－差圧ΔPヒステリシスループの磁場強度Hによる変化

(b)　流体歪速度$\dot{\varepsilon}$－差圧ΔPヒステリシスループの流体歪振幅ε_0による変化（H=16 kA/m, f=4.3 Hz）

図3.1.12　MR流体の圧力流れモードにおける往復振動流の動的粘弾性特性

この圧力流れモードはバルブとして応用され、MR流体バルブを活用したダンパ、MR流体を作動媒体とする液圧システムなどへの展開が研究されている。また、この圧力流れモードにおける往復振動流はダンパ内の振動流れに相当し、その動的粘弾性はダンパ設計時に重要となる。MR流体については、圧力流れモードでの往復振動流の動的粘弾性を測定する装置が開発され、その動的粘弾性の特性が詳細に測定されている[5)]。さらに、その動的機械モデルが提案され測定結果を良く表している[6)]。その結果の一部を図3.1.12(a)、(b)に示す。図3.1.12(a)は、比較的小さな流体歪振動振幅$\varepsilon_0 = 0.12$における流体歪ε－差圧ΔPヒステリシスループの印加磁場強度Hに対する変化の様子を表している。磁場を印加した場合の全てのループに右上がり勾配を示す降伏前弾性域が観察され、$H = 16$ kA/m以下ではその後降伏し差圧ΔPはほぼ一定のレベルを示して平行四辺形のループを呈する。磁場強度を増すに伴い降伏前弾性域が拡大し、磁場強度$H = 26$ kA/mを印加した場合には降伏現象はなくある傾きの直線上のループを呈し弾性域のみの挙動へ変化する様子が観察される。図3.1.12(b)には、流体歪振幅が比較的小さい場合について流体歪速度$\dot{\varepsilon}$－差圧ΔPヒステリシスループの実験値と動的粘弾性モデルによる計算値とを比較して示す。$\varepsilon_0 = 0.03$のときのループは降伏前の領域のみであるが、ε_0の増加に伴い降伏前、降伏後の二つの領域からなるヒステリシスループを描く。このように降伏前後の領域においても、提案モデルは大略傾向を再現できている。

以上のように、MR流体を応用したデバイス設計に際しては流れモード毎のMR流体の磁気レオロジー特性を把握することが肝要となる。

3.1.6　MR流体のダンパへの応用と振動制御

MR流体は磁場印加により粘性が可変であるということから、最も有望な応用分野として、ダンパへの応用とその種々の分野での振動制御への適用があげられる。

(1)　MR流体を用いた拮抗型ベローズダンパとセミアクティブ除振制御

2.2.4(3)における図2.2.14のER流体を用いた拮抗型ベローズダンパ

において、ERバルブの替わりにMRバルブを設置してベローズ液室内にMR流体（MRF-132LD、Lord社製）を充填することにより、図3.1.13に示すMR流体を用いた拮抗型ベローズダンパとそれに振動体Mと支持ばねを装着した一自由度振動系の除振脚モデルが開発されている[11) 13)]。ダンパはメタルベローズからなる二つの伸縮液室をMRバルブで連結した構造をしており、両液室端（受圧面積A_0 = 731 mm^2）の受圧板を二本の摺動ロッドによって連結することにより両液室間の差圧$\Delta P = P_1 - P_2$に対応した減衰力$f_d = A_0 \Delta P$が発生する。MRバルブは、図3.1.13(a)に示すように、円筒状コイル（線径ϕ0.3 mm、巻数900 turns、厚さ3.0 mm）の内部に層状に配置された3枚の環状プレートからなるジグザグ流路をもつ。バルブの絞り部に相当する流路（有効通路断面積A_v = 188.5 mm^2）に垂直に磁束を集中させ、当該流路を流れるMR流体への印加磁場を高めるために、その流路壁部分に磁性体を用い円筒状コイルの外側には珪素鋼板を用いて磁気閉回路を構成している。設計時の磁場解析によれば、図中で示している印加電流I = 0.25 A時には絞り流路間のMR流体にはB = 0.15 T程度の磁束密度が印加されているが、I = 1.0 A印加時にはB = 0.55 T程度の磁束密度が絞り

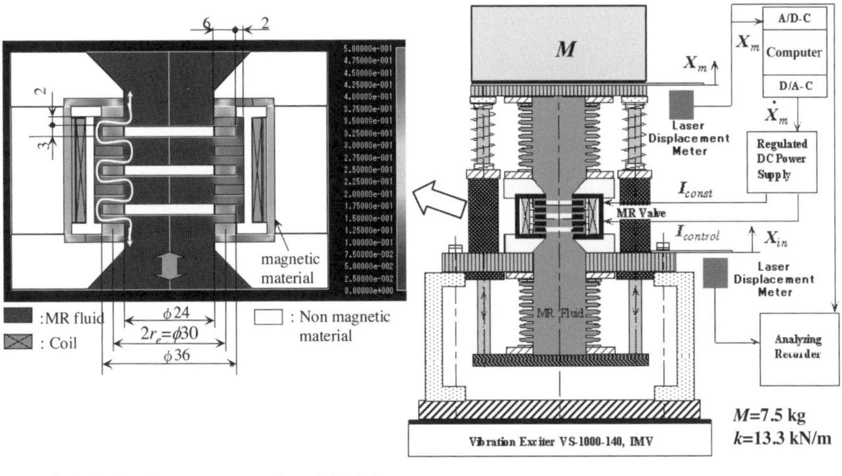

(a)　ジグザグ流路をもつMRバルブ（解析結果：I=0.25 A）

(b)　MRダンパからなる一自由度振動系の除振脚モデル

図3.1.13　拮抗型MR流体ベローズダンパとその一自由度振動系からなる除振脚モデル

流路間のMR流体に印加されると解析されている。振動体Mの運動に伴ってベローズ液室の伸縮が生じ両液室内のMR流体はMRバルブのジグザグ流路間を往来する。その流動抵抗をMRバルブのコイルへの印加電流によって変化することができるので両液室間の差圧ΔPを変えることができる。ひいてはMR流体ダンパの減衰力がMRバルブへの印加電流によって可変となる。

このMR流体ベローズダンパ（振動体Mおよび支持ばね無し）に正弦波加振（加振周波数$f = 5$ Hz）をした際のダンパ変位xと発生減衰力f_dの変化を実験および提案した減衰力を予測する動的機械モデルに基づくシミュレーション[6,12]によって求めて、比較検討する。図3.1.14には、コイルへの印加電流$I = 0.25, 0.5$ Aの際に振動変位振幅x_0を変化させた場合の変位xに対する減衰力f_dのヒステリシスループの変化を示す。比較的印加磁場が弱い$I = 0.25$ Aでは（図(a)）、比較的小さい変位振幅時から右上がり勾配をもつ弾性域とほぼ一定のレベルを示す降伏領域が現れるループを呈する。モデル解析でも実験とほぼ同様なループを描く。印加磁場を$I = 0.5$ Aと強くすると（図(b)）、減衰力がほぼ倍以上に増加するとともに、小さい変位振幅（$x_0 = 0.9$ mm）では降伏現象が起こらず全域弾性的な特性を呈して減衰能が著しく低下することが分かる。このことは、モデル解析でも再現されており粒子クラスターが破断されずに弾性的な挙動を示すことに対応する。変位振幅が大きくなると($x_0 = 1.9$ mm)、降伏領域が現れるループを呈する。

図3.1.15には、MR流体ベローズダンパを用いた一自由度振動系の除振脚モデルに対する除振性能を示す[11,13]。これは、スカイフック

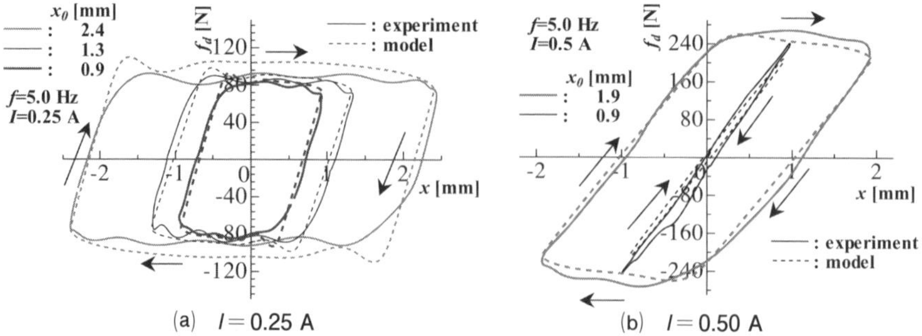

(a)　$I = 0.25$ A　　(b)　$I = 0.50$ A

図3.1.14　定電流印加時のMR流体ベローズダンパの変位－減衰力特性（$f = 5$ Hz）

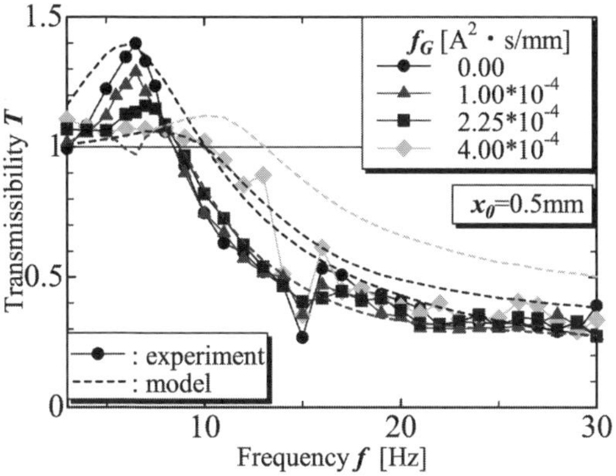

図3.1.15　MRダンパ除振脚モデルの振動体速度平方根フィードバック制御時の除振制御特性（印加電流: $I=\sqrt{f_G|\dot{x}_m|}$）

制御則の概念に基づいてMRダンパのMR効果により可変な減衰力を除振したい物体の速度フィードバック信号に比例して変化するようにした減衰力可変ダンパとしての適用例である。具体的には、振動体の絶対速度dx_m/dtを検出しそれに比例した電圧の絶対値の平方根をMRダンパへの印加電流とすることによりフィードバック線形化が実現できる。フィードバックゲインf_Gを大きくするに従い共振周波数帯域で顕著な除振効果がみられ、しかも、他の高い周波数帯域では振動伝達率をほとんど上昇させることがなく、良好な除振性能を示す。しかしながら、f_Gが大きくなりすぎる（f_G = 4.0*10^{-4} A^{2}s/mm）と振動伝達率が高周波数帯域で若干上昇する傾向があり、最適なf_Gが存在することが分かる。なお、ここでは示していないが、定電流印加による振動制御時には、印加電流値の増加に伴い共振周波数付近の帯域では著しい除振効果が認められるが、10 Hzより高い周波数帯域では逆に振動伝達率が上昇して好ましくない[11]。いわゆる典型的な摩擦ダンパとしての除振特性を示す。

⑵　変位×速度依存型パッシブ式MRダンパと免震制御

停電時にも信頼性をもって作動するMR流体を使ったダンパとして、電気的な制御系を一切使わずに、永久磁石とチェックバルブを用いて変位×速度の正負によって減衰力が変化するパッシブ式MR流体ダンパが開発されており、その建築構造物の免震制御への有効性が実証されている[14)~16)]。図3.1.16に示すように、本ダンパは二つのピストンヘッドを有しており、それぞれのピストンヘッドには相対変位X_rに応じて磁気回路が開閉することによって磁場が印加される環状流路と流れの向き（ダンパ相対速度V_rの正負）に応じて開閉するチェックバルブが設置された磁場の影響を受けないバイパス流路が設けられている。これらの構造によって、本ダンパでは変位と速度の積の符号に応じて減衰力の強弱が変化する減衰力特性を発揮する。図3.1.17は、ダンパを正弦波で加振したときの減衰特性曲線の一例であり、図中の矢印は加振時の向きを示している。永久磁石を取り外した場合には、変位－減衰力曲線は楕円形状を呈しておりオイルダンパそのものであるが、永久磁石を設置した場合には、MRダンパとして作動し、減衰力の強弱は1/4サイクル毎に変化し、減衰力は第1、3象限で小さく、第2、4象限で大きくなっており、$X_r \times V_r$の符号によって減衰力の強弱が変化することがわかる。

図3.1.18には、本パッシブ式MRダンパ、振動体（質量1,580 kg)、

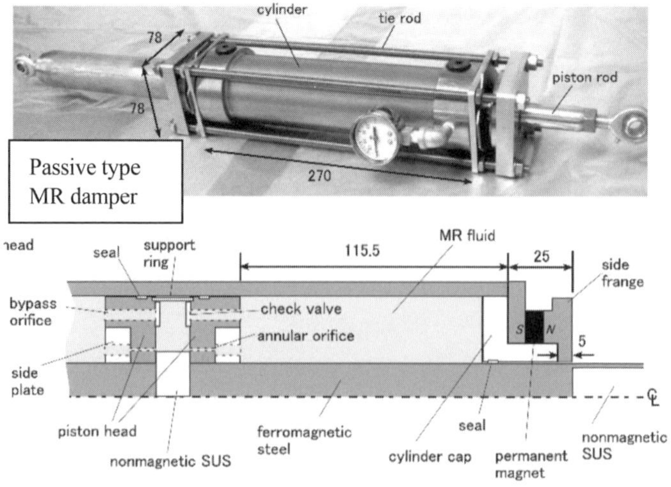

図3.1.16　変位×速度依存型パッシブ式減衰力可変MRダンパの構造

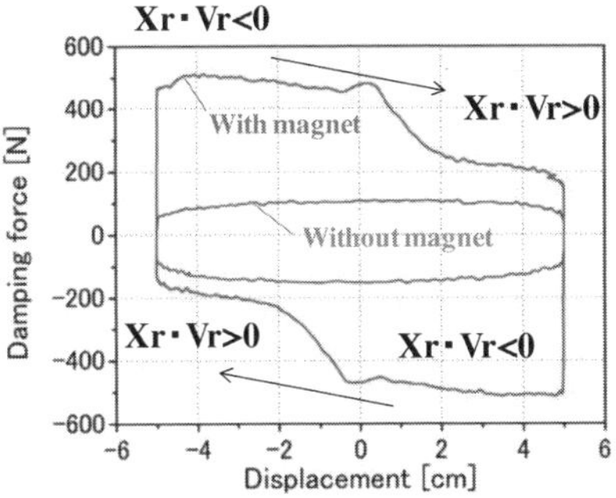

図3.1.17　パッシブ式MRダンパの変位ー減衰力特性

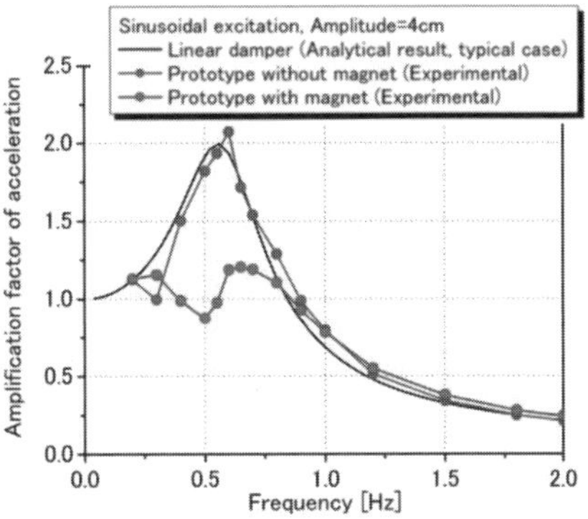

図3.1.18　パッシブ式MRダンパによる一自由度振動系の免震制御特性

ばね（バネ定数22.2 kN/m）で構成される一自由度振動系（共振周波数0.6 Hz）を振動台に乗せて正弦波加振した際の振動体の応答を周波数毎に示した免震制御特性を示す。一般に減衰比が一定の線形ダンパでは減衰比が小さいと共振周波数で応答が増大し、減衰比が大きいと高い周波数域での応答が大きくなるが、変位×速度依存型パッシブ式MRダンパでは共振周波数付近の増幅を抑えつつ、かつ高い周波数域の応答も低いレベルに抑えられており、免震制御の有効性が確認できる。

3.1.7 MR流体のクラッチへの応用

MR流体が有する印加磁場による降伏応力の可変機能を活用して、動力を伝達するクラッチへの応用が期待でき、クラッチの完全な連結状態や滑り状態での精緻なトルク伝達が可能となる。特に、MR流体クラッチは、印加磁場（コイル電流）によるトルクリミッター機能および設定トルクでの滑り回転機能を発揮するため、モータ等の他の動力源と組み合せることによって、滑り回転状態でのトルク伝達機能や負荷側のバックドライバビリティが確保できるようになり、負荷側の回転数漸増・漸減制御や人と接触して用いるロボット等の安全・安心の確保が要求されるような用途に適している。

(1)　MR流体クラッチを活用したアクティブ負荷機とその下肢筋力評価・訓練システムへの応用

図3.1.19に示すようなカップ型MR流体クラッチとインダクションモータからなるアクティブ負荷機[17)]を活用した下肢筋力評価・訓練システム（図3.1.21）が開発されている[18)]。MR流体アクティブ負荷機（図3.1.19）は、MR流体クラッチの駆動軸側に減速機を介してインダクションモータ（定格トルク1.27 Nm）を連結することによって、MR流体クラッチのもつトルクリミッター機能を活用した特徴的な負荷を発生させることができる。また、この負荷機は、機械的な電磁ブレーキでモータの回転軸を固定することによりMR流体クラッチをMR流

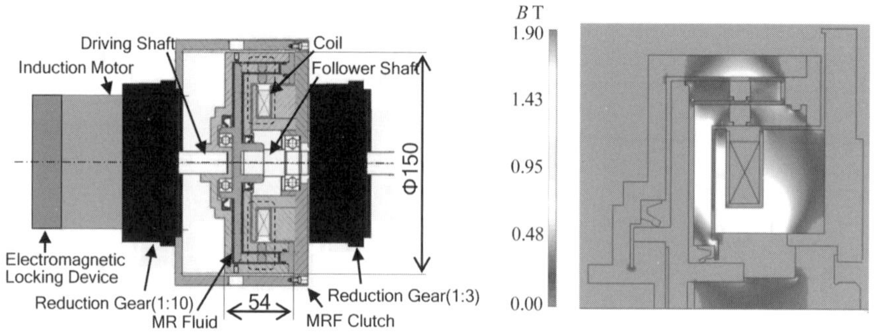

(a)　電磁ブレーキ＋誘導電動機＋MRクラッチ＋減速機

(b)　MR流体クラッチの磁場解析（I＝1.0 A）

図3.1.19　カップ型MR流体クラッチを活用したアクティブ負荷機

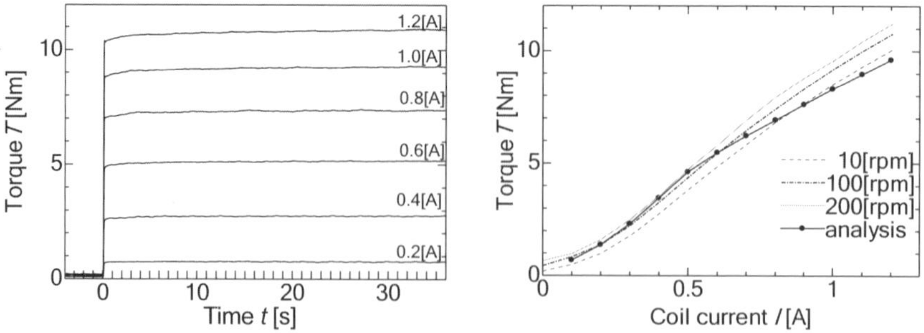

(a)　伝達トルクの時間応答（差回転数N＝30 rpm）

(b)　印加電流に対する定常伝達トルク特性

図3.1.20　MR流体クラッチの伝達トルク特性

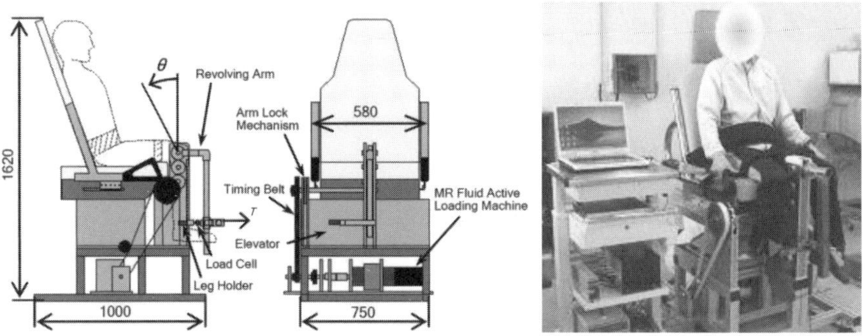

図3.1.21　MR流体アクティブ負荷機を活用した下肢筋力評価・訓練システム

体ブレーキとして用い、パッシブな負荷を発生することも可能である。本カップ型MR流体クラッチでは、カップ形状の二重の駆動軸側ロータとその内部に配置されたカップ形状の従動軸側ロータとの間の1.0 mmの二つの間隙にMR流体（MRF-132DG、Lord社製）が充填されている。カップ形状の両ロータの内側に電磁コイル（線径ϕ0.4 mm, 巻数675 turns）を配置して、駆動・従動ロータの円筒形状部分の間隙内のMR流体に円筒部に垂直に磁場が印加されるように、駆動・従動ロータの円筒形状部分の中間部に非磁性体の磁気遮断部を設けることによって、図3.1.19(a)中に破線で示すような磁気回路が形成される。図3.1.19(b)に示す磁場解析によれば、上述の磁気回路が形成されているのが確認でき、$I = 1.0$ A印加時に間隙間のMR流体には$B = 0.2 \sim 0.3$ Tの磁束密度の磁場が印加される。

本MR流体クラッチの伝達トルク特性は、図3.1.20(a)に示すようにステップ状の印加電流Iに対して伝達トルクもステップ状に変化して一定値を保持し、図3.1.20(b)に示すように、そのレベルもMR流体の基底粘度の影響で差回転数によって若干異なるが印加電流の増加に伴い増大する。図3.1.20(b)には、磁場解析とMR流体のMR特性とから算出した伝達トルクの予測値（analysis）も併記してあるが、ほぼ実験値と同一レベルを呈しており、設計段階で伝達トルクを十分予測できることがわかる。

開発したMR流体クラッチを用いたアクティブ負荷機を負荷ブレーキやトルクリミッター付き動力伝達装置として活用することにより、

等尺性および等速性筋力の測定・評価、能動的被験者を対象とした等尺性および等速性筋力訓練、受動的被験者を対象とした可動域拡張訓練（ROM訓練）などの機能を備えた下肢筋力評価・訓練システム（図3.1.21)[18] が開発されており、被験者が安心感をもって下肢筋力の評価・訓練が行えるように構成されている。

(2)　下肢パワーアシスト用MR流体アクチュエータ

下肢装着型パワーアシスト装具のバックドライバビリティを確保することによる安全・安心の向上を目的に、モータとMR流体クラッチそして各種減速機からなるMR流体アクチュエータが開発されている[19]。MR流体アクチュエータは、下肢の膝関節運動の筋力補助に活

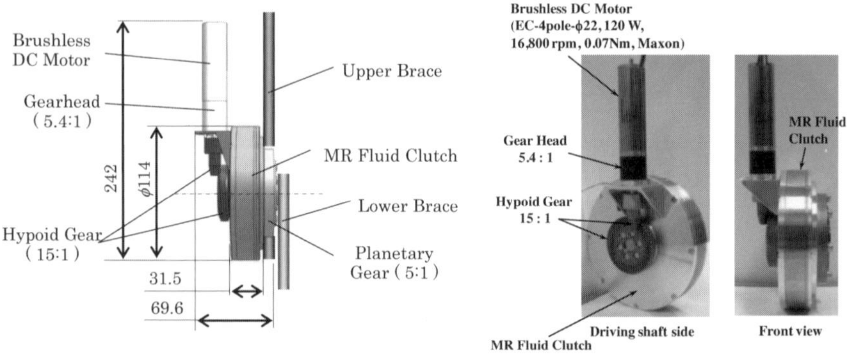

図3.1.22　下肢装着型パワーアシスト装具用のサーボモータと多盤型MR流体クラッチそして各種減速機からなるMR流体アクチュエータ

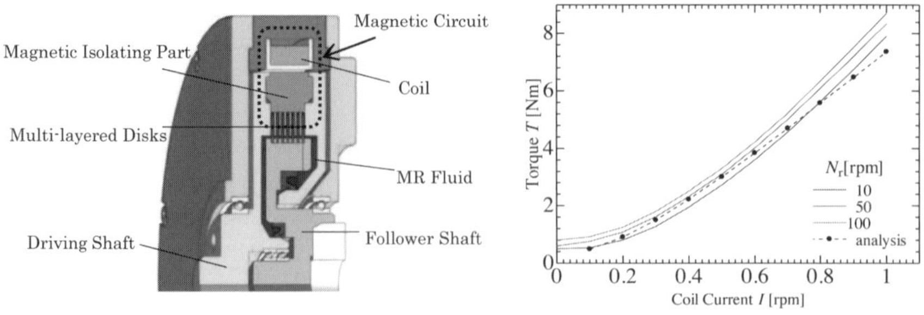

(a)　多盤型MR流体クラッチ　　(b)　印加電流に対する定常伝達トルク特性

図3.1.23　多盤型MR流体クラッチとその印加電流に対する伝達トルク特性

用するため、健常者の通常歩行時に必要とされる膝関節のトルク約20 Nmと最大回転角速度約66 rpmをその設計仕様目標としている。図3.1.22にMR流体アクチュエータの構造と外観写真を示す。アクチュエータ本体は大腿部装具に固定され、ブラシレスDCモータ（Maxon, 120 W、36 V、最大連続トルク63.1 mNm，最大回転数16,800 rpm）の動力は、ギアヘッド(減速比5.4：1)およびハイポイドギア(減速比15：1)により減速し、MR流体クラッチを介して遊星歯車(減速比5：1)に伝達され膝下装具に伝わる。ここで、必要な末端の出力トルクが20 Nmであるため、MR流体クラッチの必要な伝達トルクは約4.5 Nmとなる。

MR流体クラッチは、図3.1.23(a)に示すように、小型で大きなトルクを得ることができる多層円盤型MR流体クラッチとしている。駆動軸および従動軸側回転体との間に厚さ0.5 mmの駆動側ディスク(6枚)と従動側ディスク(7枚)を交互に積層し、ディスク間間隙が0.1 mm、有効流体幅が4.5 mmとなる14層の円環状のMR流体層が形成される。外側ケーシングに設けられた電磁コイル（線径ϕ0.3 mm、巻数400 turns）に電流を印加すると、多層円盤間に充填されたMR流体（MRF-132DG、Lord社製）に破線で示すように磁場が印加され、MR流体の降伏せん断応力が変化して駆動軸側から従動軸側にトルクが伝達される。その伝達トルクTは、図3.1.23(b)に示すように、印加電流Iの増加に伴って大きくなり、最大印加電流I = 1.0 AにおいてT = 8.0 Nm程度となり、設計仕様トルク4.5 Nmを十分満たしている。同図には、磁場解析を援用して求めた理論トルクを併記してあるが、ほぼ実験値と一致しており、かなりの精度でトルク予測が可能であることがわかる。また、MR流体クラッチの磁場の過渡応答特性を改善するために、コイルボビンと駆動軸側回転体の多層円盤外側に配置した磁気遮断部とには、発生する渦電流対策としてMC-Nylonの非導電性の部材を用いることによって、トルクの比較的速い応答（整定時間15～20 ms）を実現している[19)]。

3.1.8　MR流体のブレーキへの応用

MR流体が磁場によって降伏応力を変化できることから、回転数に大きく依存しないパッシブな制動力が要求されるブレーキへの応用とその特徴的な用途開拓が期待される。

(1)　モータ用の励磁作動型・無励磁作動型MR流体電磁ブレーキ

インダクションモータなどを用いた簡便サーボ機構においては、停止時の回転慣性による停止位置のズレをなくす目的で機械的な摩擦式電磁ブレーキが多用されているが、その制動力は摩擦係数により決定される構造であるため、①ブレーキの鳴き音が発生する、②制動トルクの経時変化が大きい、③摩耗により寿命が短い、④制動トルクが調整できない、⑤摩耗粉が発生するなど種々の問題があり改善が求められている。このような問題点を解決する目的で、MR流体を用いたモータ用励磁作動型および無励磁作動型電磁ブレーキが開発されている[20,21]。

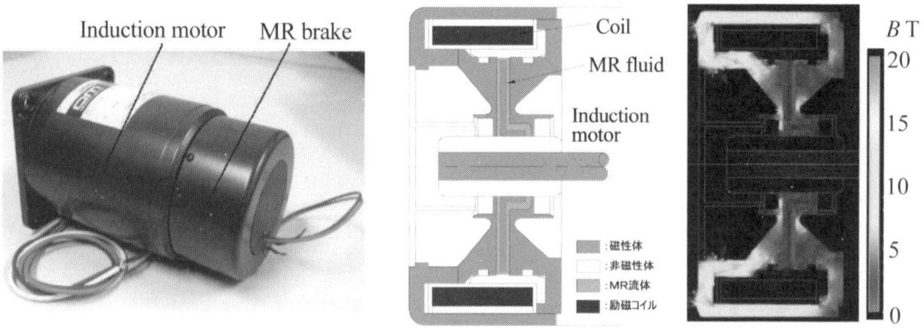

(a)　外観　　(b)　MRブレーキの構造　　(c)　磁場解析結果 (I＝0.35 A)

図3.1.24　励磁作動型MR流体電磁ブレーキ付モータ

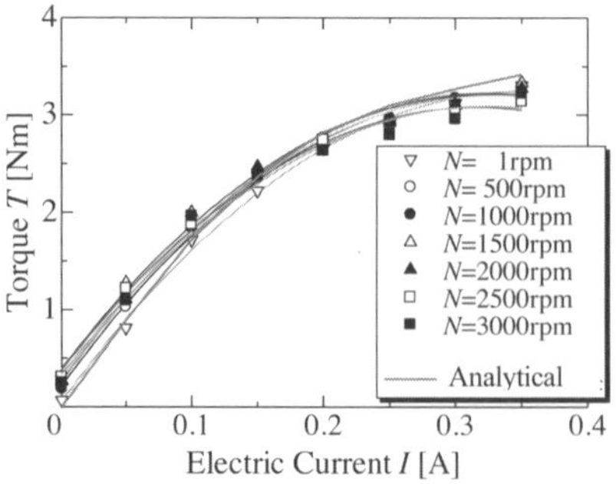

図3.1.25　励磁作動型MR 流体ブレーキの印加電流I－制動トルクT特性

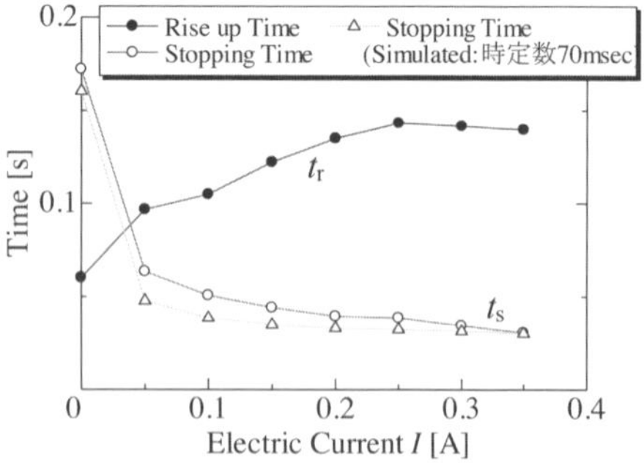

図3.1.26　MR ブレーキの印加電流Iに対するモータの停止時間t_sと始動時間t_rの変化

励磁作動型および無励磁作動型いずれのMR流体電磁ブレーキでも、図3.1.24および図3.1.27に示すように、インダクションモータの軸に直結された1つのディスク型ロータの両側の空隙にMR流体を充填し、そのディスクの外周部に配置した円環状コイル（励磁作動型:線径ϕ0.22 mm、巻数1,658 turns、無励磁作動型:線径ϕ0.27 mm、巻数1,146 turns）の電磁石によってMR流体に印加される磁場を可変して、ブレーキロータに制動トルクを与える構造となっている。無励磁作動型の場合には、図3.1.27(b)に示す位置に永久磁石（ネオジウム磁石）を配置して、無励磁時にディスク部のMR流体に強い磁場を印加し、励磁時には電磁コイルによって永久磁石の作る磁界を相殺するように磁界を発生させ、MR流体に印加される磁場が弱められる。

設計時の磁場解析とMR流体のMR特性を用いた制動トルクの算出によれば、励磁作動型の場合には最大印加電流I = 0.35 A時にディスク部のMR流体には約1.0 Tの磁束密度が印加され制動トルクは約3.42 Nmと予測され、図3.1.25に示すように、印加電流の増加にともない制動トルクも増大し、実験値と予測値はほぼ一致している。励磁作動型MR流体ブレーキはモータがOFFと同時に励磁してモータの回転を停止するが、図3.1.26のようにモータOFF後の停止時間は無励磁時（I = 0.0 A）に約0.17秒であったのが約0.03秒（at I = 0.35 A）となり、在来の機械的な電磁ブレーキ付モータの停止時間0.10 ～ 0.13秒を上回り、モータ用ブレーキとして十分な性能を示している。

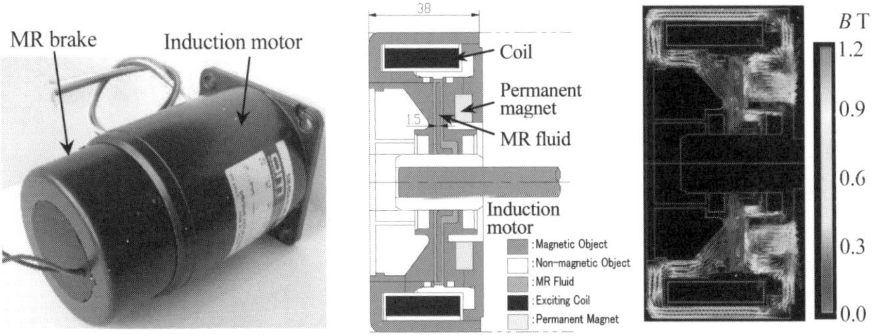

(a)　外観　　(b)　MRブレーキの構造　(c)　磁場解析結果（V=24 V）

図3.1.27　無励磁作動型MR流体電磁ブレーキ付モータ

無励磁作動型の場合には、無励磁時にディスク部のMR流体には約0.4 Tの磁束密度が印加され制動トルクは約0.83 Nmと予測され、定格印加電圧V = 24 Vによる励磁時（図3.1.27(c)）にはMR流体に印加される磁束密度は約0.1 T程度まで低下して制動トルクは約0.006 Nmと予測され、図3.1.28からわかるように低回転時の実験値とほぼ一致する。なお、実験値からわかるようにブレーキの回転数の上昇にともないMR流体の基底粘度効果によって制動トルクは上昇する傾向を示す。無励磁作動型の場合には、モータONと同時にブレーキを励磁して制動トルクを最小にし、モータOFFと同時に無励磁にして制動トルクを最大にする。図3.1.29から、その際のモータON時の始動時間（V = 24 V）とモータOFF時の停止時間（V = 0.0 V）はぞれぞれ約0.11秒と約0.01秒となり、モータ用ブレーキとして十分な性能を示すことがわかる。

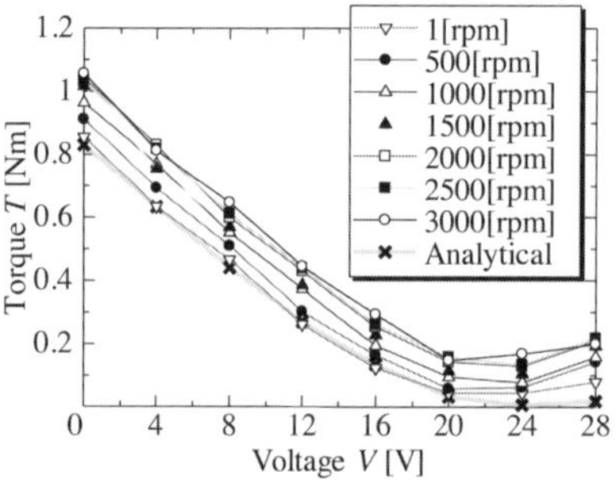

図3.1.28　無励磁作動型MR 流体ブレーキの印加電圧V－制動トルクT特性

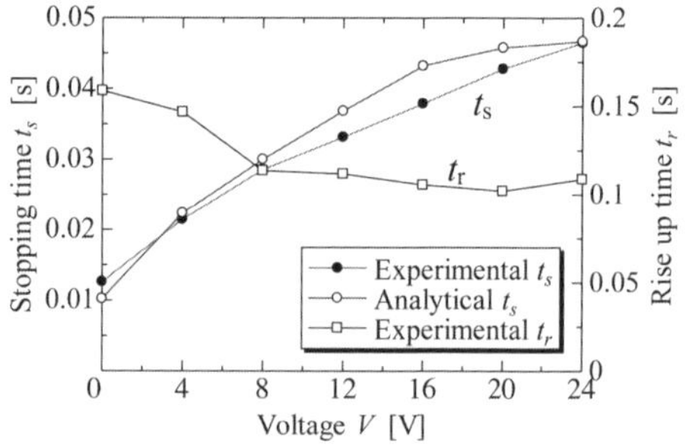

図3.1.29　MR ブレーキの印加電圧V に対するモータの停止時間t_sと始動時間t_rの変化

(2)　小型MR流体ブレーキ膝継手を用いた随意制御大腿義足

MR流体を用いた小型の多盤型MR流体ブレーキを膝継手に活用して随意に制御可能な大腿義足が開発されている[22) 23)]。図3.1.30には、膝・足継手連動型のMR-SPCOM大腿義足（MR fluid brake-Stance Phase Controlled by Optional Motion knee）の構造を示す。その構成は、膝関節軸に制動力を与えるMR流体ブレーキと増速ギア（4.81倍）からなる制動トルク発生機構、膝関節と足関節とを連動して動かすためのリンク機構からなる連動機構、膝軸とソケットとの間に設置した随意制御力を検出するロードセル・MR流体ブレーキ軸上に取り付けた膝角度センサ・脛部に取り付けた接地センサなどのセンサ群、制御系、および足部・脛部材・ソケットなどの構造部材からなる。小型のMR流体ブレーキは、図3.1.31(a)に示すように、MR流体（MRF-132DG、Lord社製）が充填されるブレーキプレート部を外側に配置し、コイル（線

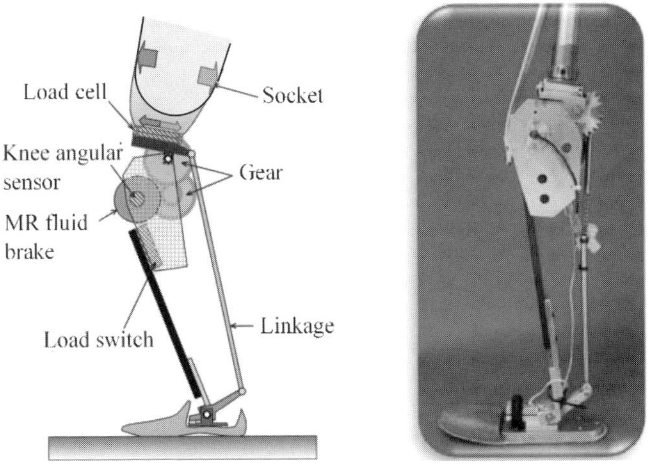

図3.1.30　小型MR流体ブレーキを用いたMR-SPCOM大腿義足

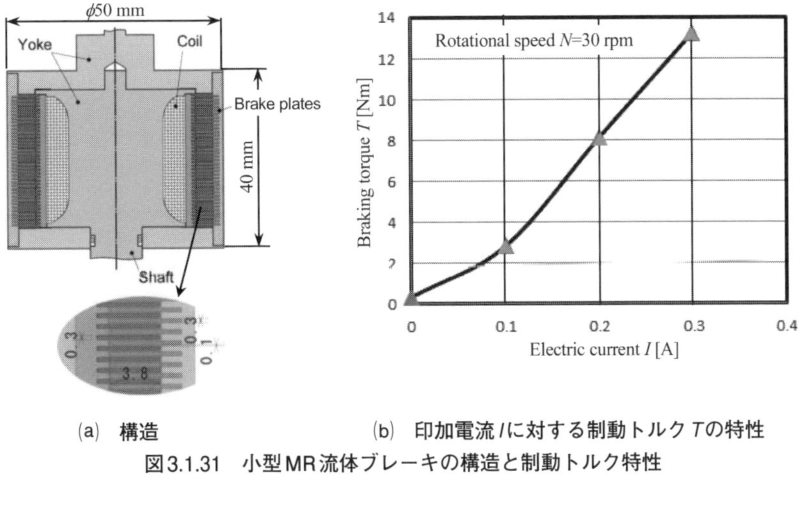

(a)　構造　　　(b)　印加電流Iに対する制動トルクTの特性

図3.1.31　小型MR流体ブレーキの構造と制動トルク特性

径ϕ0.2 mm、巻数2,550 turns）・ヨークをその内部に配置した構造をとっている。円環状のブレーキプレートはSPCC板0.3 mmを使用し、軸側37枚、ケース側36枚、プレート間の間隙は0.1 mmである。図3.1.31(b)のMR流体ブレーキの印加電流Iに対する発生制動トルクTの測定値より、I = 0.3 Aの電流を印加時に約13.2 Nmの制動トルクが得られる。

使用者の随意制御（Controlled by Optional Motion）の情報を取り出してMR流体を用いた可変制動力ブレーキによって膝の抵抗をコントロールし、義足使用者が随意に膝継手のLock・Yielding・Freeを切り替えて階段や坂道の昇降を交互のステップでスムースに歩行することを可能としている。また、小型MR流体ブレーキが高い制動トルクを発生できるために、本義足の使用者が自分の意思で随意に任意の膝角度において確実に膝をLockし体重を支えることができることと、その状態からLockの解除を行うことができることが確認されている。その結果、図3.1.32(a)に示す椅子に座る動作試験においては、図3.1.32(b)に示すように全体重のほぼ半分の荷重を義足にかけながら、動作の途中で２度膝をLockし動作を止めた後、随意にLockを解除することが実現できている。

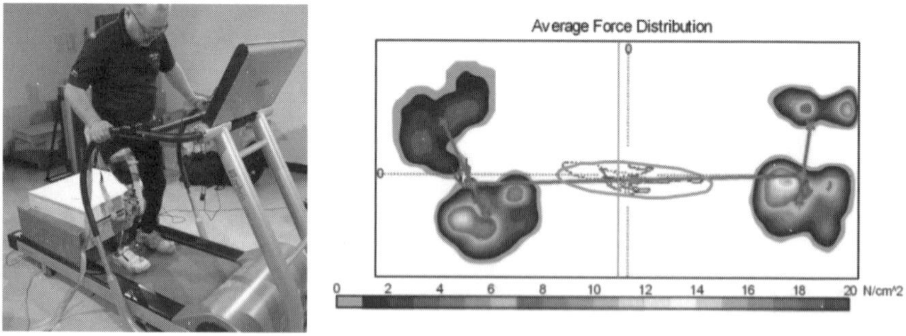

(a)　椅子に座る動作試験　　(b)　椅子に座る動作における足底圧力と重心位置の移動

図3.1.32　MR-SPCOM大腿義足使用者による椅子に座る動作試験

(3)　車両用MR流体ブレーキの開発とその超小型EVへの適用

2020年代に普及するとされている自動運転車や自動車の全電動化

への対応と摩耗粉やブレーキ音の発生しない環境に配慮した車両用ブレーキとして、機械的摩擦に頼らないMR流体を用いた新発想の「MR流体ブレーキ」が開発され、超小型EVに搭載され走行試験等が行われている[24][25]。開発された車両用MR流体ブレーキは、図3.1.33(a)に示すように、車両側に固定された円盤（2枚）とハブベアリングと一緒に回転する円盤（3枚）が交互に配置された円盤間間隙0.5 mmの多層円盤間にMR流体（MRF-132DG、Lord社製）を充填した多層円盤型の

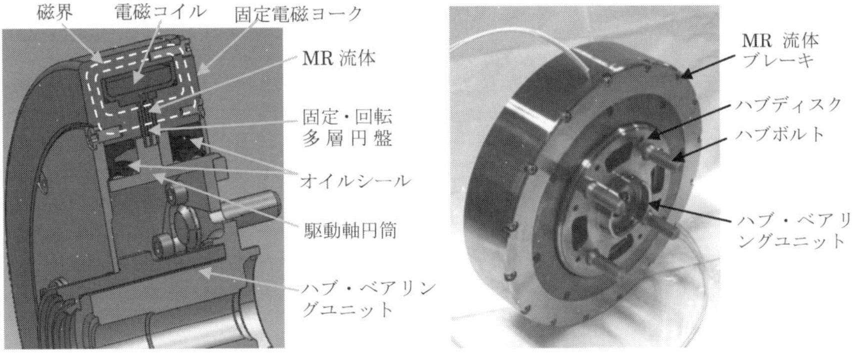

(a)　構造　　(b)　外観

図3.1.33　車両用に開発された多層円盤型MR流体ブレーキ

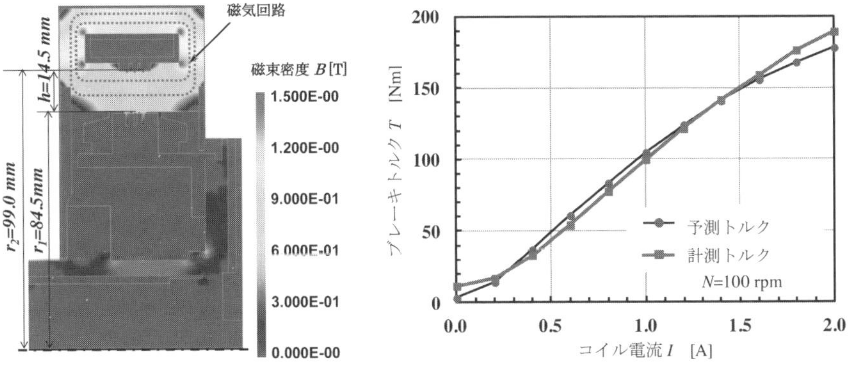

(a)　磁場解析結果（I＝2.0 A）　　(b)　印加電流Iに対する制動トルクTの特性

図3.1.34　車両用MR流体ブレーキの制動トルク特性

構造をとっている。多層円盤外周に配置された円環状電磁コイル（線径ϕ0.8 mm，巻数260 turns）に電流を流すと固定電磁ヨークに磁界が発生して多層円盤間のMR流体に磁界が印加され、回転円盤にMR流体のせん断力が働きブレーキとして作動する。電磁コイルへの印加電流によってMR流体への印加磁場を可変して回転円盤に働くMR流体のせん断力を変えることによりブレーキの制動トルクが可変となる。開発されたMR流体ブレーキの外観を図3.1.33(b)に示す。本MR流体ブレーキを搭載する超小型EV（COMS, トヨタ車体製）のオリジナルの12 in.のホイール内のスペースに装着できるように、MR流体ブレーキのサイズは外径ϕ244 mm、幅約54 mmとしている。従来の油圧駆動式ディスクブレーキのように軸方向に動く駆動メカが不用なため、比較的シンプルな外観となっている。

本MR流体ブレーキの設計は、電磁場解析を援用して、多層円盤間のMR流体へ効果的に磁場が印加されるようにブレーキトルクを予測しながら形状を最適化して行なっている。図3.1.34(a)には、最大設計コイル電流I = 2.0 Aを印加した際の磁場解析結果を示す。多層円盤間のMR流体層には効果的に磁界が印加され、その磁束密度Bは約0.70 Tであり、理論トルク（予測トルク）は約178 Nm（I = 2.0 A）と見積もられ、超小型EVが必要とする1輪当たりの目標トルク160 Nmを十分に満たしている。なお、解析による理論トルクTは、次式によって求めている。

$$T = \sum_{i=1}^{N} \int_{r_1}^{r_2} \tau_i(r) 2\pi r^2 \, dr \qquad \cdots (3.1.6)$$

ここで、rはブレーキ軸中心からの半径方向長さ、r_1、r_2はそれぞれ磁場印加によりMR流体のせん断応力が働く部分の円盤の内径と外径、τ_iはi番目の回転円盤面に働くMR流体の誘起せん断応力、Nは回転円盤面の数（回転円盤3×2面 = 6面）である。i番目の回転円盤面に働くMR流体の誘起せん断応力$\tau_i(r)$は、磁場解析により得られたその位置での磁束密度B_i (r) とMR流体の磁束密度B − せん断応力τ曲線とから求めている。設計時に本MR流体ブレーキに関して求めたコイル印加電流Iに対する定常的な制動トルクTの予測値と実際の計測値を比較して図3.1.34(b)に示す。制動トルクは印加電流Iにほぼ比例して増大し、I = 2.0 A時に約180 Nmの制動トルクが得られ、設計時の予測値の変化とほぼ一致している。コイル印加電流I（電流フィードバック制御付き電流アンプ（電流立ち上がり時間5 ms程度）使用）の目標電圧のステップ入力に対する制動トルクの過渡応答は、立上がりの時定数が30 ～ 40 msで、立下り時には17 ～ 20 msと計測され、従来の油圧駆動式ディスクブレーキの応答速度約100 ～ 200 ms程度に比してかなり速い応答を呈している。また、ブレーキをかけることによって、ブレーキ内のMR流体の温度も制動時間3.3秒間程度で60 ℃から80 ℃程度まで20 ℃程度上昇しているが、特に問題は発生していない。

図3.1.35に示すように、開発されたMR流体ブレーキは超小型EVの四輪の12 inホイール内に装着され、油圧をまったく使用せず電線のみで繋がった完全なブレーキバイワイヤシステムが構築されている。ブレーキペダルなどのブレーキ操作装置からの電気信号を電子制御装置が受け取り、それに応じた電流をMR流体ブレーキに印加することでブレーキトルクが発生する単純な構成である。電子制御装置はブレーキペダル・ストロークセンサ、各車輪につけたスピードセンサや車両制御装置からの情報を利用することで、あらかじめ設定したブレーキの効力の三つのパターンからユーザーが自分の好みのブレーキフィーリングを選択してブレーキフィーリングを可変する制御やABSを実現している[25)]。実車走行試験から、MR流体ブレーキはブレーキ力が安定しており、異音は発生せず静かで安心感のある制動ができ

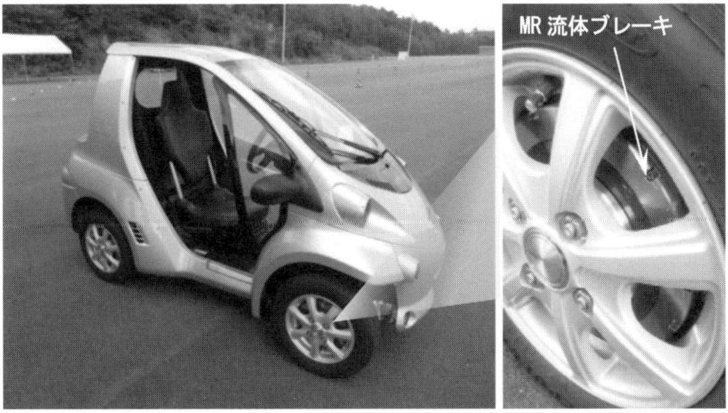

図3.1.35　車両用MR流体ブレーキを四輪に装着した超小型EV

ており、30%勾配の下り坂でもMR流体ブレーキのブレーキトルクだけで停車することができ、十分な制動トルクを発揮している。また、MR流体ブレーキは従来の油圧ブレーキに比して制動力のばらつきが少なく、各輪のブレーキトルクが発生する時間のばらつきが小さいため、低摩擦路走行時のブレーキングに伴う車両のスリップ時でもABS制御が無くてもスピン傾向を軽減でき、制御しやすいブレーキであることも、大きなメリットである。本MR流体ブレーキは、従来の摩擦ブレーキの弱点を克服し、摩耗粉が発生せず、低騒音・振動、高速応答性と柔軟な制御性を有しており、今後の自動運転車や電気自動車の全電動化への寄与等が期待できる。

3.1.9　MR流体の実用化・製品化の動向

MR流体の応用に関する研究開発では、上述のように各種のMRブレーキ、MRクラッチ、MRダンパ、MRショックアブソーバなどのモジュールが開発されてきている。MRダンパやMRショックアブソーバは実際にトラック・農業用トラクターなどのシートダンパや乗用車・軍用トラックさらにはつり橋のワイヤ振動制御装置やビルなどの建築構造物の免震装置などに搭載され実用化に至っている[26) 27)]。MR流体の実用化・製品化の最たるものは、MR流体ショックアブソーバの開発（図3.1.36）とその車両用セミアクティブサスペンション制御への応用である[28)]。2002年にMR流体ショックアブソーバを高級乗用

図3.1.36　MR流体ショックアブソーバの例（2002年米国Delphi社開発・事業化→2009年中国BWI社へ事業部売却）

車やスポーツ車へ搭載してからすでに20年ほどの実績を有しており、現在でもSUVや欧州高級スポーツ車などへ採用され使用が拡大してきている。また、MR流体エンジンマウントも開発・製品化され、2009年には独スポーツ車に搭載されている[28]。これらのMR流体デバイスの車両への搭載と実績は、車両などの苛酷な環境下でもMR流体が信頼性をもって使用できることを実証するものである。

MR流体を活用したサブナノオーダー研磨加工に関する研究開発[29]およびMR流体研磨機の製品化[30][31]は注目すべきものがある。図3.1.37に示すように、回転ホイールの左側のノズルから研磨剤を混合したMR流体が供給され、回転ホイール外周面上を流れて右側のスクレーパーで回収される。回転ホイール上端には電磁石によって磁場が印加されており、そのホイール上端部の磁場下のMR流体にガラスレンズなどの被研磨面を押し付けることによって研磨が行われる。局所的なスポットで研磨が可能なことから、被研磨面形状を事前に測定してそのデータを活用して被研磨面の研磨量を推定しNC制御（図3.1.38）によりスポット的に被研磨面の研磨を行っている。

MR流体の健康福祉分野への応用として、米国オズール社[32]が多盤式MR流体ブレーキを活用した大腿義足用のMR流体膝継手(図3.1.39)を開発し、製品化している。コンピュータ制御され、Yielding機能が効果的に発揮され平地や階段の滑らかな歩行を可能としている。また、国内でも、3.1.8⑵で取りあげているように、小型の高性能な多

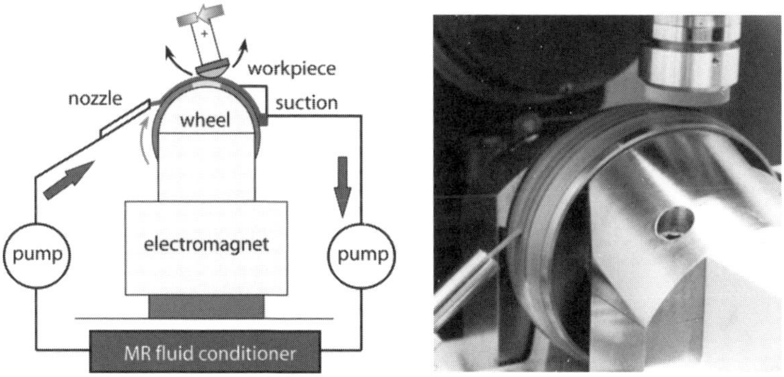

図3.1.37　MR流体による研磨の概要[30]

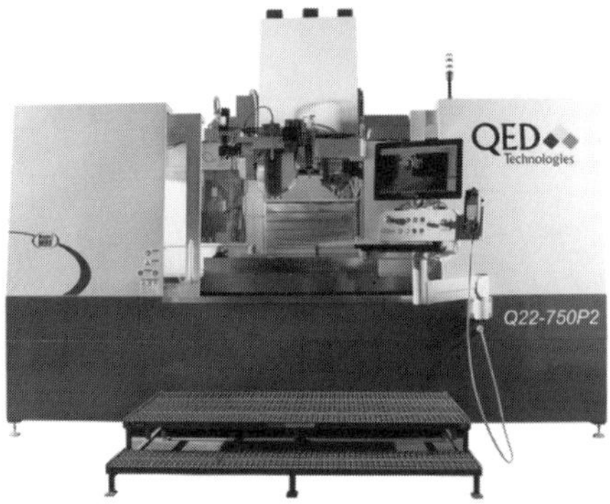

図3.1.38　製品化された5軸制御MR流体研磨装置[30]

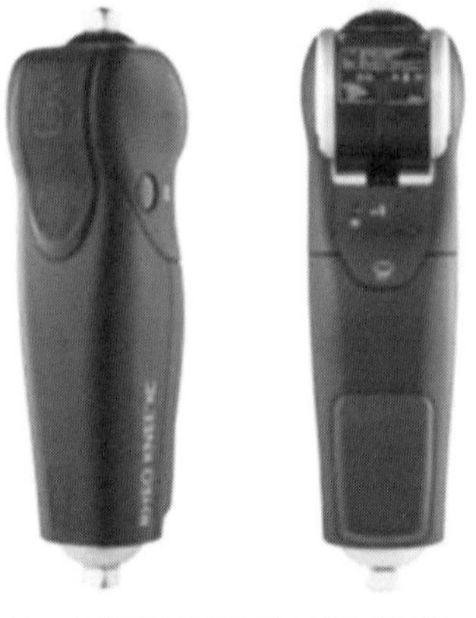

図3.1.39　大腿義足用のMR流体膝継手（Rheo Knee）[32]

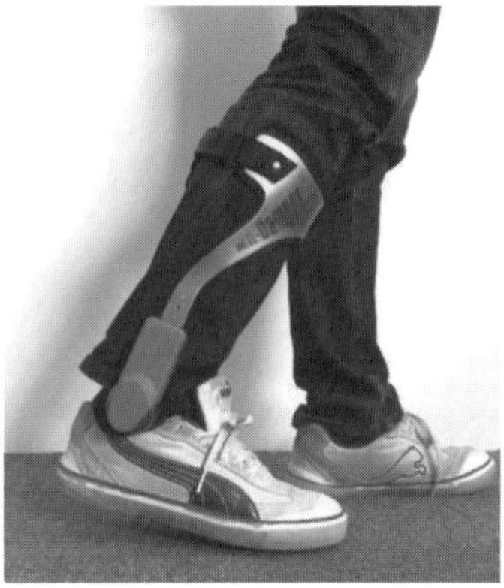

図 3.1.40　ナノ粒子分散 MR流体ブレーキ抵抗可変下肢装具[36]

盤式MR流体ブレーキを開発して膝継手に活用した随意電子制御大腿義足が研究開発されている[22] [23]。義足使用者の随意によって膝をLock並びにYieldingすることが可能で、平地、階段、坂の歩行だけでなく､違和感なく椅子に座る動作なども可能としている。ピストン・シリンダー式のMR流体ダンパを負荷ブレーキとして用いた上肢・下肢の筋力トレーニングを1台で実現できる筋力トレーニング装置も開発され､製品化されている[33]。また､3.1.7(1)で取りあげているように､開発したカップ型MR流体クラッチとインダクションモータからなるアクティブ負荷機[17]を負荷ブレーキやトルクリミッター付き動力伝達装置として活用することにより、等尺性および等速性筋力の測定・評価、能動的被験者を対象とした等尺性および等速性筋力訓練、受動的被験者を対象とした可動域拡張訓練（ROM訓練）などの機能を備えた下肢筋力評価・訓練システム(図3.1.21)[18]が開発されており、被験者が安心感をもって下肢筋力の評価・訓練が行えるように構成されている。

アークプラズマ法で創製された100 nmサイズの鉄粒子を分散したナノ粒子分散MR流体[34,35]は粒子沈降しにくく再分散し易いうえに、滑らかな感覚を表現できるのが特徴なので、ハプティクス分野への応用が図られている。このMR流体を用いたブレーキを活用して、下肢装具に適用し製品化されている(図3.1.40)[36]。各種センサからの情報から判断した歩行周期の段階に応じてMR流体ブレーキによって最適な抵抗を下肢装具に発生させ、脳卒中でまひ症状をもつ人の動きを補助する機能をもつ。

MR流体の家電製品への実用化の例として、MR流体セミアクティブダンパを用いたドラム式洗濯機が製品化されている[37]。脱水時のドラム回転数に応じて、MR流体ダンパへの通電をON/OFF制御することによって、ドラム振動の低減を図っている。

今後、MR流体は高出力で温度依存性が少なく取扱が容易なことから、かなり広範な分野での実用化の可能性が期待できる。

<参考文献>

1)　中野政身編: “特集 機能性流体テクノロジーの最前線”, フルードパワーシステム, 42, 1, pp.12-15, 37-44, 50-58 (2011-1).

2)　中野政身: “機能性流体の歴史レビューと展望”, フルードパワーシステム, 46, 5, pp.216-221 (2015-9).

3)　中野政身: “機能性流体の研究開発と実用化の動向”, フルードパワーシステム, 47, 6, pp.265-271 (2016-11).

4)　中野政身編: “特集 機能性流体を活用したフルードパワー技術の実用化最前線”, フルードパワーシステム, 47, 6, pp.272-288 (2016-11).

5)　M. Nakano, H. Yamamoto and M. R. Jolly: “Dynamic Viscoelasticity of A Magnetorheological Fluid in Oscillatory Slit Flow”, Int. J. of Modern Physics B, 13, 14-16, pp.2068-2076 (1999-6).

6)　山本英樹, 中野政身: “MR流体の圧力流れモードにおけるレオロジー特性とその動的機械モデル”, 日本レオロジー学会誌, 30, 2, pp.83-88 (2002-4).

7)　中野政身: “磁場印加型レオメータの開発とMR流体の磁気レオロジー計測”, フルードパワーシステム, 48, 2, pp.78-81 (2017-3).

8) 中野政身，戸塚厚，佐藤忠一郎，野間淳一，阿部浩也："ナノ・マイクロ粒子混合系MR流体のMR効果向上と粒子カラム挙動"，日本機械学会2015年度年次大会講演会CD-ROM講演論文集，No.15-1, Paper No.S0520304, pp.1-5 (2015-9).

9) 野間淳一，上嶋優矢，戸塚厚，佐藤忠一郎，中野政身："ナノ粒子分散MR流体のクラスター形成とトルク安定性", 日本フルードパワーシステム学会平成27年春季フルードパワーシステム講演会講演論文集，pp.52-54 (2015-5).

10) M. Nakano, et al.: "Dynamic Shear Flow Behavior of Magneto-rheological Fluid Between Two Rotating Parallel Disks Under Relatively Weak Magnetic Field", JSME International Journal, Series B, 48, 3, pp.494-500 (2005-8).

11) 中野政身，大橋栄市，荊炳臣："MR流体を用いた減衰力可変ダンパの開発と振動制御への応用"，日本フルードパワーシステム学会平成15年度秋季フルードパワーシステム講演会講演論文集, pp.78-80 (2003-11).

12) 中野政身，日野哲人，大橋栄市："MR流体を用いた拮抗型ベローズダンパの減衰力特性のモデル解析", 日本フルードパワーシステム学会平成16年秋季フルードパワーシステム講演会講演論文集, pp.44-46 (2004-11).

13) 中野政身："振動制御系への電磁レオロジー流体の応用", 日本ロボット学会誌, 31, 5, pp.452-456 (2013-6).

14) 村上貴裕，酒井理哉，中野政身："変位と速度に応じて減衰特性の変化するパッシブ式ＭＲダンパの開発", 日本機械学会論文集(C編), 77, 774, pp.257-269. (2011-2).

15) T. Murakami and M. Nakano: "Numerical Evaluation Method for Semi-Active Damping Characteristics of a Passive-Type MR Damper with Functional Damping Force" , J. of Intelligent Material Systems and Structures, 22, 4, pp.327-336 (2011-3).

16) 村上貴裕，中野政身："パッシブ式MRダンパを用いた振動制御", フルードパワーシステム, 42, 1, pp.37-40 (2011-1).

17) H. Nakano and M. Nakano: "Active Loading Machine using MR Fluid Clutch for Leg Rehabilitation System", Int. J. of Applied Electromagnetics and Mechanics, 38, 1-4, pp.463-469 (2012-10).

18) H. Nakano and M. Nakano: "Evaluation and Training System of Muscle Strength for Leg Rehabilitation Utilizing An MR Fluid Active Loading Machine" , Springer Tracts in Advanced Robotics, 92, pp.191-203　(2014-1).

19) 中野政身："パワーアシスト用MR流体アクチュエータ", 油空圧技術，54, 3, pp.34-39 (2015-3).

20) 戸塚紘通，西尾一起，中野政身，伊藤金哉，小峰重久："MR流体を用いたモーター用励磁作動型電磁ブレーキの開発", 日本フルードパワーシステム学会「機能性流体を用いたスマートフルードパワーシステムに関する研究委員会」公開研究会講演論文集，pp.57-58 (2005-10).

21) 戸塚紘通，中野政身，伊藤金哉，萬年久："MR流体を用いたモーター用無励磁作動型電磁ブレーキの研究開発", 日本機械学会第84期流体工学部門講演会CD-ROM版講演論文集, Paper No.211, pp.1-4 (2006-10).

22) 引地雄一，中野政身，鈴木貴詞："MR-SPCOM大腿義足膝継手の開発と歩行・動作解析", 日本義肢装具学会誌(原著研究論文), 31, 1, pp.45-51 (2015-1).

23) 引地雄一，中野政身："小型MR流体ブレーキ膝継手を用いた随意制御大腿義足の開発", フルードパワーシステム, 44, 6, pp.344-346 (2013-11).
24) 中野政身, 古川仁, 道辻善治："超小型EV向けMR流体ブレーキの開発", フルードパワーシステム, 47, 6, pp.275-278 (2016-11).
25) 中野政身, 道辻善治："MR流体ブレーキの開発とEVへの適用", 電気自動車のモーションコントロールと走行中ワイヤレス給電技術, 堀洋一, 横井行雄監修, エヌ・ティー・エス, pp.116-129 (2019-5).
26) 中野政身:"MR流体アクチュエータ", 未来型アクチュエータ材料・デバイス, シーエムシー, pp.257-268 (2006).
27) 木本彰："MRデバイス実用化事例", フルードパワーシステム, 42, 1, pp.50-52 (2011-1).
28) 松隈政彦："自動車用MRダンパおよびエンジンマウントの実用化例", フルードパワーシステム, 42, 1, pp.53-55 (2011-1).
29) J. Seok, et al.: "A Study on The Fabrication of Curved Surfaces Using Magnetorheological Fluid Finishing", Int. J. of Machine Tools and Manufacture, 47, 14, pp.2077-2090 (2007).
30) QED Technologies: https://qedmrf.com/en/
31) 久米保："MR流体研磨装置実用化事例", フルードパワーシステム, 42, 1, pp.56-58 (2011-1).
32) OSSUR: https://www.ossur.jp/prosthetic-solutions/products/dynamic-solutions
33) 高頭静夫, 石井博, 白石俊彦, 高杉紳一郎, 岩谷徹："MR流体ブレーキを用いた筋力トレーニングロボットの開発", フルードパワーシステム, 47, 6, pp.285-288 (2016-11).
34) J. Noma, et al.: "Magnetorheology of Colloidal Dispersion Containing Fe Nanoparticles Synthesized by the Arcplasma Method" , J. of Magnetism and Magnetic Materials, 322, 13, p.1868-1871 (2010-7).
35) 野間淳一："ナノMR流体の特長とハプティクスへの応用", フルードパワーシステム, 47, 6, pp.282-284 (2016-11).
36) 日刊工業新聞オンライン: https://www.nikkan.co.jp/articles/view/00391701, (2016-7).
37) 井澤浩一："MRFアクティブサスペンションの洗濯機への応用", 日本ロボット学会誌, 31, 5, pp.488-489 (2013-6).

3.2 MR流体多孔質コンポジット

3.2.1 はじめに

多孔質体にMR流体を含侵させたMR効果を発揮する機能性材料を「MR流体多孔質コンポジット」と呼ぶこととする。MR流体多孔質コンポジットとその応用に関しては、多孔質体としてのポリウレタンフォーム（Foam）にMR流体を含侵させたMR foamが提案され[1]、一般的なピストン・シリンダーからなるMR流体ダンパのMR流体の使用量を少なくする目的で、図3.2.1(a)に示すようなピストンの周りのピストンとシリンダー間の間隙にだけMR foamを装着した単筒型のMR foamダンパ[1]が開発され、また、図3.2.1(c)に示すような回転円盤の一部に磁場が印加できるコの字型の磁場印加装置（Magnetic Caliper）が配置され、その磁極面に貼られたMR foamと接触する回転円盤に印加磁場によって可変な制動トルクを発生できるMR foamブレーキ[1]などが提案されている。MR foamダンパは、シールおよび軸

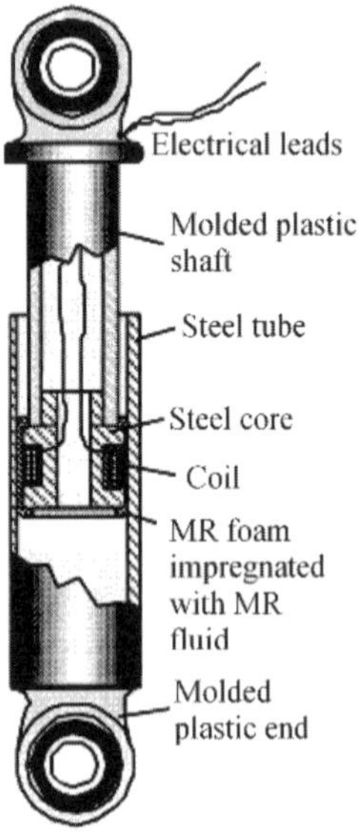

(a)　MR foamダンパ

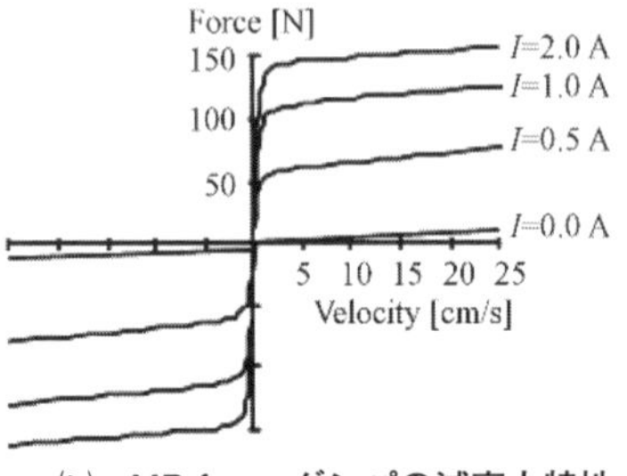

(b)　MR foam ダンパの減衰力特性

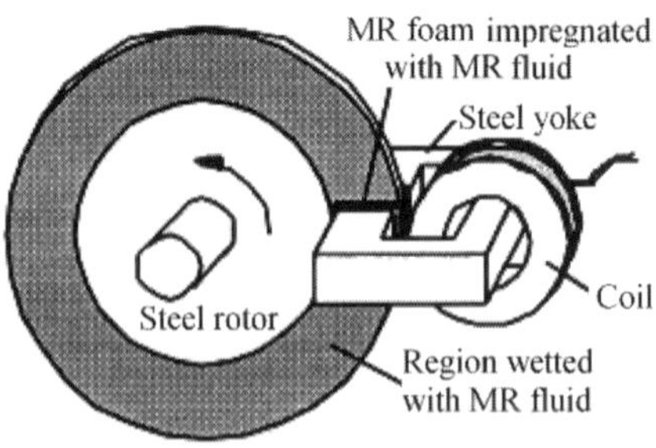

(c)　MR foam ブレーキ

図3.2.1　提案されているMR foamを活用したダンパとブレーキ[1]

受けが必要なく、MR流体の使用量も3 mlと僅少である。また、MR foamダンパの発生減衰力は、図3.2.1(b)に示すように、コイルに電流を印加していない場合（I = 0.0 A）には僅少で、コイル印加電流I = 2.0 A時に約150 Nの減衰力を発揮しており、ダイナミックレンジが非常に大きい。

本節では、多孔質体にMR流体を含侵させたMR流体多孔質コンポジットが、MR流体の分散粒子の沈降を防止できることと、MR流体が多孔質体に保持されることから活用に際しての漏れ防止用シールを不要とすることなどの長所を有することから、多孔質体としてポリウレタンフォーム（スポンジ）以外により大きなMR効果を発揮する不織布を用いてMR流体を含侵させたMR流体多孔質コンポジットを取りあげ、その磁気レオロジー（MR）特性、そしてMR流体多孔質コンポジット特有の特徴的な応用例を紹介する。

3.2.2　MR流体多孔質コンポジットとその磁気レオロジー(MR)特性[2)]

MR流体多孔質コンポジットの供試多孔質体として、図3.2.2(a)に示すような蜂の巣状の多孔質構造をもつポリウレタンフォーム（スポンジ）の他に、図3.2.2(b)に示すようなソフトナイロン繊維をランダムに絡み合わせて構成された不織布を用いることが提案されている[2), 4)]。ポリウレタンフォームの場合には、磁場印加下でMR流体中の強磁性体粒子からなるクラスターがポリウレタンの多孔質壁によって切断されると考えられるが、不織布を用いた場合には繊維間に比較的長いクラスターが強固に形成されると予想できるため、不織布の場合より大

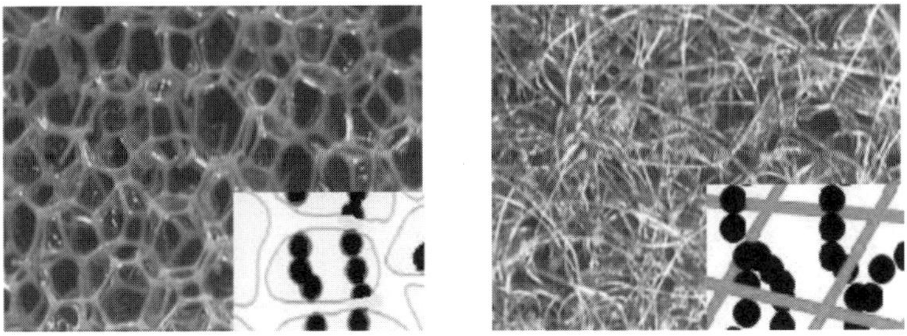

(a)　ポリウレタンフォーム　　(b)　不織布

図3.2.2　供試多孔質体の拡大写真とその内部でのクラスター形成状況のイメージ図

きなMR効果が期待できる。また、MR流体多孔質コンポジットのMR効果には、多孔質構造の違いの他に、多孔質体そのものの剛性の影響にも配慮して、ポリウレタンフォームおよび不織布として、横弾性率Gが異なるそれぞれ4種類を用い、合計8種類の多孔質体それぞれにMR流体(MRF-132AD,Lord社製)を十分量含浸させてMR流体多孔質コンポジットとしている。

図3.2.3に示すように、一部に空隙(間隔h_0 = 2.5 mm、磁極面長l = 50 mm、幅b = 12 mm)を有して磁気閉回路を構成する四角形環状の電磁石(コイル：線径d_c = ϕ0.5 mm, 巻数1,560 turns)を用い、その空隙部の両磁極面にMR流体多孔質コンポジット(厚さh = 0.75 mm、磁束通過面の面積A = 50 mm × 12 mm)を1枚ずつ貼り付け、その間に厚さ1 mmの可動平板を装填した構造をもつダブルギャップ往復せん断型レオメータを用いて、供試MR流体多孔質コンポジットのMR効果を測定している。この磁場印加装置のコイルに直流定電流を印加することでMR流体多孔質コンポジットにそのせん断方向に垂直な一様磁場が印加される。コンポジットへ印加される磁束密度Bは、電磁石の鉄芯にサーチコイルを巻き付け、磁束計を用いて測定している。また、可動平板は、接触材の磁性の有無による違いを調べるために、鉄製とアルミニウム製の二種を用い、可変速モータとスライダー・クランク機構によって正弦波状(周波数f)の繰り返し変位が与えられる。その変位xをレーザー変位計で測定し、可動平板に加わる制動力f_dを

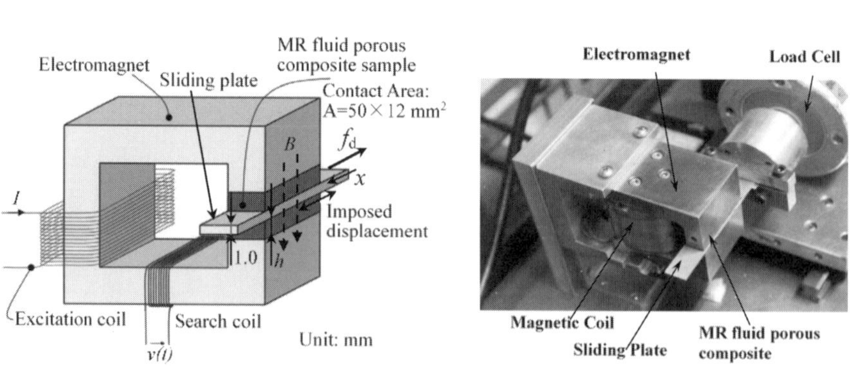

(a)　測定部模式図　　(b)　外観

図3.2.3　ダブルギャップの往復せん断型レオメータ

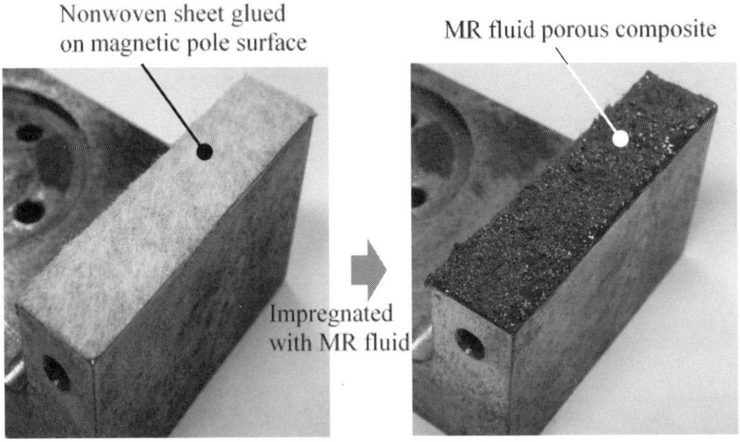

図3.2.4　磁極面上のMR流体多孔質コンポジットシート

ロードセルで計測する。これらの測定値からコンポジットのせん断歪γ（$= x/h$）、およびせん断応力τ（$= f_d/2A$）を算出し、往復せん断モードにおける磁気レオロジー特性（せん断歪γ-せん断応力τの関係）を評価している。図3.2.4には、四角形環状の電磁石の磁極面上に接着したMR流体多孔質コンポジットシートを示す。まず、左図に示すように多孔質体シートを磁極面に接着剤で貼り付け、そのシートにMR流体を含侵させてMR流体多孔質コンポジットシートを作成している。

MR特性測定の代表例として、図3.2.5(a)には、ポリウレタンフォーム（K-16）のMR流体多孔質コンポジットに磁束密度$B = 0.7$ Tの印加下において非磁性のアルミニウムの可動平板で往復せん断変形を与えた場合の歪γ－誘起せん断応力τのヒステリシスループを示す[2]。ヒステリシスループには、最大変位直後にループに傾きがみられる弾性域が現れ、その後最大せん断応力に達して降伏しほぼ一定のせん断応力を保持する。その弾性域内では、ループの傾きが急激な変化を呈する第1段階の降伏点とその後の緩やかな第2段階の降伏が観察できるのがMR流体多孔質コンポジット特有の特徴である。同図には、MR流体多孔質コンポジットに対する磁気レオロジー特性の動的機械モデル[3]によるシミュレーション結果も併記してあるが、測定結果を良く

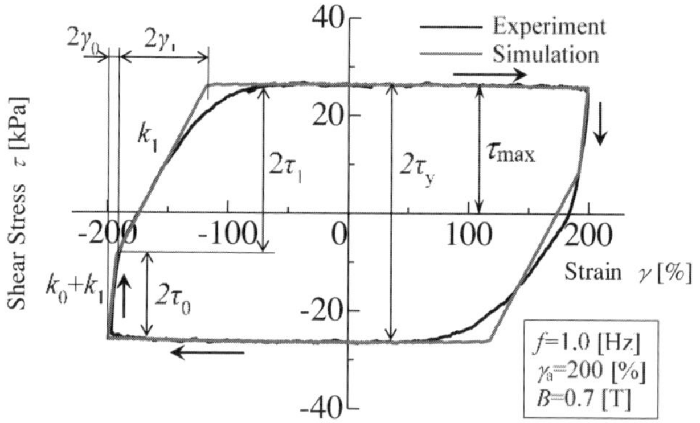

(a)　代表的なせん断応力 vs. せん断歪ヒステリシスループ
（ポリウレタンフォーム K-16、アルミニウム可動板）

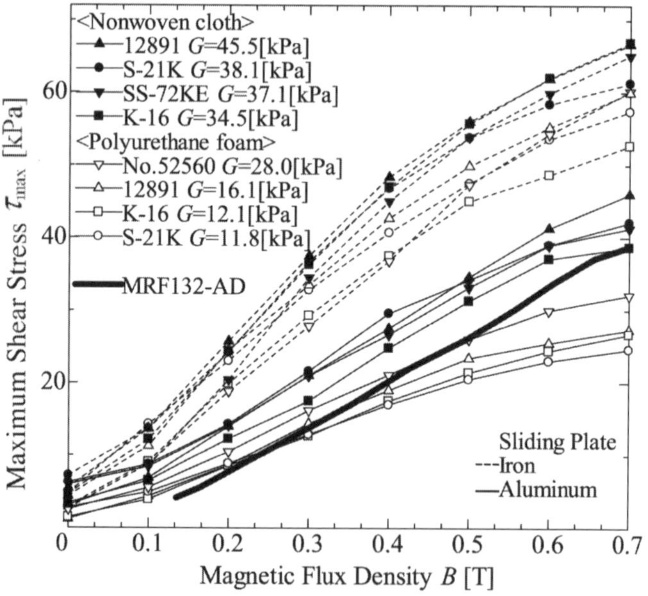

(b)　印加磁束密度 B に対する最大せん断応力 τ_{max} の変化特性

図3.2.5　8種のMR流体多孔質コンポジットの印加磁場に対する最大せん断応力の変化特性

再現しており、第1段階の降伏点が多孔質体そのものの降伏に対応し、第2段階の降伏がMR流体の降伏に相当することが明らかにされている[3)]。従って、多孔質体の横弾性率Gが大きくなるほど、多孔質体の第1段階降伏応力τ_0が大きくなることによって、最大せん断応力τ_{max}(降伏せん断応力）が増大することになる。すなわち、MR流体多孔質コンポジットでは、多孔質体がMR流体のクラスターを補強するように働くと考えられ、多孔質体の剛性がMR流体多孔質コンポジットのMR効果に影響を及ぼし、剛性の高い多孔質体がコンポジットとしてのMR効果を高めることになる。

図3.2.5(b)には、ポリウレタンフォームおよび不織布それぞれ4種(合計8種）の多孔質体を用いたMR流体多孔質コンポジットの印加磁束密度Bに対する最大誘起せん断応力τ_{max}の変化を示す[2)]。いずれの多孔質体を用いたMR流体多孔質コンポジットにおいても印加磁束密度の上昇に伴い最大せん断応力τ_{max}が増大することが確認でき、印加磁場によってMR効果を可変なことがわかる。また、可動平板に非磁性のアルミニウムを用いた場合には、横弾性率Gが大きいものほど最大せん断応力値も高くなることが確認できる。特に、横弾性率Gが比較的大きく繊維が絡み合った構造をもつ不織布を用いた場合には、ポリウレタンフォームのものに比して最大せん断応力の値が非常に大きく、MR流体自身の誘起せん断応力(図中の太い実線)よりも若干高いMR効果を示す。一方、可動平板(移動接触材)に磁性体である鉄板を用いた場合には、非磁性体のアルミニウムを用いた場合に比べて最大せん断応力が総じて約1.5～2.0倍程度大きくなっており、MR流体多孔質コンポジットとしその接触材に磁性体を用いることによりかなりのMR効果の向上が見込める。

3.2.3　MR多孔質コンポジットのコイル巻線用の線材張力制御装置への応用[4) 5)]

コイル巻線においては、線材の張力が変動して不適当であると断線や巻乱れの原因となる。このような巻線時の線材の張力を制御する装置としては、線材を巻き付けた回転プーリーをメカ的な摩擦ブレーキやヒステリシスブレーキ等で制動する原理のものが多用されている。このような装置では、回転プーリー・ブレーキ系の回転慣性が根本的な問題となり、線速の変動が著しい非円形コイルの巻線時には張力変動が避けられないなどの問題が発生する[4)]。

(1)　MR流体多孔質コンポジットブレーキとその発生張力特性

図3.2.6には、この問題を根本的に解決するために開発された、線材がMR流体多孔質コンポジットの中を直接通過することにより抵抗力を受けて制動する機構を採用したブレーキ（図3.2.3の四角形環状の電磁石を用い、その2.5 mmの空隙部の両磁極面間にMR流体多孔質コンポジットを1枚ずつ貼り付け、その間を線材が通過する）を示す[4)]。図3.2.6(a)のMR流体多孔質コンポジットブレーキによる張力制御機構モデルに示すように、ブレーキ部に回転プーリーを用いずに、直接線材が2枚のMR流体多孔質コンポジット間を通過する際に線材が制動力$F(I)=F_{p11}+F_{p12}$を受ける機構なため、線材の張力は$F_t=F(I)+F_{p2}$（F_{p2}：一定のプレ張力）となりブレーキコイルへの印加電流Iによって可変となる。

図3.2.7には、開発されたMR流体コンポジットブレーキによる定常的な発生張力値の印加磁場強度Hに対する変化を、多孔質体（ポリウレタンフォームとソフトナイロン不織布）と厚み（0.8、1.2、1.5 mm）を変えた場合について示す[4)]。いずれの場合でも、この定常的な張力値は印加磁場強度に対してほぼ比例的に増加し、テンション制御装置のブレーキとして有効に機能することがわかる。ポリウレタンフォームの場合には、その厚みにかかわらず図中の磁場強度の変化に対して張力は約30 g（= 0.294 N）程度変化し、厚みが厚くなるにつれて予圧縮効果により制動力が増大し全体的に張力値は大きくなる。ソフトナイロン不織布では、張力のレベルはポリウレタンフォームの同

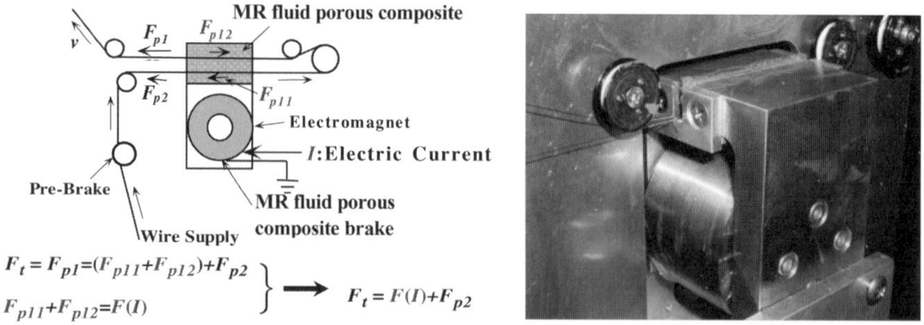

(a)　張力制御機構のモデル　　(b)　外観

図3.2.6　コイル巻線用線材張力制御装置のMR流体多孔質コンポジットブレーキ

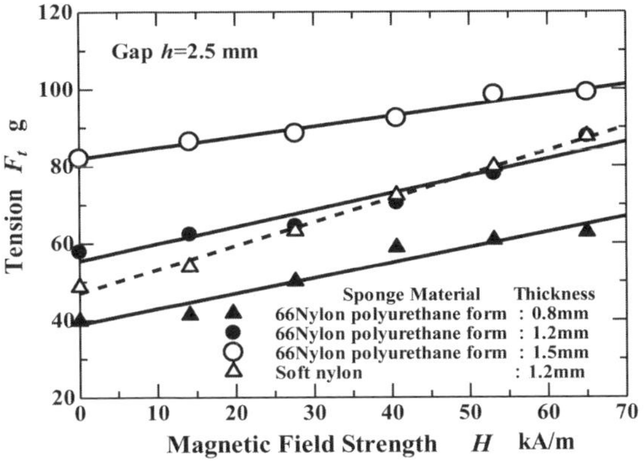

図3.2.7　種々のMR流体多孔質コンポジットを用いたブレーキにおける印加磁場強度Hに対する線材に働く張力特性

じ厚みのものとほぼ同様であるが、Hに対する変化幅が約40 g(＝0.392 N)と大きい。

(2)　非円形コイル巻取り時の張力制御特性

制御性の良かったポリウレタンフォーム（厚さ：1.2 mm）のMR流体多孔質コンポジットブレーキを利用したMR張力制御装置を用いて、線速の変動が必然的な四角形の非円形コイル（線径$d = \phi 0.21$ mm）を平均線速$v = 0.28$ m/secで実機による巻取り試験を行った際の張力変動を図3.2.8に示す[4)]。在来品の回転プーリーによるメカ的摩擦ブレーキを用いた張力制御装置（図3.2.8(a)）では、全領域にわたって振幅10 g（＝0.098 N）程度の大きな張力変動が存在する。一方、開発されたMR流体多孔質コンポジットブレーキを用いた張力制御装置では、張力フィードバック制御系を適用しないで一定電流$I = 0.5$ Aを印加しただけでも、張力変動が振幅約2 g（＝0.0196 N）と1/5程度に激減しており（図3.2.8(b)）、著しく張力変動を抑制する効果がある。PID張力フィードバック制御を適用した場合（図3.2.8(c)）には、さらに平均張力の時間的な変動が抑制されほぼ目標張力値（$F_{td} = 100$ g）に保持する機能が付与されて、良好な張力制御性能を示すことがわかる。

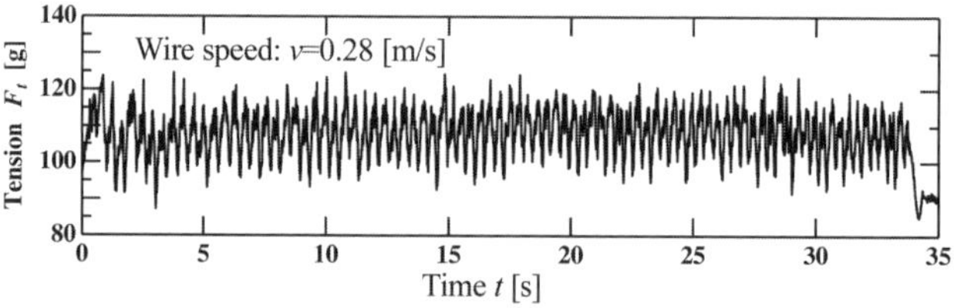

(a)　在来の回転プーリーとメカ的な摩擦ブレーキによる張力制御装置

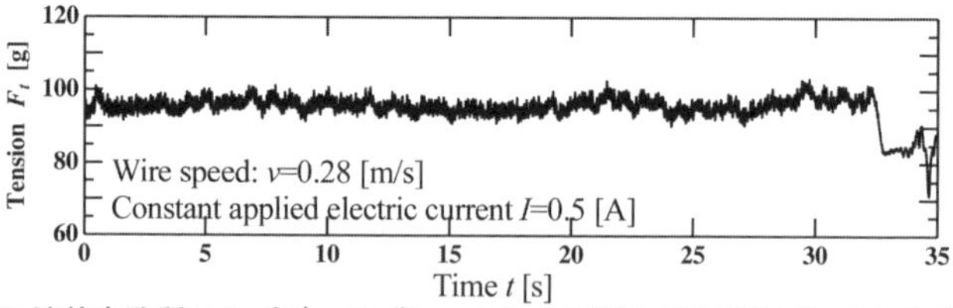

(b)　MR流体多孔質コンポジットブレーキによる張力制御装置 ($I=0.5$ A 印加時)

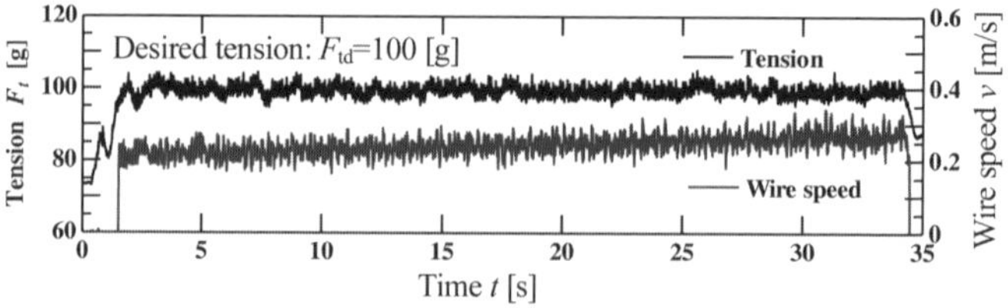

(c)　MR流体多孔質コンポジットブレーキによる張力制御装置
(PID張力フィードバック制御時: $K_p=1.2$、$T_I=0.03$、$T_D=0.007$)

図3.2.8　非円形コイル巻線時の線材の張力の時間変動

3.2.4　MR流体多孔質コンポジット回転ブレーキを活用した直動型可変減衰力MRダンパ[6)]と免震制御

3.2.1で述べているように、MR流体多孔質コンポジットの長所の一つとして、長時間静置時のMR流体中に分散してある強磁性体微粒子の沈降が回避できることがあげられる(図3.2.10参照)。特に、建築構造物の免震・制振システムにMR流体ダンパを適用する際には、静置時間が長く稼働時間が短いことからこのMR流体中に分散した強磁性体微粒子の沈降が信頼性などの実用上の問題となることがある。MR流体を多孔質体に含浸させたMR流体多孔質コンポジットを活用することによりこの粒子沈降の問題が解決できる。このような観点から、MR流体多孔質コンポジットを用いた多層円盤型回転ブレーキを活用した直動型可変減衰力ダンパが開発されている[6]。

⑴　供試MR流体多孔質コンポジットの磁気レオロジー特性と粒子分散安定性

多孔質体として横弾性率Gと多孔質構造の異なる二種の不織布（図3.2.9⒜）にMR流体（MRF-132DG、Lord社製）を含侵させたMR流体多孔質コンポジットを創製し、図3.2.3に示すダブルギャップの往復せん断型レオメーター一を用いて、一様磁場下での往復せん断モードにおけるMR効果を評価している。図3.2.9⒝には、得られた変位-せん断応力ヒステリシス曲線上の最大誘起せん断応力τ_{max}の印加磁束密度Bに対する変化を示す。MR流体多孔質コンポジットに往復せん断変形を与える可動平板は、接触材の磁性の有無による違いを調べるために、鉄製とアルミニウム製の二種類を用いている。いずれの不織布で

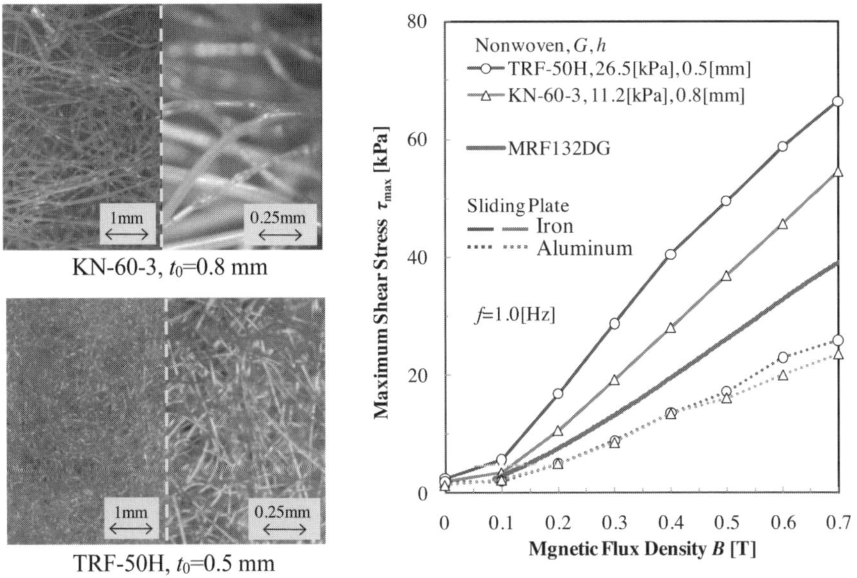

⒜　供試不織布の拡大写真（×82, ×328）　⒝　印加磁束密度に対する最大せん断応力特性

図3.2.9　供試不織布およびMR流体多孔質コンポジットの印加磁束密度に対する最大せん断応力の変化特性

も、鉄製の可動平板を用いた場合には、非磁性のアルミニウム平板の場合に比べて、最大せん断応力が総じて約2.0～2.5倍程度大きくなっており、かつMR流体そのもののMR効果よりも1.4～1.7倍程度大きいことから、MR流体多孔質コンポジットとすることにより著しいMR効果の向上が実現できる。より細いファイバーが複雑に絡み合い横弾性率の大きな不織布（TRF-50H）を用いたMR流体多孔質コンポジットがより大きな最大せん断応力を呈する。MR流体多孔質コンポジットの降伏以後のすべり面はMR流体多孔質コンポジットと接触移動体（この場合可動平板）との接触面となるため、接触材とMR流体多孔質コンポジット中の分散粒子との磁気力が大きいほどせん断応力が増大する。従って、非磁性体接触材の場合は、接触材の接触面が磁性を持たないため分散粒子と接触材との間に大きな磁気力が働かないが、磁性体の接触材の場合には、接触材の接触面が磁性をもつため分散粒子との間に大きな磁気力が働いてせん断応力も著しく大きくなると解釈できる[6]。MR流体そのものの場合には、降伏後のすべり面が接触材の接触面に固定されず、一般にはMR流体が充填されている間隙間のほぼ中央でクラスターの崩壊・再結合が繰り返されてすべりが発生するため、せん断応力が粒子間の双極子相互作用に依存することになり、MR流体多孔質コンポジットのように分散粒子と接触面間の磁気力には依存しないことになる。

図3.2.10には、MR流体そのものと多孔質体TRF-50HにMR流体を含侵させたMR流体多孔質コンポジットの分散粒子の安定性試験の結

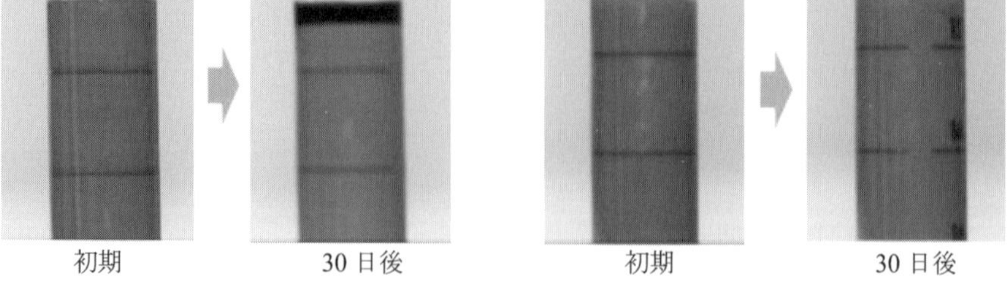

初期　30日後　初期　30日後

(a)　MR流体（MRF-132DG）　(b)　MR流体多孔質コンポジット（TRF-50H）

図3.2.10　MR流体とMR流体多孔質コンポジットの粒子分散安定性試験結果

果を示す。すなわち、試験管に試料をある高さまで充填して、長時間静置した際（30日間）の分散粒子の重力による沈降による分散媒である油分成分の相分離現象の発現について検討している。MR流体そのものの場合には（図(a))、30日間静置後には上層部に油分成分が分離した相分離が明らかに観察できるが、MR流体多孔質コンポジットの場合には（図(b))、30日間静置後でも試験初期状態と同様で一切の相分離現象は観察されておらず、粒子沈降が回避でき分散安定性が著しく良いことがわかる。

(2)　免震・制振用のMR流体多孔質コンポジット多層円盤型回転ブレーキを活用した直動型MRダンパのプロトタイプ

MR効果の最も良かった不織布TRF-50Hを用いたMR流体多孔質コンポジットを活用した多盤型回転MRブレーキとその回転を直動に変換するボールネジとを用いた20 kN 級の免震・制振用の直動型可変減衰力MRダンパ（最大全長800 mm, ストローク ±100 mm）のプロトタイプが開発されている（図3.2.11）[6]。MR流体多孔質コンポジット回転ブレーキの発生した制動トルクTおよび回転角θは、ボールねじの特性から次の関係で直動型MRダンパの減衰力Fおよび変位xに変換される。

$$F = (2\pi / l\eta)\, T \qquad \cdots (3.2.1)$$

$$x = (l/2\pi)\, \theta \qquad \cdots (3.2.2)$$

ここで、lとηは、それぞれボールねじのリード長（0.03 m）と伝達効率 (0.95) である。MR流体多孔質コンポジット回転ブレーキは、図3.2.11(b)に示すように、多層円盤型構造を採用し、固定円盤面（8面）にMR流体多孔質コンポジットを貼り付け対向する回転円盤 (4枚) とのすべりによって制動トルクTが発生する。図3.2.11(c)に示すように、多層円盤部の外周に設けた電磁コイル（線径ϕ0.5 mm, 巻数1,300 turns）への最大印加電流I = 0.5 A時には、多層円盤部のMR流体多孔質コンポジットには約0.35 T程度の磁束密度が印加され、MR流体多孔質コンポジットのMR効果を考慮して式（3.1.6）(N = 8、r_1 = 39 mm、r_2 = 64 mm）からMRブレーキは最大制動トルク約135 Nmを発生すると予測でき、式（3.2.1）から直動型MRダンパの発生最大減衰

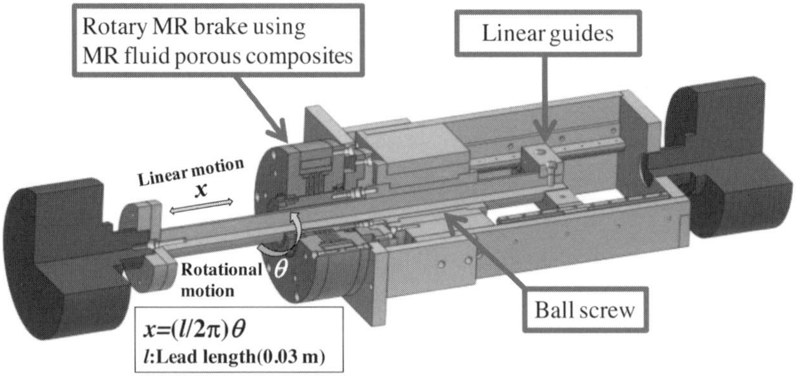

(a)　直動型MR ダンパの全体構成

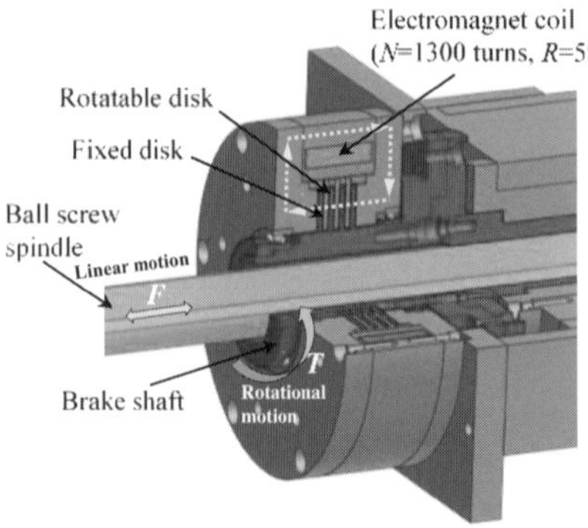

(b)　MR 流体多孔質コンポジット多層円盤型回転ブレーキ

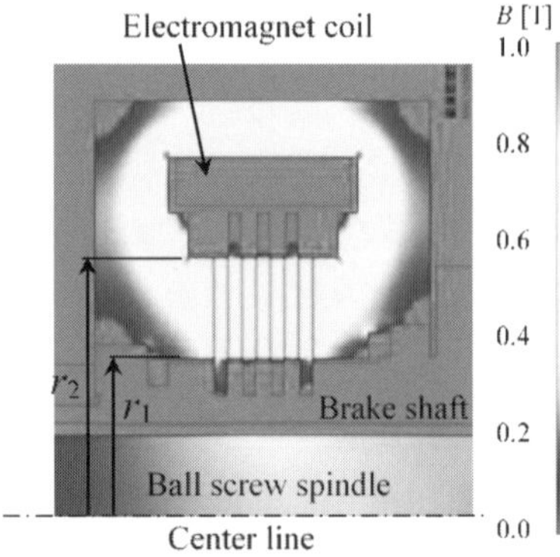

(c)　多層円盤型回転ブレーキ部の磁場解析結果 (I = 0.5 A))

図3.2.11　MR流体多孔質コンポジット回転ブレーキを活用した直動型ダンパ

力は29.7 kNと見積もることができる。この予測減衰力は、設計目標減衰力20 kNを十分に満たしている。

図3.2.12(a)には、正弦波加振時（f = 0.3 Hz、x_a = 50 mm）の変位xに対する発生減衰力Fのヒステリシス曲線を示す。すべてのコイル印加電流Iにおいて、矩形状のヒステリシス曲線を呈し、Iの増大に伴いその最大減衰力も大きくなり、最大印加電流I = 0.5 Aで減衰力は設計値の20 kNにほぼ達していることがわかる。また、図3.2.12(b)に示す減衰要素、摩擦要素、および慣性要素からなる機械モデルによって直動

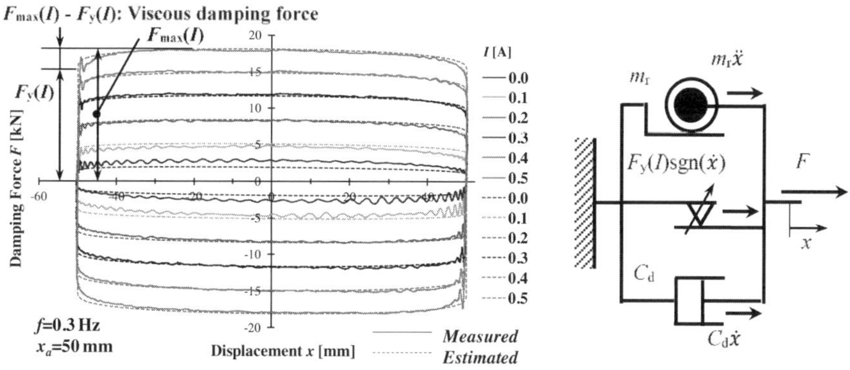

(a)　変位x－減衰力Fヒステリシスループ　　(b)　減衰力Fの機械モデル

図3.2.12　直動型MRダンパの変位x－減衰力Fヒステリシスループの印加電流Iによる変化特性とその機械モデル

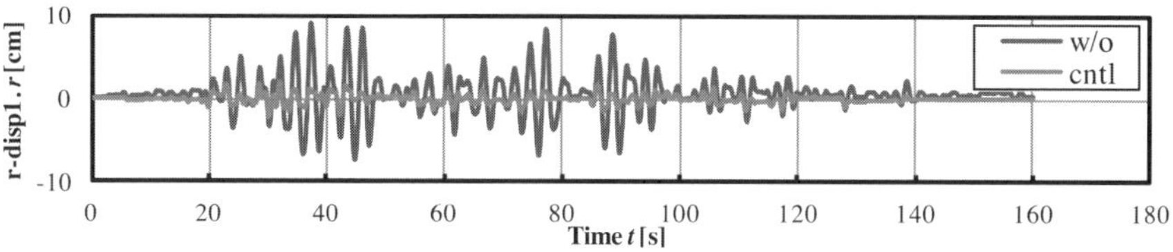

図3.2.13　MR流体多孔質コンポジット直動型ダンパからなるSDOF振動系の三の丸地震波に対する応答

型MRダンパの減衰力Fを表すことができ、図3.2.12(a)のヒステリシスループは図中破線で示すように良好に再現できている。

本MR流体多孔質コンポジットブレーキを用いた直動型MRダンパ、物体（建築構造物に相当）、ばねからなる一自由度振動系を振動台に乗せ、免震制御を行った試験結果の一例を図3.2.13に示す。三の丸地震波に対する一自由度振動系の物体の変位応答を示し、相対速度フィードバック制御を適用することにより、著しく物体の振動変位を低減できることがわかる。

3.2.5　おわりに

MR流体を多孔質体に含浸させたMR流体多孔質コンポジットは、不織布などの繊維状で弾性率の高い多孔質体を用い、さらに磁性体の接触材を用いることによりMR流体自身のMR効果よりかなり大きなMR効果を発揮することができる。そのため、MR流体多孔質コンポジットの特長であるMR流体中の分散粒子の沈降の回避や漏れシールを不要とするだけでなく、応用デバイスの小型・大出力化を可能とするポテンシャルを有している。今後、MR流体多孔質コンポジットの機能性と特徴を最大限に活用した回転・並進型のブレーキやダンパ、クラッチなどへの応用とともに、分散粒子の沈降が問題となる建築構造物の免震・制振装置への応用が期待される。

＜参考文献＞

1) J.D. Carlson and M.R. Jolly：“MR Fluid, Foam and Elastomer Devices”, Mechatronics, **10**, 4-5, pp.555-569 (2000-6).

2) 中野政身：“MR流体コンポジットの開発とその応用”, フルードパワーシステム, **42**, 1, pp.41-44 (2011-1).

3) 中野政身, 金丸哲也：“MR流体コンポジットのレオロジー特性とその動的機械モデル”, 日本機械学会第84期流体工学部門講演会CD-ROM版講演論文集, Paper No.210, pp.1-4 (2006-10).

4) 中野政身, 熊坂利治, 工藤亮介：“MR流体コンポジットブレーキの開発とそのコイル巻線用線材張力制御装置への応用”, 日本機械学会論文集(B編), **75**, 753, pp.993-999 (2009-5).

5) 中野政身, 他2名:“コイル巻線用テンション制御方法とその装置”, 特許第4458728号 (2010).

6) M. Nakano, J. Yang, S.S. Sun, A. Totsuka and A. Fukukita：“Development and Damping Properties of a Seismic Linear Motion Damper with MR Fluid Porous Composite Rotary Brake”, Smart Materials and Structures, **29**, 11, Article No.115043, pp.1-13 (2020-10).

3.3 ドライMR流体

3.3.1 はじめに

MR流体は、シリコーンオイル等の液体の分散媒中にμmサイズの強磁性体微粒子を分散させた懸濁液である。MR流体の応用に際して無磁場時のエネルギー損失を僅少にすることと、磁場印加による降伏せん断応力の変化幅を大きくすることなどの観点から、MR流体の無磁場時の基底粘度は低い方が好ましいとされており、低粘度の分散媒オイルが用いられ、かつ粘度上昇を伴うことから粒子体積分率の上限も存在する。また、MR流体の使用温度範囲もオイル等の分散媒の沸点や凝固点に依存する。さらに、MR流体の長期間静置時の分散した鉄粒子の沈降も応用に際して問題となる場合もある。このように、MR流体がシリコーンオイル等の液体を分散媒としている関係から、MR流体の諸特性への種々の制約や限界が生じてくる。

以上のような、現状のMR流体に関する分散媒として液体を用いることによる諸制約や限界を踏まえて、分散媒として液体を用いないで気体を用いるドライMR流体が提案されている[1)～4)]。分散媒として気体を用いることにより、最も高い粒子体積分率で分散が可能となるため、MR流体のMR効果の向上、粒子沈降の回避、使用温度範囲の拡大、応答性の向上など様々な特性の向上が期待される。本節では、オイルフリーで最も身近な空気を分散媒としてμmサイズの鉄粒子を分散した粉体からなり流動性を高めたドライMR流体に関して、その流動性の向上と磁気レオロジー特性などについて記述し、上述したように、ドライMR流体が比較的過酷な使用条件でも適応可能なことから、車両の動力伝達・制動系へのドライMR流体の応用例について紹介する。

3.3.2 ドライMR流体の創製[3) 4)]

オイル系MR流体と同様に、分散粒子としてμmサイズのカルボニル鉄粒子（CIP CS6.6μm、BASF Japan）を用い、ドライMR流体としての流動性を向上させるために、摩擦式粉砕機でこのカルボニル鉄粒子の表面をナノシリカ粒子（Fumed silica、Aerosil300, ～7 nm）でコーティングしてCore-shell構造としている。すなわち、ドライMR流体は、表面をナノシリカ粒子でコーティングしたカルボニル鉄粒子からなる流動性の高い磁性粉体ということになる。図3.3.1(a)および(b)には、それぞれカルボニル鉄粒子そのものと0.26 wt%のナノシリカ粒子でコーティングしたカルボニル鉄粒子の表面のSEM写真を示す。図3.3.1(b)では、ナノシリカ粒子がμmサイズのカルボニル鉄粒子表面にコーティングされたCore-shell構造が観察される。

また、図3.3.2には、カルボニル鉄粒子だけからなる磁性粉体と高流動性のドライMR流体の磁性粉体の外観写真を示す。カルボニル鉄粒子だけからなる磁性粉体（図(a)）は流動性に乏しく粉体の塊が多く

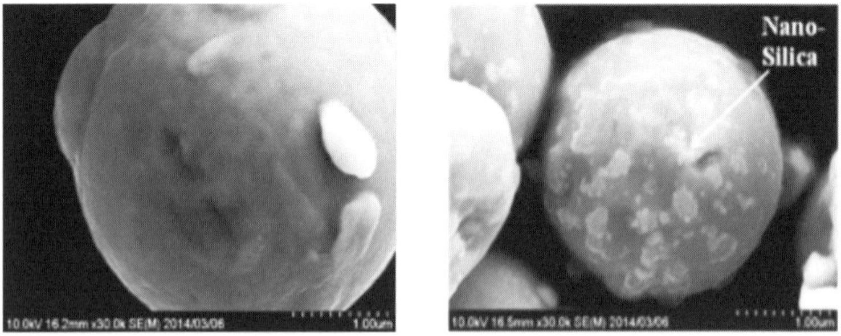

(a)　SiO_2：0.0 wt%　　(b)　SiO_2：0.26 wt%

図3.3.1　カルボニル鉄粒子そのものと、ナノシリカ粒子でCore-shellコーティングしたカルボニル鉄粒子のSEM写真

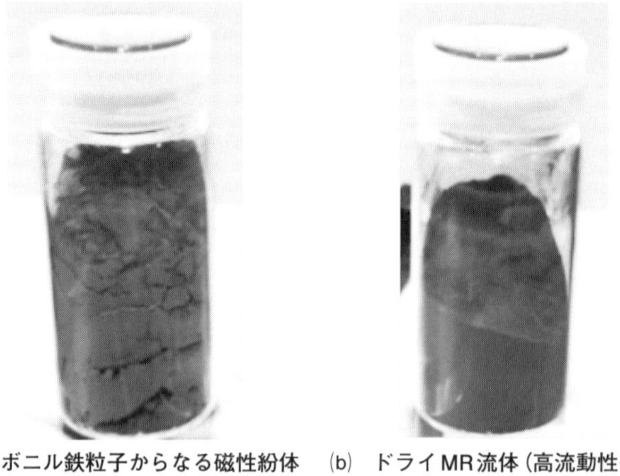

(a)　カルボニル鉄粒子からなる磁性紛体　(b)　ドライMR流体（高流動性の磁性粉体）

図3.3.2　カルボニル鉄粒子そのものとドライMR流体の磁性粉体の外観

存在し外観に凹凸が観られるが、ドライMR流体の磁性粉体（図(b)）はその表面が全体的に滑らかで高い流動性があることがわかる。

3.3.3　ドライMR流体の流動性向上と磁気レオロジー（MR）特性

(1)　流動性とMR効果の評価[3)4)]

ドライMR流体の流動性は、コーティングするナノシリカ粒子の添加量が増えるに伴い向上する。一方、非磁性体であるナノシリカ粒子の添加量が増すにつれてMR効果は低下するので、流動性を向上させながらMR効果を低下させない最適な添加量が重要となる。そのため、カルボニル鉄粒子に対するナノシリカ粒子の添加量（重量分率）を、0.00、0.26、0.49、1.00、5.00、10.00、30.00 wt%とした7種のドライMR流体の試料が創製され、図3.1.4に示す磁場印加型の平行二円盤レオメータを用いて、その流動性に関してせん断速度が1.0 s^{-1}の際の無磁場時のせん断応力を測定しその大小で評価し、MR効果に関してはせん断速度が100 s^{-1}の際の磁場を印加した際のせん断応力を測定して評価している。レオメータの平行二円盤間には自然の状態でドライMR流体が充填され25%の体積圧縮をして間隙h = 0.5 mmで測定している。

ドライMR流体の流動性の評価のために、図3.3.3にはせん断速度が1.0 s^{-1}の際の無磁場時のせん断応力のナノシリカ粒子（SiO_2）の添加量wt%による変化を示す。僅かなSiO_2の添加によって急激にせん断応力が低下し、SiO_2が0.5 wt%程度以上で特に顕著に低下しており、著しい流動性の向上が認められる。しかしながら、それ以上添加量を多くしても大きなせん断応力の低下は得られておらず、流動性の更なる向上は認められない。ドライMR流体のMR効果の評価のために、図3.3.4には、せん断速度100 s^{-1}一定の場合に、一定の印加磁束密度の下（B = 0.13、0.30、0.50、0.89 T）でドライMR流体のSiO_2の添加量wt%を変化した場合の誘起せん断応力の変化特性を示す。いずれの印加磁束密度Bにおいても、SiO_2の添加量が多くなるほどせん断応力は急激に低下し、SiO_2 = 5 wt%程度でせん断応力が約半減している。図3.3.3および図3.3.4から、流動性の向上を維持しながら、大きなMR効果を得るためには、SiO_2 = 0.5 wt%程度の添加量が最適であるといえる。

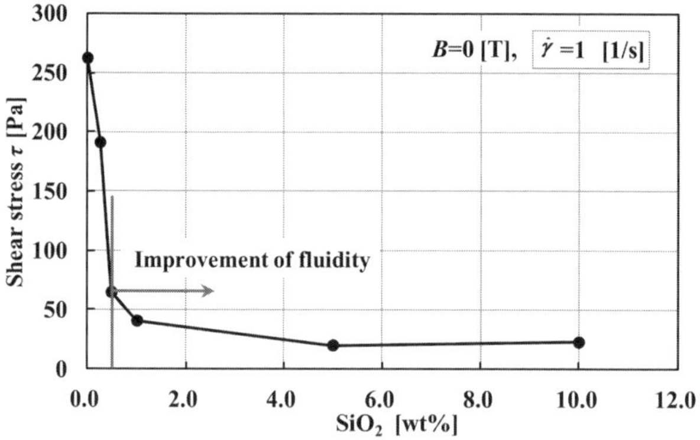

図3.3.3　ドライMR流体の無磁場時のせん断応力のSiO_2添加量による変化

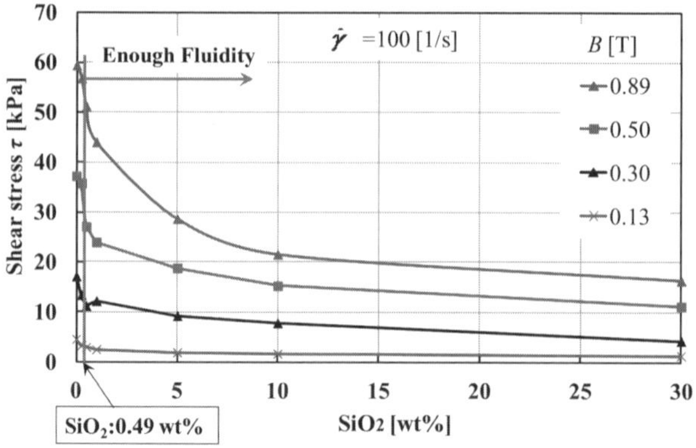

図3.3.4　ドライMR流体の一定印加磁場下でのせん断応力のSiO_2添加量による変化

(2)　定常的なMR特性[3,4]

図3.3.5には、その最適なSiO_2 = 0.49 wt%の添加量のドライMR流体の印加磁束密度Bに対する流動曲線（せん断応力－せん断速度曲線）の変化を示す。ドライMR流体の定常的なMR特性は、オイル等を分散媒とした通常のMR流体と同様に、印加磁場によって降伏せん断応力が誘起されるビンガム流体に類似した特性を示すことがわかる。せん断速度の増大に伴いせん断応力がほんの僅かに低下する傾向を呈するが、せん断速度には大きく依存せずほぼ一定のせん断応力を示すといえる。SiO_2の添加量wt%の異なる各ドライMR流体に関して、せ

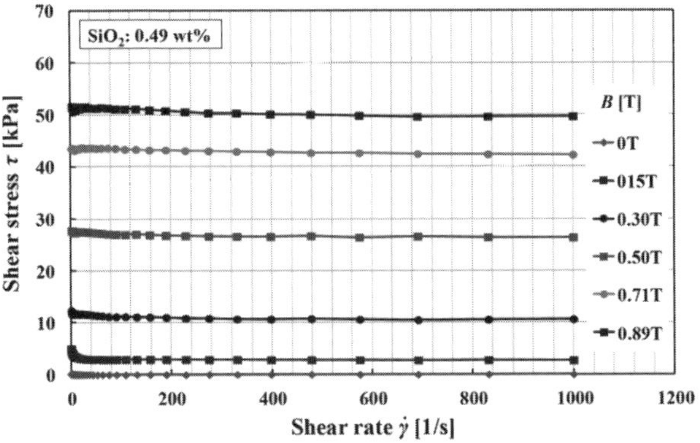

図3.3.5　ドライMR流体(最適添加量：SiO_2＝0.49 wt%)のせん断応力－せん断速度曲線

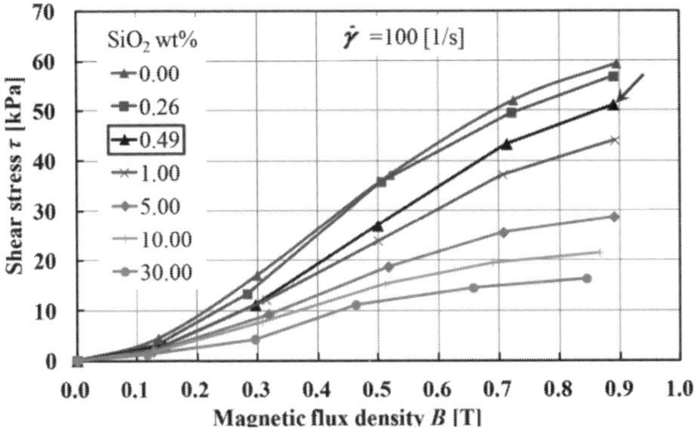

図3.3.6　異なったSiO_2添加量のドライMR流体の印加磁束密度Bに対するせん断応力の変化(せん断速度100 s^{-1}一定)

ん断速度100 s^{-1}一定の場合の印加磁場Bの変化に対する誘起せん断応力の変化を図3.3.6に示す。いずれのドライMR流体の場合でも、せん断応力は印加磁場Bに対してほぼ二次曲線的に増加し、約$B = 0.5$ T程度以上でその増加割合は若干低下し始めるが$B = 0.9$ T程度でも増加し続けている。SiO_2の添加量wt%が多くなるほど、せん断応力の印加磁場Bに対する増加割合は低下し、添加量が最適とされる$SiO_2 =$ 0.49 wt%のドライMR流体では、$B = 0.9$ Tで$\tau = 50$ kPaのせん断応力を呈しており、高いMR効果を発揮している。

⑶　MR効果の動的粘弾性特性[3,4]

レオメータの上側円盤に往復回転振動を与えて各ドライMR流体の動的粘弾性特性が計測されている。図3.3.7には、その一例として、最適なSiO_2の添加量とされる0.49 wt%のドライMR流体に関して、印加磁束密度$B = 0.5$ T、振動周波数$f = 1.0$ Hzの条件下での貯蔵弾性率G'、損失弾性率G''および損失正接tanδのせん断応力振幅τ_aに対する変化を示す。せん断応力振幅τ_aの増大に伴いG'が徐々に低下しG''およびtanδが徐々に上昇し始める$\tau_a = 9$ kPaを弾性降伏せん断応力として定義でき、その左側（$\tau_a < 9$ kPa）では弾性的特性が支配的な線形粘弾性特性を呈する。$\tau_a > 9$ kPaの範囲では、τ_aが大きくなるにつれて粘性的特性が加わり、$\tau_a = 30$ kPa程度付近でG'およびG''が急激に低下し完全な降伏現象が加わり、非線形粘弾性特性が支配的になる。$\tau_a < 9$ kPaの弾性的特性が支配的な線形粘弾性域では、貯蔵弾性率G'がほぼ一定値を示すことが特徴的であり、完全弾性体としての振舞を呈する。また、G'およびG''が急激に低下するせん断応力振幅値約30 kPaに相当する動的降伏せん断応力（線形粘弾性と非線形粘弾性領域の境界に相当）は、図3.3.5に示す定常的なMR効果から判断できる降伏せん断応力値約28 kPa（流動曲線と縦軸との交点）とほぼ一致しているといえる。

図3.3.8には、ドライMR流体のSiO_2の添加量によるせん断応力振幅τ_aに対する貯蔵弾性率G'の変化特性を示す。SiO_2の添加量が増す

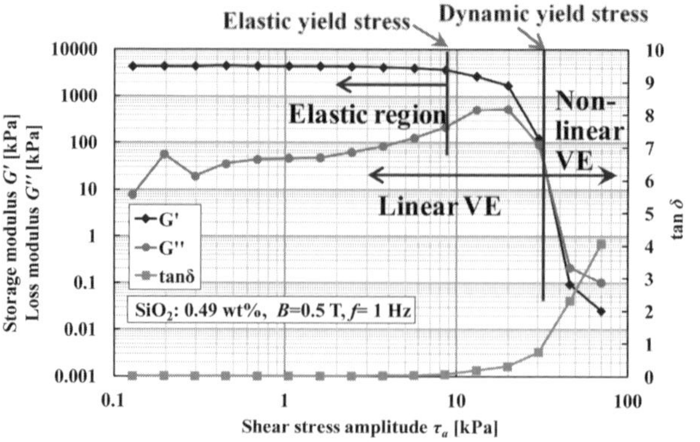

図3.3.7　最適化されたドライMR流体の動的粘弾性特性（せん断応力振幅 τ_aスイープ試験）

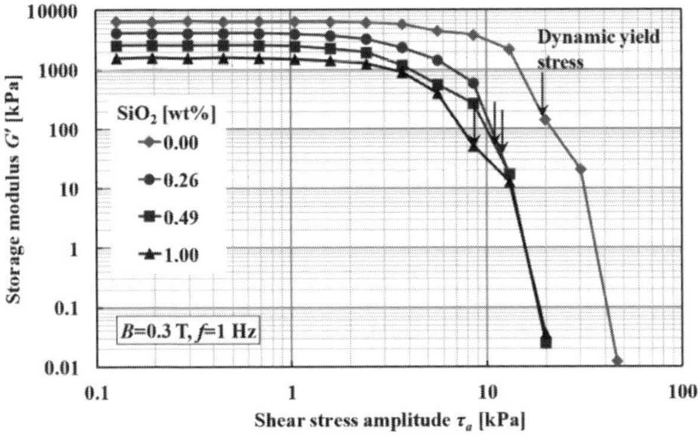

図3.3.8　ドライMR流体のSiO_2添加量による貯蔵弾性率G'の変化特性（せん断応力振幅τ_aスイープ試験）

につれて、貯蔵弾性率G'がほぼ一定値を示す線形粘弾性領域でのG'の一定値は低下し、τ_aの上昇に伴いG'が急激に低下する動的降伏せん断応力値も低下している。すなわち、このことは、図3.3.4で示したようにSiO_2の添加量の増大に伴いMR効果が低下することを示している。

3.3.4　ドライMR流体の粒子クラスター形成および単純せん断流れでの粒子クラスター・カラムの挙動[4), 5)]

図3.3.9には、SiO_2の添加量が最適な0.49 wt％と比較的多い5.00 wt％のドライMR流体にB = 0.3 Tの磁場を印加した際に形成される静的な粒子クラスター構造をデジタルマイクロスコープによって可視化観察した結果を示す。SiO_2 = 0.49 wt％のドライMR流体では、全体的に不均一なネットワーク構造を形成しているのに対して、SiO_2 = 5.00 wt％のドライMR流体では、個々の粒子クラスターがより集合した粒子クラスター群とより広い粒子クラスターの存在しない空間とが観察されるとともに、余分なSiO_2の凝集塊が空いた空間に点在しており、明らかに弱いクラスター構造を呈していることがわかる。

ドライMR流体が回転型のMRブレーキやクラッチへ適用されることから、そのせん断流れモードにおけるMR効果と粒子クラスターやカラム構造の形成と崩壊現象との関連性が重要となる。そのため、開発された1.0 T程度までの比較的高い磁場下でのMR流体の単純せん断流れを形成する装置を用いて、その粒子クラスターやカラム挙動の可視化観察が行われている。図3.3.10には、印加磁場B = 0.8 T、せん断速度 = 1.0 s^{-1}一定でのドライMR流体の単純せん断流れにおいて、ナノシリカ粒子SiO_2の添加の有無による粒子クラスター・カラム構造とその崩壊・再結合の挙動の違いを比較して示す。SiO_2の添加の有無によらず、いずれのドライMR流体でも、磁場を印加した瞬間に中央回転ディスクおよび固定ディスクの両側から粒子クラスター・カラム構造を形成し、流体層の中央付近を境としてその崩壊と再結合が繰り返される。その粒子クラスター・カラムの崩壊・再結合の境界面は、ナノシリカ粒子を添加していないドライMR流体では、その位置が安定しておらず、流体層の中央付近にある場合もあれば、図3.3.10(a)に示すようにドライMR流体全体が中央回転ディスクに伴って流動し境界面が間欠的に不連続になる場合もある。一方、ナノシリカ粒子

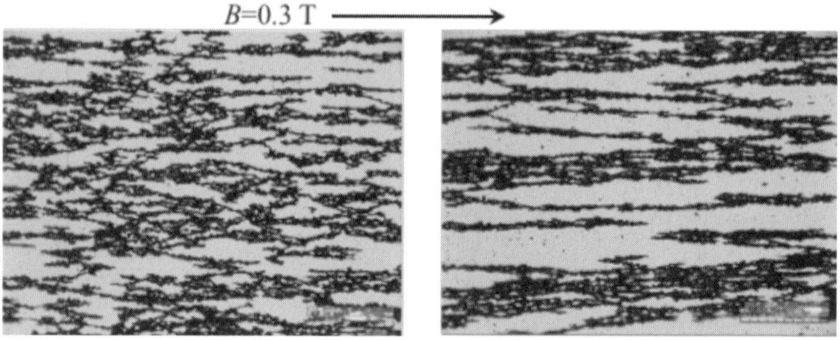

(a)　SiO_2：0.49 wt%　　(b)　SiO_2：5.00 wt%

図3.3.9　ドライMR流体の可視化された粒子クラスター構造

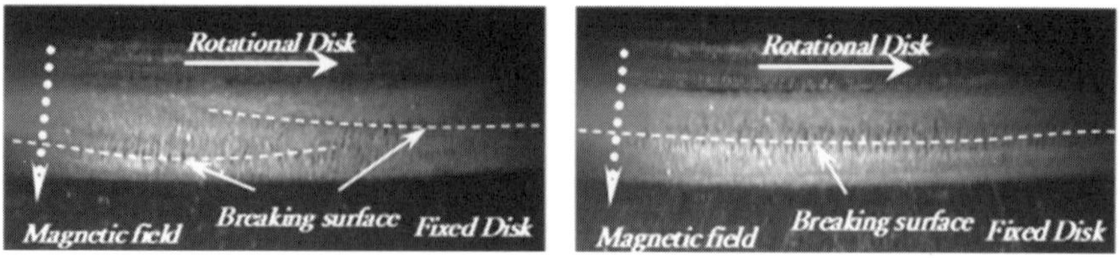

(a)　SiO_2：0.0 wt%　　(b)　SiO_2：10.0 wt%

図3.3.10　ドライMR流体の単純せん断流れにおける粒子クラスター・カラムの崩壊・再結合の挙動(せん断速度1.0 s^{-1}、B＝0.8 T)

の添加量が多くなるほど、図3.3.10(b)で観察されるように、境界面は流体層のほぼ中央付近に安定的に位置し、ディスク両側から形成された粒子クラスター・カラムがこの面を境にして崩壊と再結合を繰り返すようになる。これはドライMR流体の流動性が向上していることに起因している。

3.3.5　ドライMR流体の車両用ブレーキへの応用と超小型EVへの実装

ドライMR流体は流動性の高い磁性粉体であることから、その応用に際しては、3.1.5で分類した流れ形態の中、流体の圧力変化に変換する圧力流れモードやスクイーズ流れモードには適しておらず、せん断力を可変するせん断流れモードが適用される。また、オイルフリーであることから、車両に要求される－40～150℃程度の運転温度範囲などのかなり過酷な条件下でも使用できることから、車両等の動力伝達・制動系への応用も期待できる。既存のMR流体を車両の各種デバイスに応用する場合には、MR流体がオイル等の液体を分散媒としていることから、低温時の粘度上昇が問題となる場合が多い。特に、クラッチやブレーキ等の動力伝達・制動装置に活用する場合には、低温環境下でのMR流体の粘度上昇による引摺りトルクの著しい増大が問題となる。その解決策として、オイルフリーのドライMR流体の使用が有効な手段となる。本節では、ドライMR流体の応用事例として、車両用の車輪ブレーキへの応用とその超小型EVへの実装と走行試験等について紹介する。

(1)　車両用ドライMR流体ブレーキの開発

ドライMR流体を車両用の車輪ブレーキに応用することが試みられている[6) 7)]。開発された車両用ドライMR流体ブレーキは、図3.3.11(a)に示すように、車両側に固定された円盤（2枚）とハブベアリングと一緒に回転する円盤（3枚）が交互に配置された円盤間間隙0.5 mmの多層円盤間にドライMR流体（SiO_2：0.5 wt%）をかさ密度2.57 g/cm^{3}で充填した多層円盤型の構造をとっている。多層円盤外周に配置された円環状電磁コイル（線径ϕ0.8 mm、巻数260 turns）に電流を流すと、図3.3.11(b)に示すように固定電磁ヨークに磁界が発生して多層円盤間のドライMR流体に効果的に磁界が印加され（B = 0.7 T at I = 2.0 A）、回転円盤3枚にドライMR流体のせん断力が働きブレーキとして作動

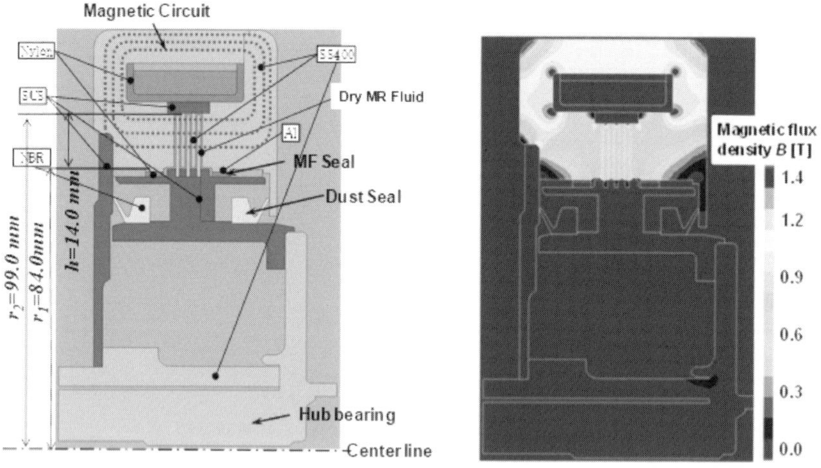

(a)　ドライMR流体ブレーキの構造　　　　(b)　磁場解析結果（I＝2.0 A）

図3.3.11　ドライMR流体を用いた車両用ブレーキ

する。電磁コイルへの印加電流IによってドライMR流体への印加磁場を可変して回転円盤に働くドライMR流体のせん断力を変えることによりブレーキの制動トルクが可変となる。図3.3.12には、ドライMR流体ブレーキの制動トルクの20秒間の電流Iの印加に対する時間応答を示す。コイル電流Iの印加に対して、制動トルクは瞬時に上昇してある一定値を保持し、電流のOFFに対して瞬時に引き摺りトルクに戻っている。電流印加時の制動トルクのレベルは印加電流の増加に伴い上昇し、図3.3.13に示すように、I = 2.5 A印加時に設計目標トルク160 Nmを上回る最大180 Nmの制動トルクが得られている。同図に併記してある設計時の予測トルクともほぼ一致している。なお、コイル印加電流I（電流フィードバック制御付き電流アンプ（電流立ち上がり時間5ms程度）使用）の目標電圧のステップ入力に対する制動トルクの過渡応答は、立上がりの時定数が22 msで、立下り時には12 msと計測されており、3.1.8(3)で取りあげているほぼ同サイズのオイル系MR流体を用いた車両用ブレーキ（立上がり時定数30 ～ 40 ms、立下り時定数17 ～ 20 ms）と比較しても、かなり速い応答を示している。

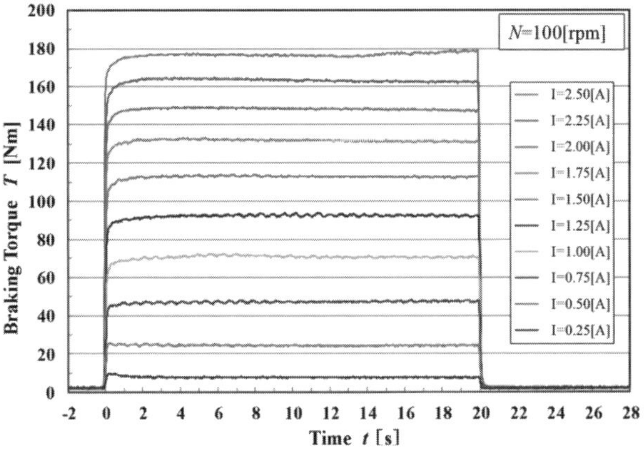

図3.3.12　ドライMR流体ブレーキの制動トルク*T*のON/OFF応答（印加電流*I*可変）

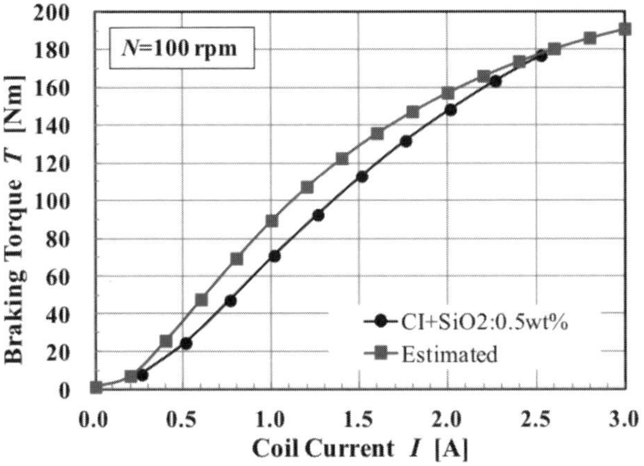

図3.3.13　ドライMR流体ブレーキの印加電流に対する制動トルク特性

⑵　開発したドライMR流体ブレーキの超小型EVへの実装

開発されたドライMR流体ブレーキの外観を図3.3.14の右図に示す。本ドライMR流体ブレーキ（外径ϕ244 mm、幅約54 mm）は、図中左に示す超小型EV（COMS, トヨタ車体製）の四輪の12 in.のホイール内のスペースに実装されている[6)][7)]。電線のみで繋がった完全なブレーキバイワイヤシステム（Brake by Wire System）を構築している。ブレーキペダルのブレーキ操作装置からの電気信号を電子制御装置が受け取

図3.3.14　四輪にドライMR流体ブレーキを実装した超小型EV

り、それに応じた電流をMR流体ブレーキに印加することでブレーキトルクが発生する単純な構成である。実際に走行試験が行われ、良好なブレーキ性能を発揮することが実証されている[7]。

3.3.6　おわりに

従来のオイル系MR流体がシリコーンオイル等の液体を分散媒としている関係から、オイル系MR流体の諸特性への種々の制約や限界が生じてくる。ドライMR流体は、オイルフリーで高い流動性を示す磁性粉体であるため、かなりの低温から高温まで広範な環境温度で使用可能であり、かつ更なる流動性の向上により各種MRデバイスに充填する際のドライMR流体のかさ密度を高めることによってドライMR流体自身のMR効果の一層の向上が見込める。ドライMR流体を用いることによるMR効果の向上、粒子沈降の回避、使用温度範囲の拡大、および応答性の向上など様々な特性の向上が期待されるため、今後、車両関係に留まらず、より広範な応用分野でのブレーキやクラッチとしての応用が期待される。

＜参考文献＞

1）　M. Nakano and H. Abe：“Magnetorheology of Novel Fluidic Powder”，Book of Abstracts of the 14th Int. Conf. on ER Fluids and MR Suspensions（ERMR2014），Granada Spain, Plenary speech, pp.24（2014-7）.

2)　中野政身，野間淳一："トルク伝達媒体及びこれを用いたクラッチ"，特許第6232026，(2017-10)．

3)　中野政身，阿部浩也，田瞳菲，戸塚厚，佐藤忠一郎："ドライMR流体の流動性向上とMR効果"，日本フルードパワーシステム学会平成28年春季フルードパワーシステム講演会講演論文集，pp.27-29 (2016-5)．

4)　M. Nakano, H. Abe, T. Tian, A. Totsuka and C. Sato："Magneto-Rheological Effects and Fluidity Improvement of Novel Dry MR Fluids"，USB Proceedings of the 10th JFPS Int. Symp. on Fluid Power (FUKUOKA 2017), Paper No. 1B11, pp.1-5 (2017-10)．

5)　中野政身，戸塚厚，佐藤忠一郎，田瞳菲，阿部浩也："ドライMR流体のせん断流れモードでの粒子クラスター挙動の可視化観察"，日本機械学会第94期流体工学部門講演会USB講演論文集，Paper No.1103, pp.1-2 (2016-11)．

6)　M. Nakano, O. Taguchi, F. Shibata, S. Sun, J. Yang and H. Abe："Development of Dry MR Fluid Brake for Super-compact Electric Vehicle"，USB Proceedings of 16th Int. Conf. on Flow Dynamics (ICFD2019), pp.392-393 (2019-11)．

7)　M. Nakano："Development of Dry MR Fluid Automotive Brake of Multi-disks Type for a Super-compact Electric Vehicle", Abstracts Book of the 17th Int. Conf. on ER Fluids and MR Suspensions (ERMR2019), Wollongong Australia, Plenary speech, pp.9-11 (2019-12)．

第4章

電気流体力学現象を呈す流体

誘電液体に高電界を与えると、液体内部に電気的な力が発生して流動が生じる電気流体力学（Electrohydrodynamics：EHD）現象を呈する機能性流体に関して、その現象の発現機構についてモデル解析によって詳述し、EHDポンプを対象にその数値解析結果を提示する。EHD現象を呈する誘電液体の中でも特に強い流動を呈する電界共役流体（Electro-Conjugate Fluid：ECF）に関してもその発現機構を詳述し、解析モデルによるシミュレーションによってその効果について解説する。EHD現象の応用としては、ECFのマイクロモータ、液冷用ポンプ、およびソフトアクチュエータ用のマイクロ液圧源などへの応用事例や、EHD現象を活用した多段EHDポンプを適用した人工筋ロボットアーム、揺動型アクチュエータの開発と多関節ロボットへの応用事例などを紹介する。

4.1　電気流体力学現象

誘電液体(絶縁性液体)に高電界を印加すると一般に流動が生じる。流動が生じる原因は、液体中にある余剰電荷（偏在している正または負のイオン）に作用するクーロン力により電荷が反対極性の電極に向けて泳動する際、中性の液体分子を引きずることにある。

流体中の電荷に作用する電気力に起因する流動現象を取り扱う学問を電気流体力学（Electrohydrodynamics、EHD）と呼んでおり、本節では電気流体力学（以下EHD）現象について記す。なお、流動の生じ易さは液体の種類によって異なり、流動が非常に生じ易い液体は電界共役流体(ECF)と呼ばれることもあるが、これについては次節で記す。

余剰電荷が生じる現象としては電荷注入と解離性分子の解離がある。図4.1.1の電極を例に余剰電荷生成機構を説明する。電極間に直流の高電圧を印加すると電極角部とその近傍に高電界が形成される。高電界が作用すると電極とそれに接している中性分子の間で電子の移動が生じ、電極と同一極性のイオンが生成される。これを電荷注入(charge injection）と呼んでいる。電荷注入現象は、液体の種類により正負いずれかの電極での発生が観察されることが多く、電荷が注入される電極をエミッタ(emitter)、他方の電極をコレクタ(collector)と呼ぶ。

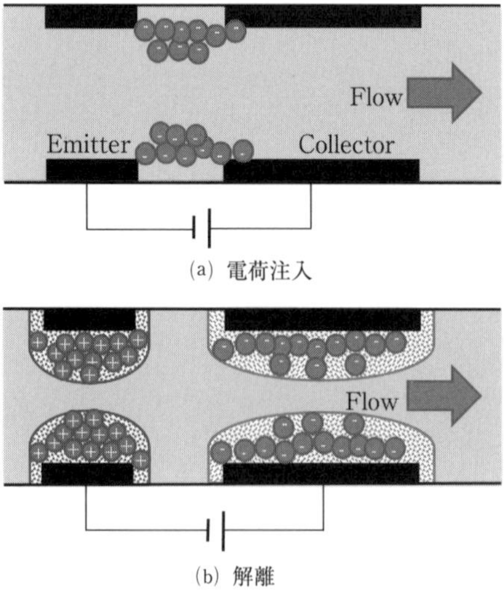

(a) 電荷注入

(b) 解離

図4.1.1　電荷注入と解離

一方、誘電液体であっても解離性分子の解離などにより液体中にイオンが存在する。電界を印加すると正のイオンと負のイオンはそれぞれ反対極性の電極に向けて泳動し、この間中性の液体分子を引きずる。左右対称形状の電極であれば両方向に向けて生じる流れはほぼ相殺されるため、巨視的な流動はあまり生じない。しかし、図4.1.1に示すように電極を左右非対称形状にすることで各電極に向かう流れの強さに差が生じるため、一方向に向かう巨視的な流れが生じる。解離現象は電界の増加に伴って解離速度が増大するため、解離イオン濃度が高くなる。

EHD現象の代表的な応用はポンプである。電荷注入現象により生じた電荷に作用するクーロン力を駆動力とするEHDポンプはイオンドラッグポンプ（ion drag pump）と呼ばれ、古くから多くの研究が報告されている[1)～5)]。その後、解離電荷を利用するポンプも研究されるようになり、このポンプは伝導ポンプ（conduction pump）と呼ばれている[6),7)]。いずれのポンプでも液体中の電荷に作用するクーロン力により泳動する電荷が流れを引き起こすという点は同じである。実際の液体中では高電界の印加により，電荷注入と解離の両方が生じていると考えるのが妥当である[8),9)]。

4.1.1　基礎式

EHD現象を記述する基礎式を以下に記す。流れ場を記述する式は連続の式とNavier-Stokesの式であり、電場を記述する式は電荷の保存則とガウスの式である。定常、層流、非圧縮性、外力はクーロン力のみとするとこれらの式は以下のように表される[8),9)]。各式中の記号の説明を表4.1.1にまとめている。

- 連続の式

$$\nabla \cdot \mathbf{v} = 0 \tag{4.1.1}$$

- Navier-Stokesの式

$$(\mathbf{v} \cdot \nabla)\mathbf{v} = -\frac{1}{\rho}\nabla p + \nu \nabla^2 \mathbf{v} + \mathbf{f} \tag{4.1.2}$$

$$\mathbf{f} = -\frac{q_t}{\rho}\nabla \phi \tag{4.1.3}$$

• 電荷の保存則

$$\begin{pmatrix} \nabla\cdot\mathbf{j}_{in+} \\ \nabla\cdot\mathbf{j}_{in-} \\ \nabla\cdot\mathbf{j}_{+} \\ \nabla\cdot\mathbf{j}_{-} \end{pmatrix} = \begin{pmatrix} 0 \\ 0 \\ k_r\left(w_0^2 F(E) - qw\right) \\ k_r\left(w_0^2 F(E) - qw\right) \end{pmatrix} \tag{4.1.4}$$

$$\begin{pmatrix} \mathbf{j}_{in+} \\ \mathbf{j}_{in-} \\ \mathbf{j}_{+} \\ \mathbf{j}_{-} \end{pmatrix} = \begin{pmatrix} \mu_{in+} q_{in}\mathbf{E} + q_{in}\mathbf{v} - D_i \nabla q_{in} \\ -\mu_{in-} w_{in}\mathbf{E} + w_{in}\mathbf{v} - D_i \nabla w_{in} \\ \mu_{+} q\mathbf{E} + q\mathbf{v} - D_i \nabla q \\ -\mu_{-} w\mathbf{E} + w\mathbf{v} - D_i \nabla w \end{pmatrix} \tag{4.1.5}$$

$$F(E) = \frac{k_d}{k_{d0}} = \left(\frac{\sigma}{\sigma_0}\right)^2 = (\gamma E + 1)^2 \tag{4.1.6}$$

$$k_r = \frac{\mu_+ + \mu_-}{\varepsilon} \tag{4.1.7}$$

$$w_0 = \frac{\sigma_0}{\mu_+ + \mu_-} \tag{4.1.8}$$

• ガウスの式

$$\nabla^2 \phi = -\frac{q_t}{\varepsilon} \tag{4.1.9}$$

$$q_t = q_{in} - w_{in} + q - w \tag{4.1.10}$$

表4.1.1　記号表

D_i	イオンの拡散係数 [m^2/s]	$\mathbf{v}$	流速 [m/s]
E	電界の大きさ [V/m]	w	負の解離電荷密度 [C/m^3]
$\mathbf{E}$	電界 [V/m]	w_{in}	負の注入電荷密度 [C/m^3]
$\mathbf{f}$	クーロン力 [N/kg]	w_0	$E=0$ のときの w (=q_0)　[C/m^3]
$\mathbf{j}_{in+}$	正の注入電荷の電流密度 [A/m^2]	γ	導電率勾配 [m/V]
$\mathbf{j}_{in-}$	負の注入電荷の電流密度 [A/m^2]	ε	流体の誘電率 [F/m]
$\mathbf{j}_{+}$	正の解離電荷の電流密度 [A/m^2]	μ_+	正の解離電荷の移動度 [m^2/V·s]
$\mathbf{j}_{-}$	負の解離電荷の電流密度 [A/m^2]	μ_-	負の解離電荷の移動度 [m^2/V·s]

k_d	解離係数［C/mol·s］	μ_{in+}	正の注入電荷の移動度［m²/V·s］
k_{d0}	$E=0$ のときの k_d［C/mol·s］	μ_{in-}	負の注入電荷の移動度［m²/V·s］
k_r	再結合係数［m³/C·s］	ν	流体の動粘度［m²/s］
p	圧力［Pa］	ρ	流体の密度［kg/m³］
q	正の解離電荷密度［C/m³］	σ	流体の導電率［S/m］
q_{in}	正の注入電荷密度［C/m³］	σ_0	$E=0$ のときの σ［S/m］
q_t	全電荷密度［C/m³］	ϕ	電位［V］

電荷密度は正負いずれの電荷も非負の値として定義しているため、全電荷密度は式(4.1.10)のように表される。式(4.1.4)中の第3式、第4式の右辺第1項は解離による電荷の生成、第2項は正負の解離電荷の再結合による消滅を表す。第1項中の関数 $F(E)$ は電界の増加に伴う解離の促進を表しており[10)]、式(4.1.6)により近似できる[11)]。

解離電荷による流れ場やポンプ特性に関しては、物性値情報が分かれば上記のモデルにより数値解析が可能である。一方、電荷注入に関しては物性値や印加電界の値などの情報から注入電荷密度を特定することができず、現状では実験データとの比較により決定する方法を取らざるを得ない。注入電荷密度を与える式(4.1.11)が提案され、ポンプ特性や流れ場の数値解析結果が実験結果と比較的よく一致することが報告されている[12),13)]。

$$q_e = k\left(E_{static} - E_{thres}\right) \tag{4.1.11}$$

ここで、q_e は注入電荷密度、E_{static} は電荷注入部の静電界強度で静電場解析により求められる。E_{thres} は電荷注入現象が生じ始めるときの E_{static} の値であり、EHD流れが起こり始める印加電圧から求めることができる。ただし、通常は $E_{static} >> E_{thres}$ である。k は液体の種類ごとに固有の値（ただし、温度に依存）と考えられるが、理論的に求めることはできず、ある条件における流速あるいはEHDポンプの発生圧力が実測値と一致するように決定する方法が提案されている[12),13)]。

4.1.2　EHDポンプの特性

EHD流れやEHDポンプの特性を理解するには電荷分布とそれに依存するクーロン力分布を知ることが有益である。しかし、それらを計測することは極めて困難であるため，数値解析が有効な手段となる。図4.1.2に示す電極を用いて数値解析を行い、ポンプ特性や内部の流れに及ぼす注入電荷や解離電荷の影響が調査されている[9]。

図4.1.3～4.1.5は、EHD流れが比較的生じやすいセバシン酸ジブチル（DBS）の物性値を用いて数値解析を行った結果[9]であり、電荷密度分布(図4.1.3)、クーロン力分布(図4.1.4)、速度分布(図4.1.5)を示している。各図において､電荷注入現象のみを考えた場合(各図の(a))、解離現象のみを考えた場合（各図の(b))、両現象を考えた場合（各図の(c)）が示されている。DBSは正極側から電荷注入が生じやすいため、エミッタ電極を正極としている。

電荷注入現象のみを考えた場合、注入電荷はエミッタとコレクタの間で比較的薄い層を通過してコレクタに到達する（図4.1.3(a)）。このため、クーロン力が作用する領域は電極間に制限されるが、流体を右向きに押す力が作用していることがわかる（図4.1.4(a)）。この力が作用することで流れ方向に圧力が上昇する。

解離現象のみを考えた場合、電極周囲の広範囲にわたって電極と反対極性の解離電荷が分布する(図4.1.3(b))。これにより広い範囲でクーロン力が作用するが（図4.1.4(b))、逆向きの力の大部分が相殺されるため、流体を右向きに押す力は全体としては弱くなり、圧力上昇量は

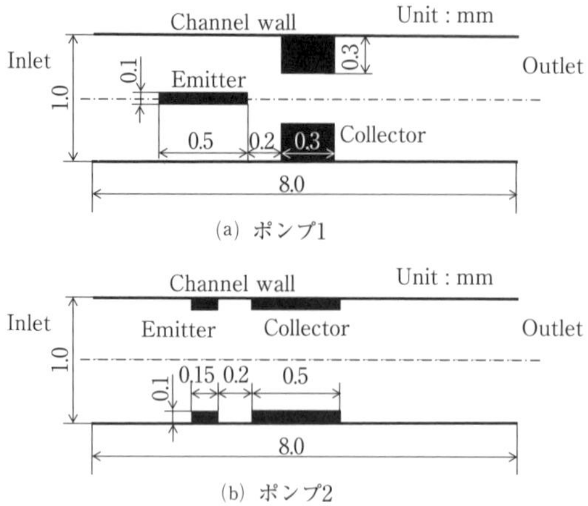

図4.1.2　2種類のEHDポンプ

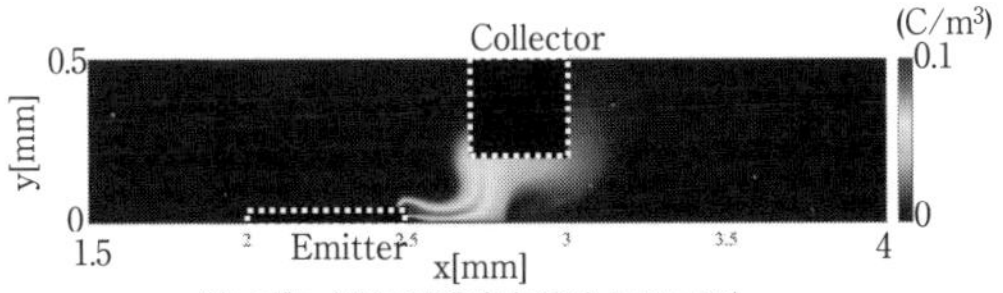

（色の濃い領域は電荷密度が0またはほぼ0）

(a) 電荷注入のみ

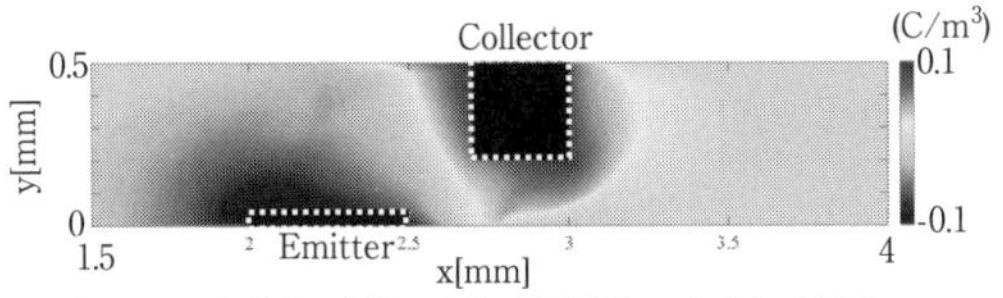

（エミッタ（正極）の周りには負の解離電荷，コレクタ（負極）の周りには正の解離電荷が厚く集積）

(b) 解離のみ

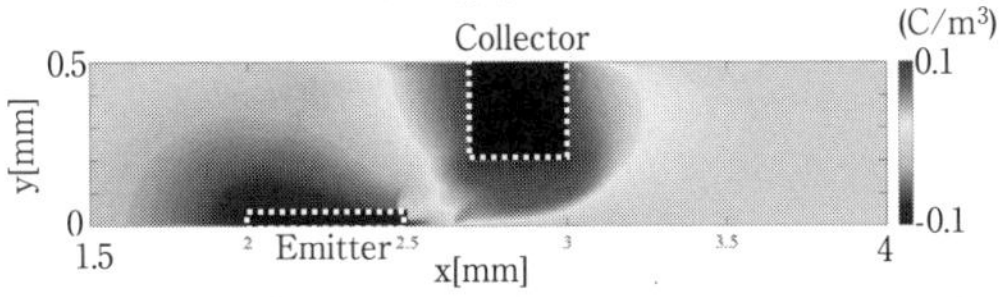

（エミッタ（正極）からの正電荷の注入により，エミッタ・コレクタ間の電荷密度分布が変化し，コレクタ周囲の正電荷の密度と厚みが増加）

(c) 電荷注入＋解離

図4.1.3　ポンプ 1における電荷密度分布（DBS，印加電圧＋2.0 kV，流量0）[9]

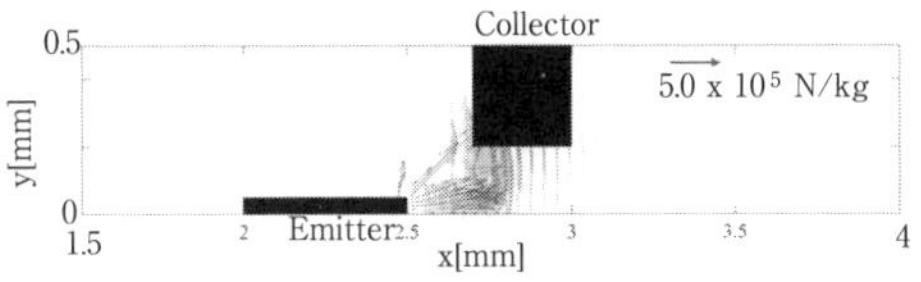

(a) 電荷注入のみ

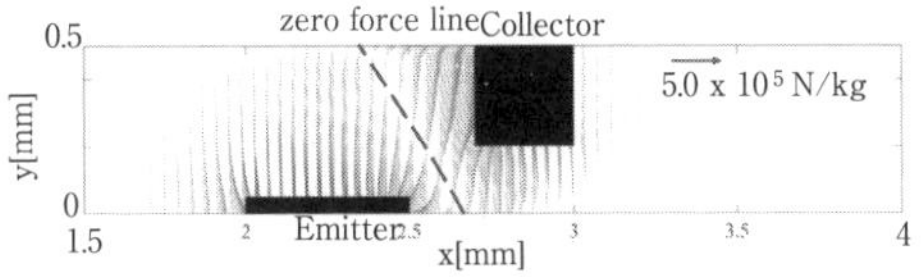

(b) 解離のみ

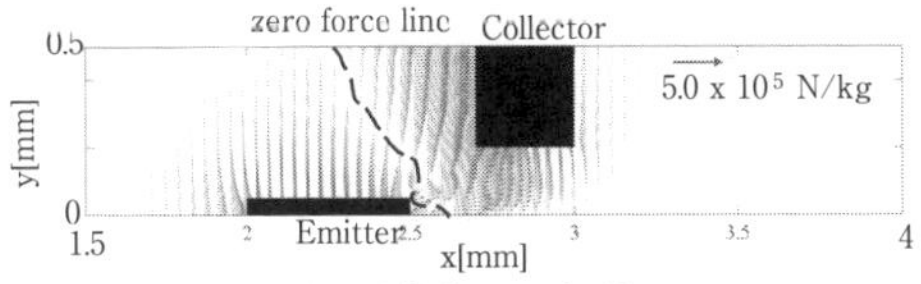

(c) 電荷注入＋解離

図4.1.4　ポンプ 1におけるクーロン力分布（DBS，印加電圧＋2.0 kV，流量0）[9]

電荷注入現象のみを考えた場合よりも低くなる（後述の図4.1.6(a)参照）。

電荷注入と解離の両方が生じるとした場合は、電荷密度分布は解離現象のみを考えた場合に類似しているが（図4.1.3(c)）、エミッタ電極から注入される正電荷により、両電極の角部を結ぶ線上とその周辺の電荷分布が変化することになり，右向きに作用するクーロン力が電極間で大きくなる（図4.1.4(c)）。その結果、圧力上昇量も高くなる（後述の図4.1.6(a)参照）。

図4.1.4に示すクーロン力分布の相違により、速度分布も図4.1.5に示すように異なる。電荷注入現象のみを考えると電荷が狭い範囲に分布することに起因して電極間で比較的大きな渦が形成されるが、DBSを用いて実際に測定した例では図4.1.5(c)のような速度分布が報告されている[13]。EHD現象を精度よく解析するためには、二つの電荷生成現象を考慮して数値解析を行うことが必要であることを示す一例である。

図4.1.6は、図4.1.2に示した2種類のEHDポンプの圧力-流量特性を数値解析で求めた結果である。この場合も電荷注入現象のみ（Only

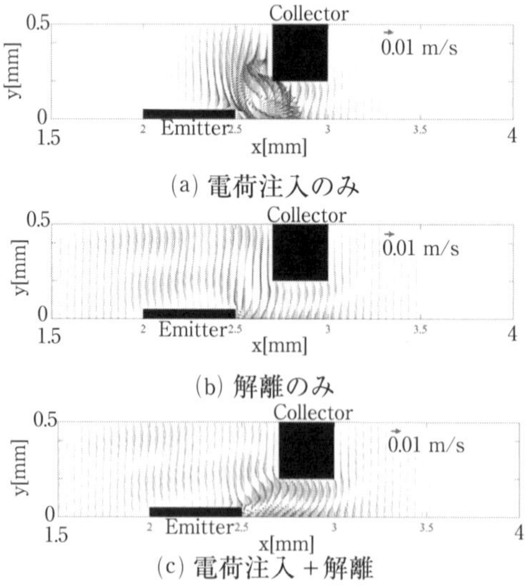

(a) 電荷注入のみ

(b) 解離のみ

(c) 電荷注入＋解離

図4.1.5　ポンプ1における速度分布（DBS，印加電圧+2.0 kV，流量0）[9]

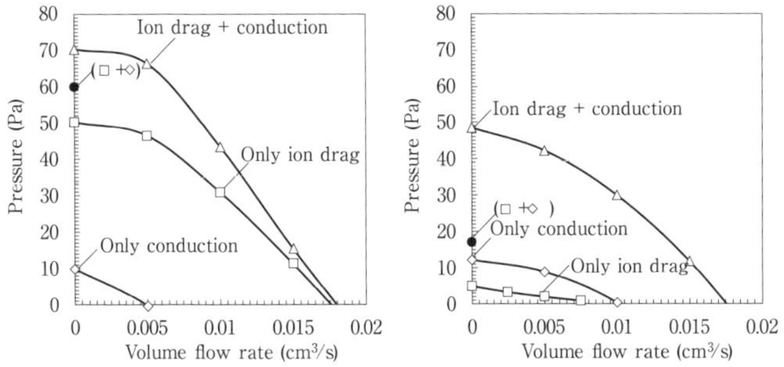

(a) ポンプ1　　(b) ポンプ2

図4.1.6 圧力-流量特性（DBS, 印加電圧+2.0 kV, 流量は流路幅5 mm当たり）[9]

ion drag）、解離現象のみ（Only conduction）、電荷注入現象＋解離現象（Ion drag + conduction）の3通りについて示している。

ポンプ1では注入電荷の作用が相対的に強く、解離電荷のみではあまり圧力が発生しない。縦軸上の●印は、電荷注入現象のみの場合と解離現象のみの場合の流量$Q = 0$における発生圧力を単純に加算した値である。それに対して、二つの電荷生成現象が生じるとした場合の圧力は、単純に加算した圧力よりも大きくなっており、両現象で生じた電荷の相互作用により発生圧力が高くなる方向に電荷密度分布、したがってクーロン力分布が変化することの結果であると考えられる。

ポンプ2では、注入電荷と解離電荷それぞれにより発生する圧力は小さいが、両現象により電荷が生成されるときはそれらの電荷の相互作用が顕著になり、発生圧力がかなり大きくなる。このように、注入電荷と解離電荷の相乗効果の程度は電極の形状によって大きく影響されることがわかる。

図4.1.7は、フッ素系溶剤（商品名Vertrel™ XF）を作動流体とし、図4.1.2（a）のEHDポンプを2組直列に配置したポンプの特性を異なる温度で調べた結果であり、数値解析結果との比較も示している[14]。この液体は負極から電荷注入が発生しやすいので、エミッタを負極としている。

作動液の温度が上昇するにつれて低流量での圧力は低下するが、最大流量は増加する。数値解析により、温度の上昇に伴って解離電荷に

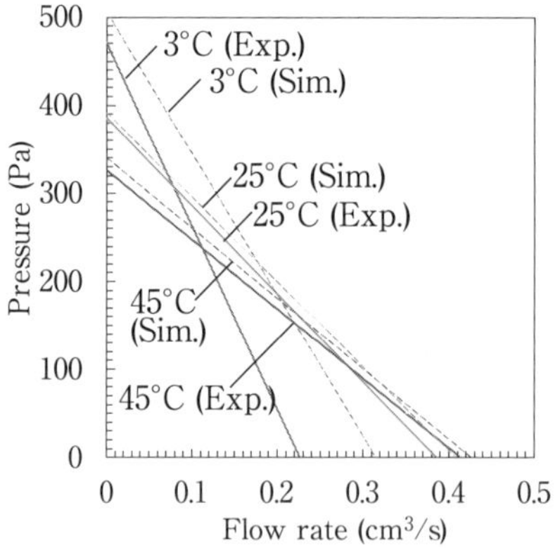

図4.1.7 圧力-流量特性に及ぼす液温の影響（Vertrel™ XF，印加電圧-1.5 kV，流路幅5 mm）[14]

よる圧力発生量は高くなることが確認されており、図4.1.7の結果は、温度の上昇に伴って注入電荷密度がかなり小さくなることを意味している。そのように考えて行った数値解析結果は、3 ℃の場合を除いて実験結果と良好に一致している。

以上のように、電気流体力学現象は電荷注入と解離を数値解析モデルに組み込むことで比較的良好に説明できる。ただし、電荷注入量を決定する方法が十分には確立されておらず、電荷注入領域も不明確なままであり、これらの確立・解明が望まれる。

＜参考文献＞

1）　O.M. Stuetzer: “Ion drag pressure generation”, J. Appl. Phys., 30, pp.984-994（1959）
2）　A.H. Sharbaugh and G.W. Walker: “The design and evaluation of an ion-drag dielectric pump to enhance cooling in a small oil-filled transformer”, IEEE Trans. Ind. Appl., 21, 4, pp.950-955（1985）
3）　J.E. Bryan and J. Seyed-Yagoobi: “An experimental investigation of ion-drag pump in a vertical and axisymmetric configuration”, IEEE Trans. Ind. Appl., 28, pp.310-316（1992）
4）　K. Asano and K. Yatsuzuka: “Fundamental study of EHD pump with needle-cylinder electrodes”, in: Conf. Rec. IEEE/CEIDP Annual Meeting, Austin, pp.785-788（1999）
5）　H. Yanada, S. Hakama, T. Miyashita and N. Zhang: “An investigation of an ion drag pump using a needle-mesh electrode configuration”, Proc. Inst. Mech. Engrs., Part C: J. Mech. Eng. Sci., 216, pp. 325-335（2002）
6）　P. Atten and J. Seyed-Yagoobi: “Electrohydrodynamically induced dielectric liquid flow through pure conduction in point/plane geometry”, IEEE Trans. Dielectr. Electr. Insul., 10, pp.27-36（2003）

7）S.-I. Jeong, J. Seyed-Yagoobi and P. Atten: "Theoretical/numerical study of electrohydrodynamic pumping through conduction phenomenon", IEEE Trans. Ind. Appl., 39, pp.355-361（2003）
8）M. Yazdani and J. S. Yagoobi: "The effect of uni/bipolar charge injection on EHD conduction pumping", J. Electrost., 75, pp.43-48（2015）
9）M. Nishikawara, H. Yanada and K. Shomura: "Synergy between injection and dissociation mechanisms in electrohydrodynamic pumps modeled numerically", J. Electrost., 93, pp.137-145（2018）
10）L. Onsager: "Deviations from Ohm's law in weak electrolytes", J. Chem. Phys. 2, pp.599-615（1934）
11）J. K. Park, J. C. Ryu, W. K. Kim and K. H. Kang: "Effect of electric field on electrical conductivity of dielectric liquids mixed with polar additives: DC conductivity", J. Phys. Chem. B., 113, pp. 12271-12276（2009）
12）K.D. Tran, Y. Kojima and H. Yanada: "Measurement and numerical simulation of flow and electric fields in charge injection type of electrostatic oil filter", Trans. Jpn. Fluid Power Syst. Soc., 40, pp.8-15（2009）
13）H. Yanada, T. Yamada, Y. Asai and Y. Terashita, "Measurement and numerical simulation of ion drag pump characteristics", J. Fluid Sci. Technol., Vol. 5, pp.617-631（2010）
14）M. Nishikawara, R. Yoneda, H. Yanada, T. Miyakita and K. Sawada: "Temperature dependence of the characteristics of an electrohydrodynamic pump with plate-bar electrodes", in: 2018 Joint Electrostat. Conf., Boston, Massachusetts, USA, June 18-20（2018）

4.2 電界共役流体(ECF)

4.2.1 パワー源および作動流体としてのECF

電気流体力学（EHD）現象を示す液体のひとつに電界共役流体(Electro-Conjugate Fluid: ECF）と呼ばれる機能性流体がある。ECFに浸された電極対に電界を印加することにより電極間に強い流動(ジェット)が発生する。ECFによる流動(ジェット)発生をEC効果と呼ぶ。このECFジェットにより発生する圧力を用いると，マイクロ液圧源（マイクロポンプ）を実現できる。この延長上には、機能性流体を用いた「マイクロ液圧」の実現が視野に入ってくる。

ECFは誘電液体の一種であり、EHD現象を示す液体のなかで、図4.2.1に示される物性値（導電率、粘度）に囲まれた領域にある液体のうちでEC効果を示す液体をとくにECFと定義して、日本、USA、EUにおいて特許[1] が成立している。この領域が限られる理由は、工学の観点から比較的大きなパワーが得られるジェットが出現する領域と思われるためである。ECFは電界により影響を受け、不均一な電界の存在するところで流動を生じる。例えば針のような鋭利な形状の、電界が不均一となる電極対をECFに浸して、その電極間に高電界をかけると、ごく低電流のもとで電極間に流動（ジェット）が発生する。ECFジェットの可視化写真の一例を図4.2.2に示す。ECFの一種であるDBD（デカン二酸ジブチル）を満たした円筒容器に電極として3本のロッドを立て、2本をGND、1本に電圧をかけている。ECFは電気粘性流体(ERF)の溶媒探索中に見いだされている。

電極対の形状がジェット発生特性に与える影響は大きい。そのため基本的に、電極対として、つぎに挙げる5種類のパターンが検討され

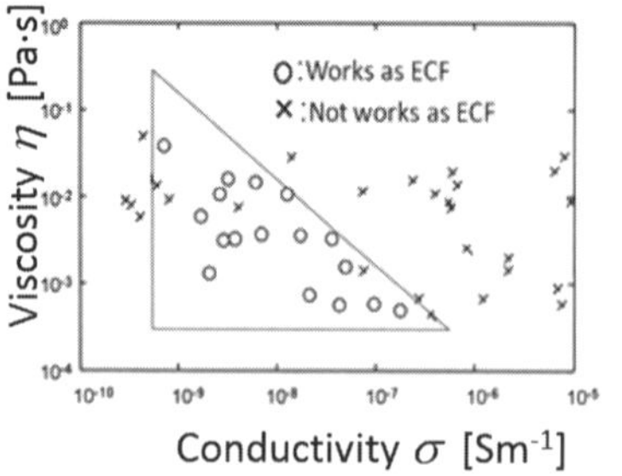

図4.2.1　ECFの必要条件

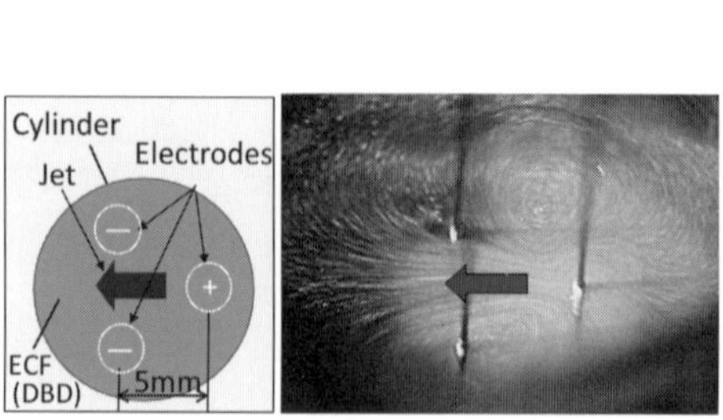

図4.2.2　ECFジェットの可視化例

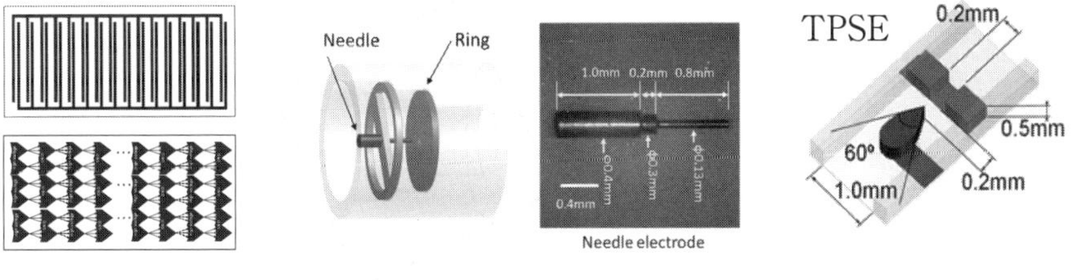

(a) P-P電極対　(b) N-R電極対　(c) TPSE電極対

図4.2.3　流動発生用電極対形状

ている。1) 線-線 (LL)、2) 平板-平板 (P-P、平面、2次元形状)[2]、3) 針-リング (N-R)[3]、4) 三角柱一つと四角柱二つからなる3次元形状 (TPSE)[4]、5) TPSEの積層形[5]。これらの一例を図4.2.3(a),(b),(c)に示す。TPSE (Triangular Prism and Slit Electrodes) 電極対は、MEMSの手法を応用して、レジストでモールドをつくり、ニッケル電鋳を行うことにより製作している。この製作の流れの概略を図4.2.4に示す。詳しくは文献[5]を参照されたい。

現在手に入るECFの物性値の一例を表4.2.1[6]に掲げる。各ECFについて針－リング電極対を用いた場合で、針がGNDの場合の発生圧力を図4.2.5に示す。また、図4.2.6に同じ電極対を用いて針が高電圧の場合の発生圧力を示す。これらの図から明らかなように、ECFの種

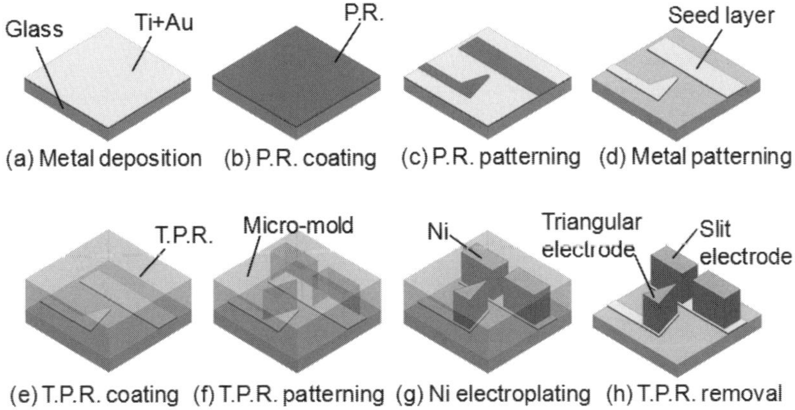

図4.2.4　TPSE電極の製作手順の概略

表4.2.1　代表的なECFの物性値

	FF-1$_{EHA2}$	FF-101$_{EHA2}$	FF-8$_{EHA2}$	FF-909$_{EHA2}$	DBD
Density [g/cm^3]	1.69	1.66	1.54	1.52	0.94
Base viscosity [mPa·s]	11	1.2	1.7	0.6	9.1
Conductivity $\times 10^{-9}$[S/m]	5.6	33	22	120	0.68
Relative Permitivity	5.2	6.2	7.2	6.9	4.6

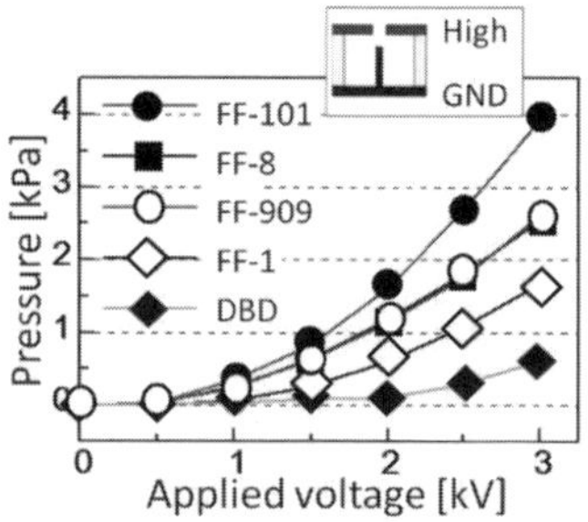

図4.2.5　ECFジェット発生圧力（針：GND）

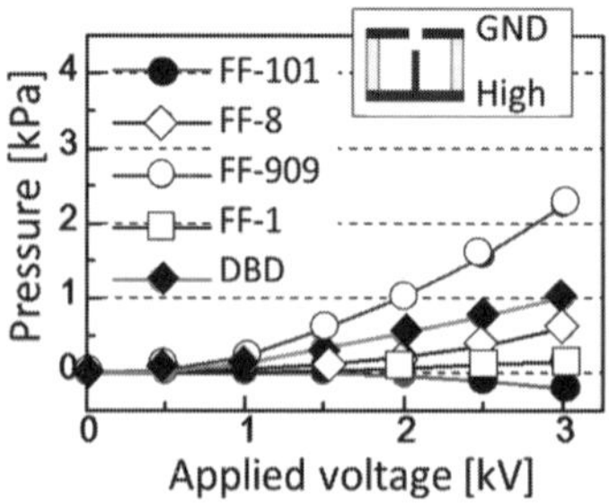

図4.2.6　ECFジェット発生圧力（リング：GND）

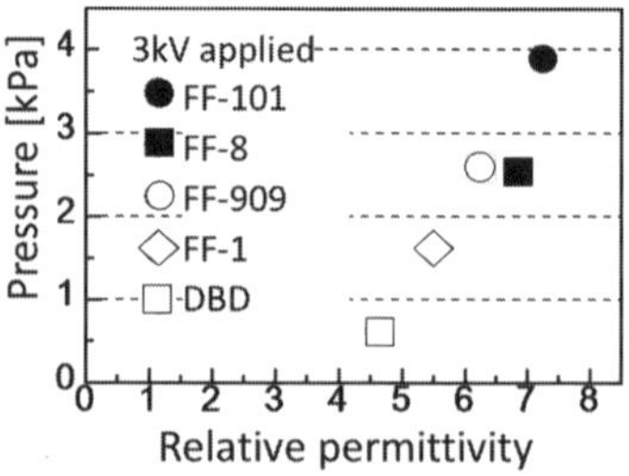

図4.2.7　発生圧力vs比誘電率（針：GND）

類により、同じ電界中でも、ジェットの発生圧力が大きく異なる。また、極性を逆にした場合には、ECFの種類により大きく異なる流動特性を示す。その中で、FF909$_{EHA2}$は、極性に依らず、同様の（流動）圧力を生じることが分かる。またDBDなどは、電界方向により流れに有意な差が見られる。また、図4.2.7に示すように、針がGNDの場合には、発生圧力が比誘電率に依存している。このECFジェットの発生メカニズムは十分に解明されてはいないが、つぎに示すような検討がなされてきている。

ECFにおけるジェット発生の基本的な原理としては、突き詰めれば液体中の電荷（分布）に働くクーロン力による流動ということになるが、電荷分布がどのようなメカニズムでできるかが一番重要である。この場合、誘電液体のジェット発生に有効な電荷分布発生メカニズムとして、主に、1）Onsager効果[7)]と呼ばれる解離現象の遅れ、2）鋭利な電極からの電荷注入、が考えられる。それぞれのECFにおいて、この二つの原理の比で、流動の特性および大きさに変化が生じると考えられる。$\mathrm{FF909}_{\mathrm{EHA2}}$を念頭において、Onsager効果により強いジェットが生じることが、実験とシミュレーションにより一部確かめられている[8]。ECFにおける鋭利な電極からの電荷注入については、ECFの一種であるDBDについての検討がある[9、10]。また、電荷注入現象および解離現象についての基本的な原理等は、4.1節で解説がなされている。ここではOnsager効果による流動モデルおよび電荷注入による流動モデルについて述べる。

4.2.2　EC効果のシミュレーションとその効果解明に対する考察

(1)　誘電液体の流動に働く体積力のモデル

誘電体に電界を印加すると、次式に応じた体積力が働くことが知られている（Korteweg-Helmholtzの式）。

$$F_v = qE - \frac{\varepsilon_0}{2}E^2\nabla\varepsilon_r + \frac{\varepsilon_0}{2}\nabla\left(E^2\frac{\partial\varepsilon_r}{\partial\rho}\rho\right) \qquad (4.2.1)$$

ここで、q：電荷密度、ε_0：真空の誘電率、ε_r：比誘電率、ρ：密度、$\boldsymbol{E}$：電界である。式(4.2.1)の右辺の各項はそれぞれクーロン力、誘電力、電歪力を表している。

誘電液体においては、導電率が電界強度に依存する（Onsager効果）ことが知られている。この効果は、実測により容易に確認できる。導電率が変化するので、式（4.2.1）の右辺第1項に関係してくる。ECFが非圧縮かつ単一物質と見なせる場合、第2項および第3項は無視できる。

また、誘電液体においては、電極からの電荷注入現象が確認されよく知られている。この場合には、同様に式（4.2.1）の右辺第2項および第3項は無視でき、第1項に関係してくる。

EC効果がこの二つの現象に基づいていると仮定して、それぞれ流動モデルが検討されている。

(2)　Onsager効果による流動モデル[8]

(a)　流動および導電率に関するモデル

誘電液体においては、オームの法則に反して、式（4.2.2）のように電離定数（あるいは導電率）が電界強度に依存することが、Onsager[7]

により、解離現象の遅れから起因するものとして理論的に導かれている（Onsager効果とよばれる）。誘電液体中に含まれるごく微量の界面活性剤により＋イオンと－イオンが再結合しにくくなることがその素因である。

$$w(E)=w_0F(b) \tag{4.2.2}$$

$$\begin{aligned} F(b) &= \sum_{k=0}^{\infty}\frac{b^{2k}}{k!(k+1)!} \\ &= 1+2\gamma E+O\left(E^2\right) \end{aligned} \tag{4.2.3}$$

ここで、w：電離定数、w_0：電界0のときの電離定数、E（$=|\boldsymbol{E}|$）：電界強度。また、

$$b^2=\left(\frac{l_s}{l_0}\right)^2=4\gamma E \tag{4.2.4}$$

$$\gamma=e^3/\left(16\pi\varepsilon_0\varepsilon_r k_B^2T^2\right) \tag{4.2.5}$$

ここで、γ：Onsager定数、e：素電荷、ε_0：真空誘電率、ε_r：比誘電率、k_B：ボルツマン定数、T：温度である。

また、導電率σについては

$$\sigma/\sigma_0=\sqrt{F(b)} \tag{4.2.6}$$

の関係がある。ただし、σ_0：電界0のときの導電率である。これらについては、トルエンなどの液体についてOnsager理論をもとに、電界が低い領域での導電率と電界の関係について近似的に式（4.2.7）を導き、その式を用いたシミュレーションと流れの可視化との比較実験を通して、その妥当性が確かめられている[11)]。

ECFにおいてもこの現象が生じていることが確認されている。図4.2.8は、隙間が極狭い平行平板の電極対で構成される導電率計測装置を試作して、ECFの一種であ

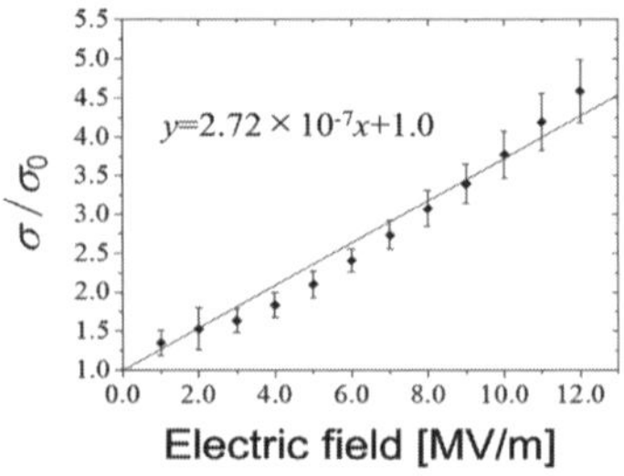

図4.2.8　電界強度vs導電率（ECF:FF909$_{EHA2}$）

る$FF909_{EHA2}$について、電界に対する導電率を計測した結果の一例であり、導電率が電界に大きく依存していることが分かる[8)]。この図から分かることは、導電率が電界に依存していることと電界に対して線形関係にはないことである。高次の項は無視して、第一近似として、次式を仮定する。

$$\sigma(E)=\sigma_0\left(1+\gamma|\boldsymbol{E}|\right) \tag{4.2.7}$$

ただし、γは実験より求めて用いる。

この式を用いると、ナビエストークス方程式の外力項について、q：電荷（分布）、$\boldsymbol{E}$：電界として、式（4.2.8）が得られる。

$$F_v=q\boldsymbol{E}=-\frac{\varepsilon_0\varepsilon_r\nabla\sigma\cdot\boldsymbol{E}}{\sigma}\boldsymbol{E}=-\frac{\varepsilon_0\varepsilon_r\gamma\nabla|\boldsymbol{E}|\cdot\boldsymbol{E}}{1+\gamma|\boldsymbol{E}|}\boldsymbol{E} \tag{4.2.8}$$

導電率が局所の電界とともに増加し、電界勾配に依存した見かけ上の誘電率が変化して、その誘電率に応じた力が生じて、液体が駆動され、それにより流動（ジェット）が生じる。外力項（4.2.8）を含むナビエストークス方程式は次式で与えられる。

$$\frac{\partial u}{\partial t}=-(\boldsymbol{u}\cdot\nabla)\boldsymbol{u}-\frac{1}{\rho}\nabla p+\frac{\eta}{\rho}\nabla^2\boldsymbol{u}+\frac{1}{\rho}F_v \tag{4.2.9}$$

ここで、ρ：密度、η：粘度、p：圧力、$\boldsymbol{u}$：速度ベクトルである。

また、ECFの一種である$FF909_{EHA2}$の非圧縮性を考慮すると連続の式

$$\nabla\cdot\boldsymbol{u}=0 \tag{4.2.10}$$

が成立する。

ここで生じる流動は、極性に依存せず、負極から正極へも、正極から負極へも、同じように生じるのが特徴である。

(b)　シミュレーションによる流動解析

層流、非圧縮流の条件のもと、これらの式（4.2.9）（4.2.10）について、FEM流れ場解析と電場解析が同時にできるCOMSOL社のCOMSOL Multiphysics® v4.4を用いて、シミュレーションを実施している[8)]。図4.2.9に、ECFとして$FF909_{EHA2}$の物性値を用いてTPSE電極対から発

生するECFジェットのシミュレーション結果の一例を示す。ここでγは、上記の導電率計測装置を用いた実験結果図4.2.8から推定した値γ=2.72×10^{-7} m/V、印加電圧1 kV、そのほかの寸法はスリット隙間200 μmの標準寸法としている。極性を有しかつ電界閾値を有する電荷注入による流れは別途あるものの、ECFジェットのシミュレーションがある程度可能となったと考えられる。シミュレーションに用いた流路と同様の流速測定実験結果との比較は次項で示す。このシミュレーションを用いると、現状では実験が不可能な電極対形状を通過する流れをある程度予測できる。

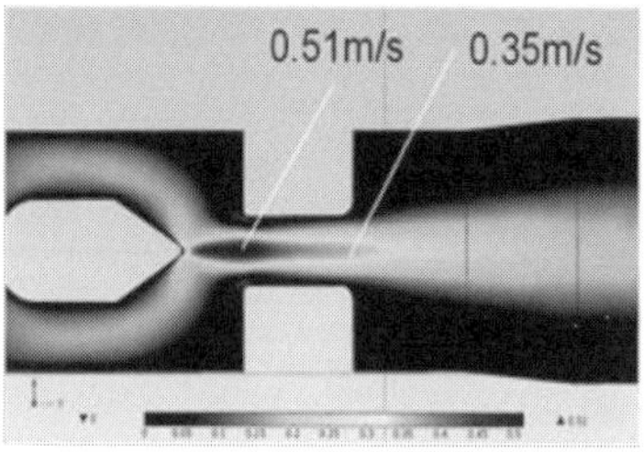

図4.2.9　ECFジェットシミュレーション結果

(c)　実験との比較検討

ECFとしてFF909$_{EHA2}$を用いて、このシミュレーション結果と実際の装置による流速実験値の比較検討を行っている。図4.2.10に示すシミュレーションに用いた流路と同様の流路を、MEMSにより作製して、LDVを用いて流速を測定している[8)]。図4.2.11は試作したマイクロ流路であり、流路寸法およびTPSE電極寸法はシミュレーションに用いたものと同様にしている。流路の流速測定実験は、図4.2.12に示す構成のもと高速カメラを用いて、可視化のための粒子を微量

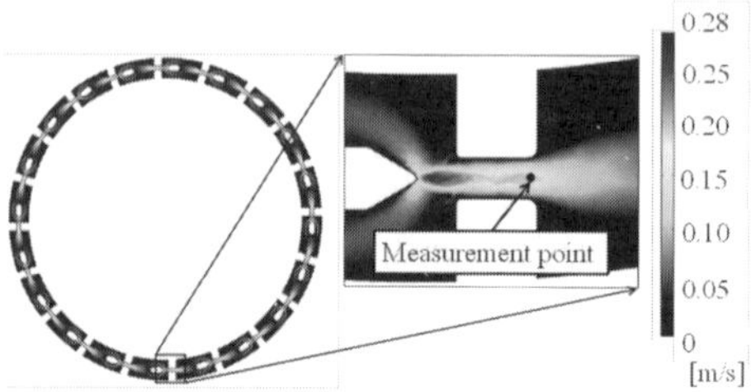

図4.2.10　シミュレーションに用いた流路

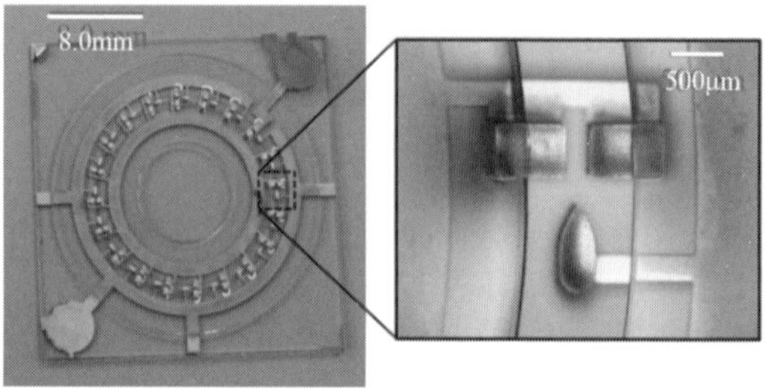

図4.2.11　試作したマイクロ流路

混入したECFの流動を記録することにより行なっている。

シミュレーション結果と実際の装置による流速実験値の比較結果を図4.2.13に示す。シミュレーション結果と実験結果は比較的よい一致を見ており、妥当性が確認されている。Onsager効果では、FF909$_{EHA2}$のような双方向が同じ流れの説明はできるが、ECFあるいは電極材料の種類の相異によるジェットの強さの絶対値のずれがある場合、および電界方向によるジェットの強さの相異がある場合（DBDなど）の詳しい説明ができない。これについては、誘電液体中で生じる鋭利な電極からの電荷注入現象を考慮する必要がある。

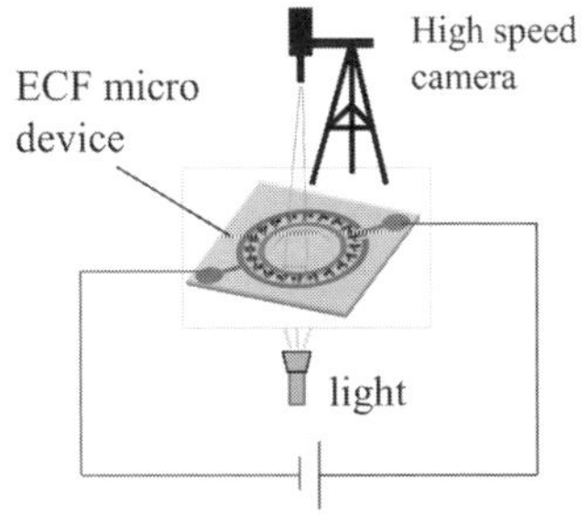

図4.2.12　流路内流速測定実験装置

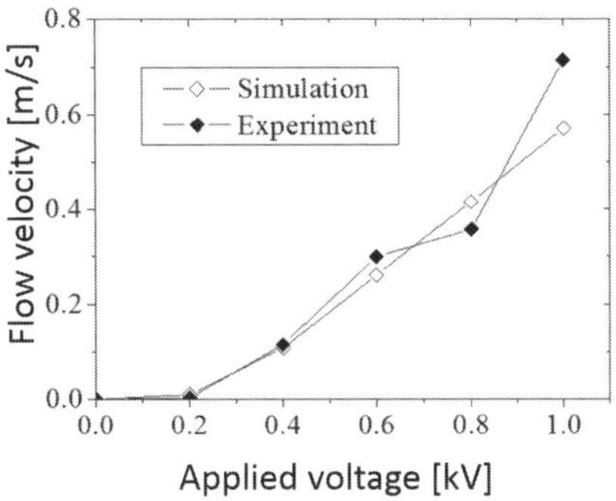

図4.2.13　シミュレーション結果と流速実験値の比較例

(3)　電荷注入による流動モデル[10)]

(a)　流動に関するモデル化

ECFにおける鋭利な電極からの電荷注入については、ECFの一種であるデカン二酸ジブチル（dibutyl decanedioate, DBD）を対象として検討されている[10)]。

DBDが単一物質かつ非圧縮性であることを考慮すると、式（4.2.1）において、DBDにはクーロン力のみが発生すると考えられる。つまり、液体の流動を表現するナビエストークス方程式にクーロン力を外力として導入することによって、DBDに発生する流動の運動方程式が

$$\frac{\partial u}{\partial t}=-(\boldsymbol{u}\cdot\nabla)\boldsymbol{u}-\frac{1}{\rho}\nabla p+\frac{\eta}{\rho}\nabla^2\boldsymbol{u}+\frac{1}{\rho}q\boldsymbol{E} \qquad (4.2.11)$$

のように得られる。ただし、$\boldsymbol{u}$：流体の速度、p：圧力、η：粘度である。また、DBDの非圧縮性を考慮すると、連続の式

$$\nabla \cdot \boldsymbol{u} = 0 \tag{4.2.12}$$

も成り立つ。

(b)　電界および電荷密度に関するモデル化

DBDに電圧を印加した際、発生する電荷密度は一定であることが実験的にわかっている。このため、DBD中の電位Vの分布は

$$\nabla^2 V = \frac{q}{\varepsilon_0 \varepsilon_r} \tag{4.2.13}$$

となり、DBDの流動を表す式(4.2.11)に現れる電界$\boldsymbol{E}$の分布は

$$\boldsymbol{E} = -\nabla V \tag{4.2.14}$$

として求められる。

ところで、誘電液体の中のイオンは、電界、流体の流れ、電荷の拡散によって移動することを考慮すると、DBD中の電荷の輸送方程式は、電流密度$\boldsymbol{j}$を用いて

$$\frac{\partial q}{\partial t} = -\nabla \boldsymbol{J} = -\nabla\left(q\mu_{\mathrm{I}}\boldsymbol{E} + q\boldsymbol{u} - D\nabla q\right) \tag{4.2.15}$$

と表せる。ただし、μ_{I}：イオン移動度、D：電荷拡散係数である。また、電荷が電極から注入されるのに必要な電界に閾値が存在するであろうから、電荷密度qは

$$q = k\left(E_{\mathrm{sur}} - E_{\mathrm{thr}}\right) \tag{4.2.16}$$

として計算できる。ただし、E_{sur}およびE_{thr}は電極表面および閾値の電位である。

(c)　イオン移動度の計算

上記(a)および(b)においてDBDの流動およびDBD中の電界と電荷密度のモデルを示した。しかし、式(4.2.15)に現れるイオン移動度μ_{I}が未だ不明である。イオン移動度の定量には複雑な実験系と厳格な条件管理が必要[12]であるが、近年は分子動力学シミュレーションによってイオン移動度を理論的に見積もることが可能になってきている[9]。すなわち、DBD分子を体積および質量が等価な一つの粒子としてモデル化し、粒子間相互作用をLennard-Jonesポテンシャルを用いて計算することによって、電界が印加された際のイオンの動きを計算機内

で計算し、DBDのイオン移動度を計算できる。詳細は文献[10]を参照されたい。

以上により、DBDの流動を数値計算によって再現するモデルおよび必要なパラメータを理論的なアプローチで準備できる。

(d)　数値計算によるDBDに発生する流動の再現

図4.2.14は数値計算および実験に使用した電極対の模式図である。この電極対をDBD中に配置し、電圧を印加することによって電極間に流動が発生する。

電極対にステップ状に電圧を印加し、2.5 s経過後の流速分布を図4.2.15に示す。計測方法、計算条件などは文献[10]参照のこと。全体に正極から負極に向かって流動が発生し、印加電圧の増加に伴って流速も増加していることがわかる。また、流速分布も定量的に良好な一致を示している。なお、流動が正極から負極に向かうのは、DBD中における優勢イオンが陽イオンであるためである。

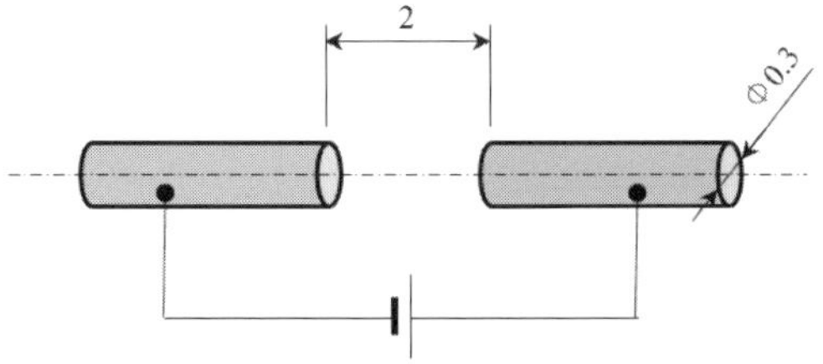

図4.2.14　流動発生に用いた電極対の模式図
電極材料：ステンレス

図4.2.16はステップ状の電圧印加に対する電極間の平均流速の過渡応答である。印加電圧の増加によって、立ち上がりが速くなることがわかる。また、平均流速の過渡応答は計算結果と実験結果が定量的に

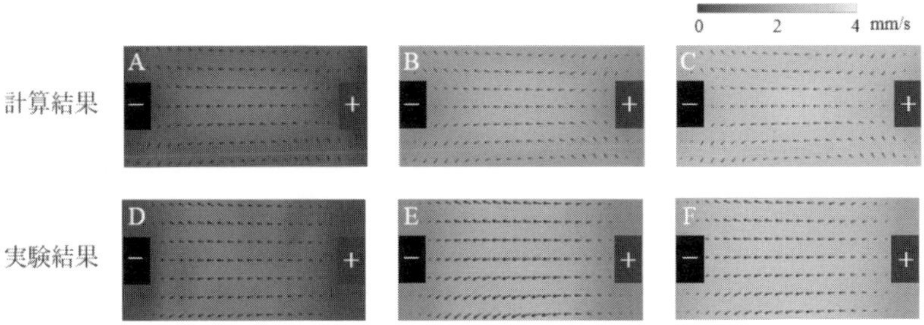

図4.2.15　DBDに発生する流動の計算結果（A～C）と実験結果（D～F）
A, D：1.0 kV,　B, E：2.0 kV,　C, F：3.0 kV.

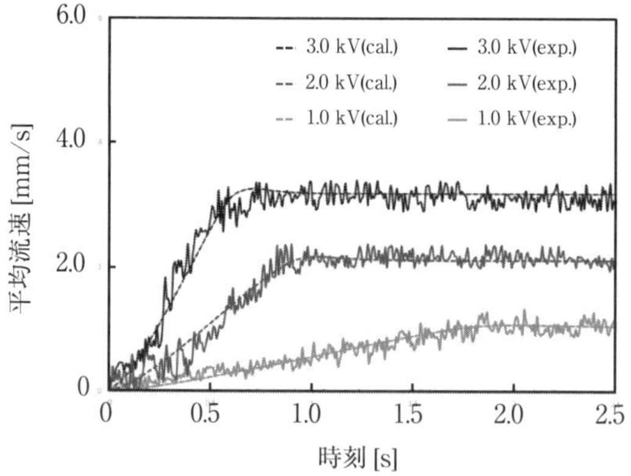

図4.2.16　DBDに発生する流動の平均流速の過渡応答

一致しており、上記のモデル化の妥当性が確認できる。

(4)　まとめ

ここでは妥当性が高いと思われるECFの流動モデルの二つを紹介した。一つは$FF909_{EHA2}$に対してOnsager効果を考慮したもので、電界強度に対する誘電液体の導電率の非線形性により見かけの誘電率が変化して流動が生じる。非線形性を直線で近似したことによる微小な誤差は避けられないが、$FF909_{EHA2}$を対象としたシミュレーションおよび実験結果との妥当性も確認されている。もう一つの理論的なモデル化は単一物質かつ非圧縮性であるDBDを考慮したもので、電荷注入現象により流動が生じる。DBDを対象とした流動モデルの妥当性から、ECFに発生する流動の理論モデルの構築および電気的パラメータの計算の一つの出発点として適当である。電界下でのECFの流動では、これらのモデルの総合的な現象が生じていると考えられる。いずれにしても今後の詳細な検討が必要である。

4.2.3　電極対の形状および寸法微小化がジェット発生特性に与える効果について(微小化による高パワー密度化と低電圧化)

EC効果を応用する際の大きな課題のひとつが、ジェット発生に際して、ごく低電流であるものの高電圧を必要とすることである。特にマイクロポンプに応用する際には、マイクロの大きさで、印加電圧を

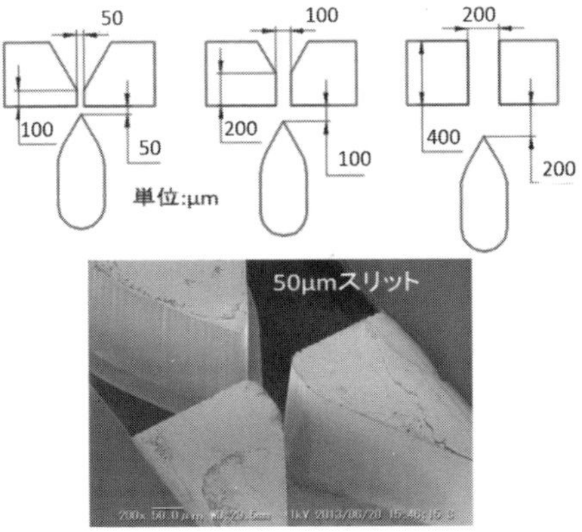

図4.2.17　電極対ギャップ付近のみ微小化したTPSE（50 μmスリット）

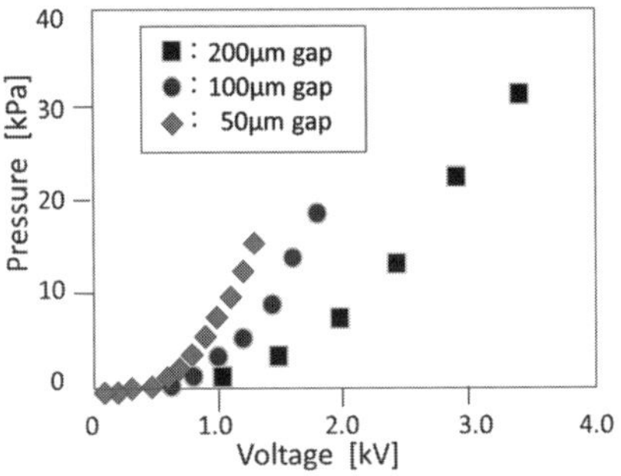

図4.2.18　ギャップ微小化TPSEの実験結果例

低く押さえつつ、より高圧を発生できることが要求されている。まず、全体の大きさはそのままにして、電極対のギャップ（電極間すきま）付近のみをより小さくすることによって、印加電圧および発生圧力などに、より優れた微小化特性が得られるかを実験的に検討している[13)、14)]。図4.2.17にギャップ回りのみ微小化した電極対の一例（単位μm）を示す。図のSEM写真はギャップ50 μmの電極対である。実験結果の一例を図4.2.18に示す。ギャップをマイクロ化することによって、大きく性能が向上する見通しが得られている。以前から微小化特性に優れていることが部分的にではあるが確かめられていたが、

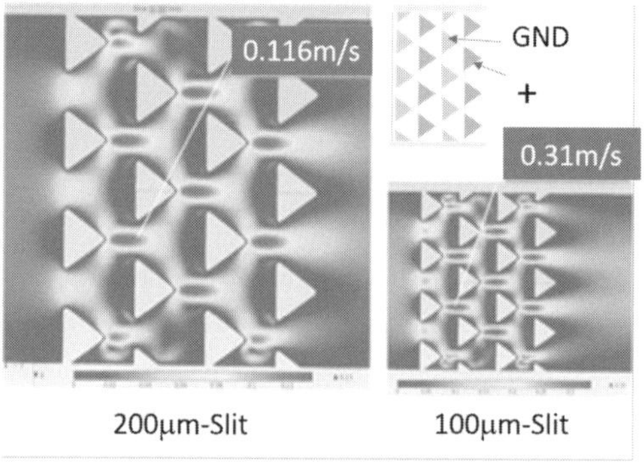

図4.2.19　微小化三角柱アレイ電極対の流れの予測例

定量的に微小化特性が確認された。

この微小化特性は、Onsager効果を考慮したシミュレーションでも同様の結果が得られている。シミュレーションを用いると、現状では実験が不可能な電極対形状を通過する流れをある程度予測できる。図4.2.19はTPSEを応用した三角柱アレイ電極対を微小化したときの流れを予測したものである。この図の右上に電極への電圧印加のしかたを示す。

スリット幅に合わせて全体も縮小する場合、同じ600 Vの印加電圧でスリット隙間を200 μmから100 μmにすると、スリット入り口中央の流速値が3倍となることが見られる。先に述べた微小化実験とアレイ状マイクロ電極整列に対するシミュレーション結果を総合すると、図4.2.20に示す三角柱アレイが実現できると仮定した場合、体積あたりのパワー密度を現在の13倍の3.8MW/m^{3}にすることが可能となる。このようなマイクロ流路を実現するための問題は、唯一加工方法であろう。MEMS技術でも現状の方式では困難を伴うものの、このようなマイクロデバイスが将来容易に実現されることは十分に予想できる。

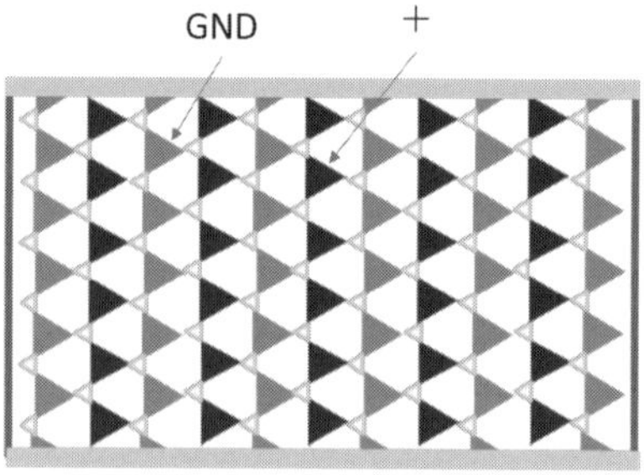

図4.2.20　微小化したスリット幅100 μmの三角柱アレイ電極

＜参考文献＞

1) S. Yokota, Y. Otsubo, K. Edamura: “Electro-sensitive movable fluids, methods of using same and motors for the electro movable fluids”, U. S. Patent 6,030,544, (2000), など

2) 横田，徐，吉田，枝村：”電界共役流体（ECF）を応用した電子チップ液冷用平面薄形ポンプ”，機論，**71**, 709C, pp.2798-2804, (2005)

3) J-W Kim, T. Suzuki, S. Yokota, and K. Edamura: “Tube-type micropump by using electro-conjugated fluid (ECF)”, Sensors & Actuators A, **174**, pp.155-161, (2012)

4) J-W Kim, T. V.X. Nguyen, K. Edamura, S. Yokota: “Triangular Prism & Slit Electrode Pair for soft robotics as Electro-conjugate Fluid Hydraulic Power Source Using Thick KMPR Mold and Electroforming”, IJAT, **10**, 4, pp.470-473, (2016)

5) D. Han, J-W Kim, Y. Xia, S. Yokota: “LIGA-like technique by back UV exposure with self-alignment for ECF (electro-conjugate fluid) micropumps”, Micromechanics and Microengineering, JMM **27**, 125008, (2017)

6) 横田眞一：“基調講演「マイクロ液圧」”，平成22年度秋季フルードパワーシステム講演会講演論文集，pp.3-6, (2010)

7) L. Onsager: “Derivations from Ohm's Law in Weak Electrolytes”, Chem. Phys. **2**, 599, (1934)

8) J-W Kim, Y. Tanabe, S. Yokota: “Comprehending Electro-conjugate Fluid (ECF) Jets by Using the Onsager Effect”, Sensors & Actuators A, **295**, pp.266-275, (2019)

9) Y. Kuroboshi, K. Takemura: “Coarse grained model for calculating the ion mobility of hydrocarbons”, AIP Adv. 6, 125307, (2016)

10) Y. Kuroboshi, K. Takemura, K. Edamura: “Understanding of electro-conjugate fluid flow with dibutyl decanedioate using numerical simulation-Calculating ion mobility using molecular dynamics simulation, Sensors and Actuators B, **255**, pp.448-453, (2018)

11) J. C. Ryu, H. J. Park, J. K. Park, K. H. Kang: “New Electrohydrodynamic Flow Caused by Onsager Effect”, Physical Review Letters, 104502, (2010)

12) D.C. Parent, M.T. Bowers: “Temperature dependence of ion mobilities: experiment and theory” , Chem. Phys. **60**, pp.257–275, (1981)

13) J-W Kim, Y. Yamada, S. Yokota, K. Edamura: “High Performance ECF Micropump by the 3D Integration of MEMS fabricated electrodes”, Proc., 8th ICFP2013, Hangzhou, China, (2013)

14) H. Gu, J-W Kim, S. Yokota, K. Edamura: “Study on Output Characteristics of downsized ECF micropump”, Proc., ICMT2013, Cheju, Korea, (2013)

4.3　ECFの応用

4.3.1　ECFの特長

ECF（電界共役流体）による流動（ジェット）発生をEC効果と呼び、この効果の工学的応用が種々試みられている。

EC効果をアクチュエータ・センサに応用するときの特長をつぎに列挙する。

① ECFジェットが微小化特性に優れていること。スリットなどの寸法を小さくすればするほど、パワー密度が大幅に向上する。

② 電極に必要な金属以外は、プラスチックと液体だけで可動部はなく、構造がシンプルで、軽量であること。

③ 印加する電圧は高いものの、電流値は微小であり、直流でよいこと。電界が同じとすると、電圧は、寸法の微小化に伴い低くできる可能性がある。

これらの特長はEC効果を応用した機器がマイクロな領域において有望なアクチュエータ要素となりうる特性を有していることを示している。ここでいうマイクロとは、機械系の用語として、$1\ \mathrm{cm}^3$程度のマイクロマシンを扱うものである。

このEC効果は、1）マイクロ回転形モータ[1,2]、2）局所強制マイクロ液冷[3,4]、3）ジェット利用マイクロセンサ[5]、4）マイクロソフトアクチュエータの駆動源、マイクロポンプ[6,7]、5）マイクロTAS[8]、マイクロフルイディクスなどに応用可能であり、上に文献番号でその例を示すように、いくつかこれまでに提案・試作・検討されている。とくにMEMS技術を用いることにより、微小化特性に優れたマイクロ電極の作製が可能であり、高圧化および低印加電圧化の達成が期待できる。

ここでは、ECFジェット発生器としての電極対の形状について述べた後、マイクロモータ、液冷用平面ポンプ、マイクロジャイロセンサ、ソフトアクチュエータのためのマイクロ圧力駆動源として応用している数例について紹介する。

4.3.2　ECFジェット発生器

ECFジェット発生のための電極対の形状は、ジェット発生に大きな影響を与える。図4.3.1に示すような、針－リング電極対、三角柱－

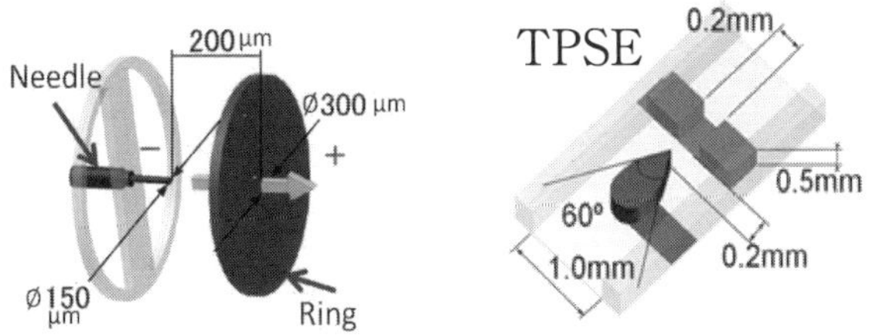

(a) 針－リング電極対　　(b) TPSE 電極対

図4.3.1　ECFジェット発生用電極対形状

スリット電極対（TPSE）が提案されている。平面（のこぎり歯状）電極対、メッシュ形電極対（線－線電極対の一種と考えられる）も提案されているが、これについては、冷却用ポンプの項で述べる。

① 針－リング電極対（図4.3.1(a))[3] は高い圧力を生じるための電極対として提案されたもので、ソフトアクチュエータの駆動、ECFジャイロに応用されている。この電極対は手作りのため軸合わせ精度などの再現性に問題があり、その結果、出力がばらつくことと、集積化に難点がある。図4.3.2 に針－リング電極対の圧力値のチャンピオンデータを示す。体積あたりのパワー密度は150 mW/cm^3（@4 kV）と優れている。この針－リング電極対の特長は、ソフトアクチュエータに容易に内蔵し組み込むことができることである。

② 三角柱スリット電極対[4]（TPSE）（Triangular Prism and Slit Electrode）（図4.3.1(b))は、MEMS技術を用いたマイクロ電極であり、この形状は、2次元のプリント基板上のエッチング（シードレイヤ）の上に構築したレジスト型に電鋳をすることにより2.5次元にして針－リング電極対の3次元効果を確保したものである

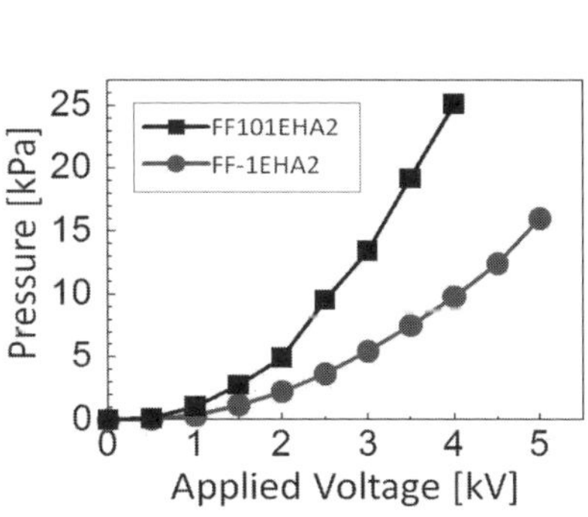

図4.3.2　針ーリング電極対の印加電圧に対する圧力

（製作プロセスについては4.2.1項の図4.2.4参照）。この電極対の特長は、まず、再現性に優れ、コンパクトである。さらに容易に集積化が可能であり、直列にすることで高圧が得られ、並列で流量を増加できることである。ただし、アスペクト比の大きいマイクロ電鋳技術には、かなりのノウハウが必要である。

4.3.3　マイクロモータ

EC効果をモータの駆動原理に応用することによって、図4.3.2に示すようにシンプルな構造を有し、軽量で、スイッチング回路が不要な直流電圧で駆動できるマイクロモータが実現できる。

ECFマイクロモータとして、図4.3.3(a)に示すように、円筒状のロータとステータを有し薄膜状電極対を回転軸と平行に配置した「C（円筒）形ECFマイクロモータ」[1]と、図4.3.3(b)の円盤状のロータとステータを有し薄膜状電極対を放射状に配置した「DP（ディスクプレート）形ECFマイクロモータ」[9]が提案されている。

さらにこれらのECFマイクロモータは、電極対の配置により図4.3.3(a)に示すように、「SE（ステータ電極）形」[1]と、「RE（ロータ電極）形」[2]に区別される。SE形は固定された電極対（ステータ）からのジェットの抗力により溝を有するロータが回転する。RE形はロータ上の薄膜状電極対から発生するECFジェットの反力によりロータを直接回転させる構造である。このうちC-RE形モータについては、図4.3.4の

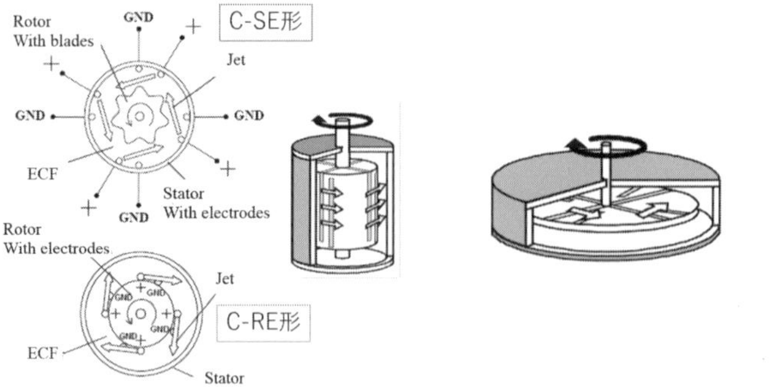

(a)　C形ECFマイクロモータ　　(b)　DP形ECFマイクロモータ

図4.3.3　ECFマイクロモータ

ように、最小で内径1 mmのものまで試作され、内径2 mmのものでは、ECFとしてDBDを用いたときで、最大効率15%を得ている[10]。

DP-RE形モータ[9]は、ごく薄いロータの両面にプリントした電極対から発生するジェットの反力により回転するので、より出力パワー密度を上げられると期待できる。モータ自体をごく薄く構成できるので、軸方向に積層化すると、容易に高パワー化が可能となる。これを積層DP-REモータと呼ぶ（図4.3.5）。また、電極の形状をのこぎり歯状に工夫することにより大幅に特性を改良している。図4.3.6に試作したECFモータの体積当たりのパワー密度を横軸にモータ内径をとって示す。このモータは微小化特性に特に優れていることが分かる。これまでに内径5 mmで8層のモータが試作されている[11]が、手作りのため、ロータとステータの隙間は100 μmに留まっており、さらに隙間を狭めることができれば大きな性能の向上が期待できる。

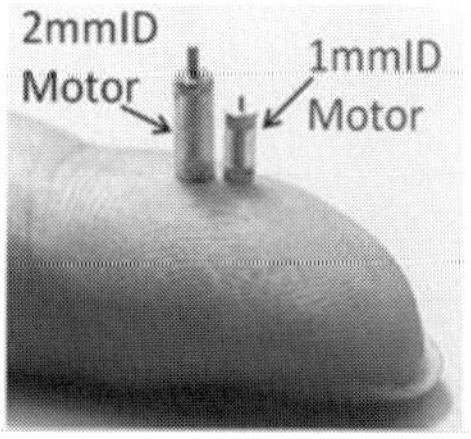

図4.3.4　内径1 mmおよび2 mmC-RE形モータ

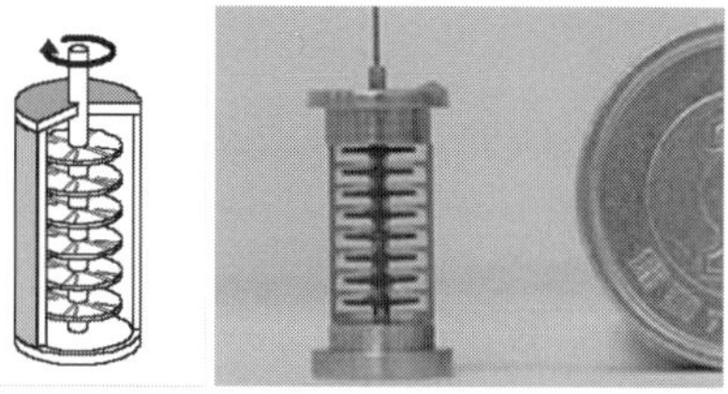

図4.3.5　積層DP-REモータ

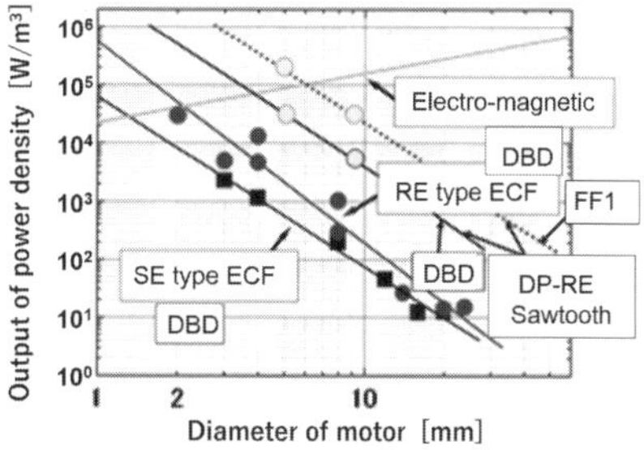

図4.3.6　ECFモータの体積当たりのパワー密度

4.3.4　液冷用ポンプ

EC効果による圧力あるいは運動量ではなく、ECFの流動そのものを応用することも考えられる。機械式ポンプをとくに用意することなく、電極対があればECFジェットを局所冷却に応用することができる。CPUの高集積化、高性能化に伴い、ノート形パソコンで発熱問題対策の解決が求められており、空冷では不十分な場合、強制液冷が一つの代替案であるが騒音が避けられず、特に筐体が小さいノートパソコンでは効率的な放熱システムの実現が難しい。ひとつの解決策とし

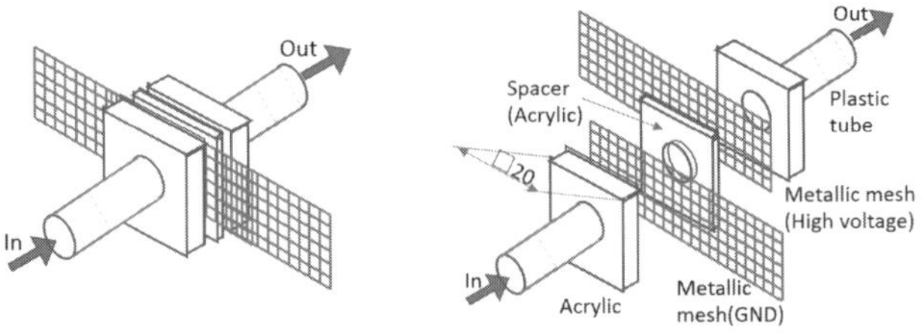

(a)　　　(b)

図4.3.7　メッシュ電極対ECFポンプ概略

て、EC効果を用いた液体冷却用ポンプ（メッシュ形電極対を用いたポンプ、平面電極対を用いたポンプ）が提案されている。

(a)　メッシュ電極対ECFポンプ

図4.3.7(a)(b)に示すように、一対の金属メッシュ板を管路断面にスペーサを介して挟んで電極対（金属メッシュ電極対）として、その電極間に電界を印加することでメッシュ板間に流動を得て、それをCPUなどの強制液体冷却に用いることが提案され、実験的な検討がなされている[3)]。

その中で、メッシュ径の相異による流動特性を明らかにして、最適なメッシュ径を見いだしている。一例として、図4.3.8に、GND電極に#100にメッシュを用いたときの、高電圧側のメッシュ寸法による流量を、印加電圧を変えて計測した結果を示す。高電圧側のメッシュ寸法がGND電極寸法（#100）と同じ時に、最適な流量が得られることが分かる。また、吐出流量と吐出圧力につき、メッシュ寸法の最適な組み合わせがあることを指摘して、実験的検討を通して流量については高電圧電極に#150メッシュをGND電極に#120メッシュを用いたとき、圧力については高電圧およびGND電極に#100メッシュを用い

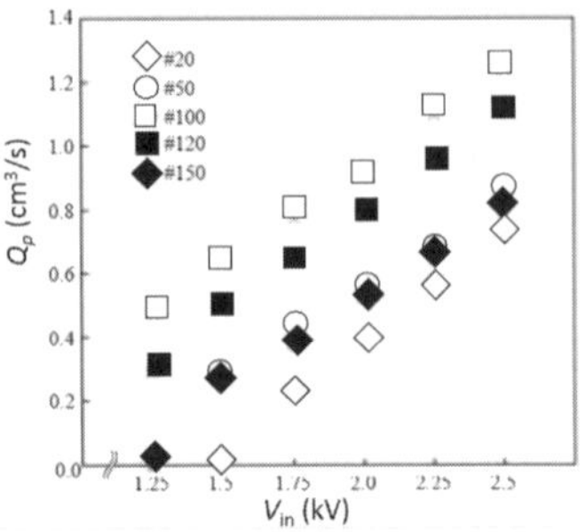

図4.3.8　メッシュ電極電圧に対するECFポンプ流量 GND電極：#100メッシュ

たときに最適であることを見いだしている。また、メッシュ電極対の間隔についても検討されている。

(b)　平面電極対を用いたポンプ

図4.3.9はECFの流動によりノートパソコンのCPUを強制液冷するシステムの概念図である[4)]。この図に示すように、微小な電極によってポンピング機能を発現するECFを用いてコンピュータ内に液体を循環させ、CPUを強制液冷できる可能性がある。図4.3.10はこうした用途のために開発された平面ECFポンプである[12)]。

平面電極対（図4.3.11(a)）は、プリント基板上にエッチングにより電極対を形成して、モータあるいは冷却に用いている。製作は簡単であるものの、上部が繋がって吹き抜けているため十分な圧力を発生することは困難である。平面電極の形状として、のこぎり歯状の電極形状が提案され、これを用いることにより最適な流量が得られることが確かめられている。ここでは、図4.3.11(b)に示すような、のこぎり歯状平面電極対を用いて、厚さ数mmに薄形化を図って、液晶画面の裏側に収納できるようにしている。

図4.3.12に示す装置を用いて、模擬CPUを液冷した結果を図4.3.13に示す。図からわかるように、熱量80 Wの模擬CPUを平面ECFポンプ

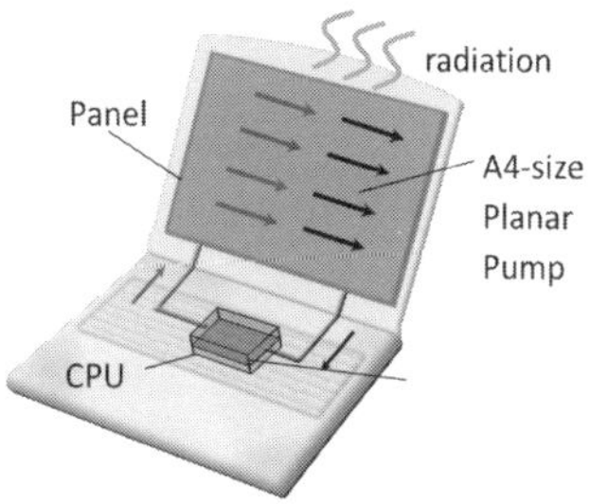

図4.3.9　ECFによるパソコンCPU強制液冷システムの概念図

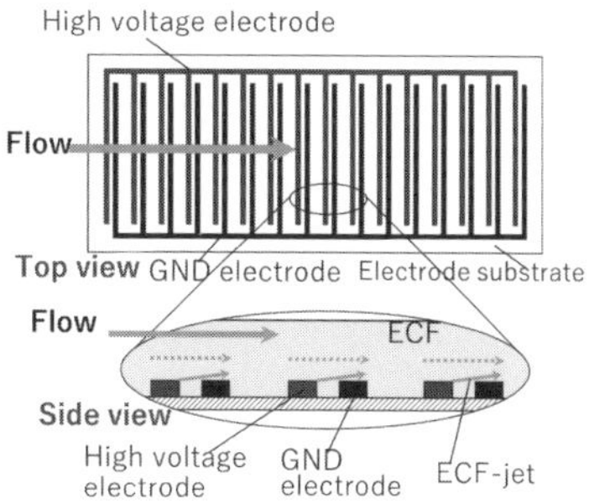

図4.3.10　平面ECFポンプの概念図

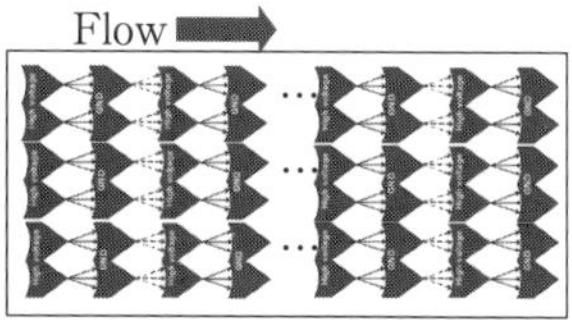

(a) 平面電極

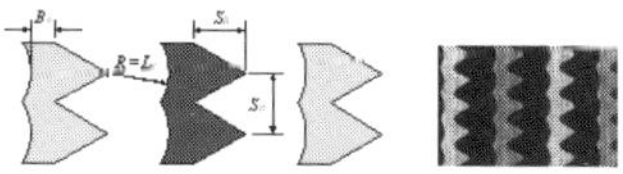

(b)　プリント基板上にエッチングした平面電極対

図4.3.11

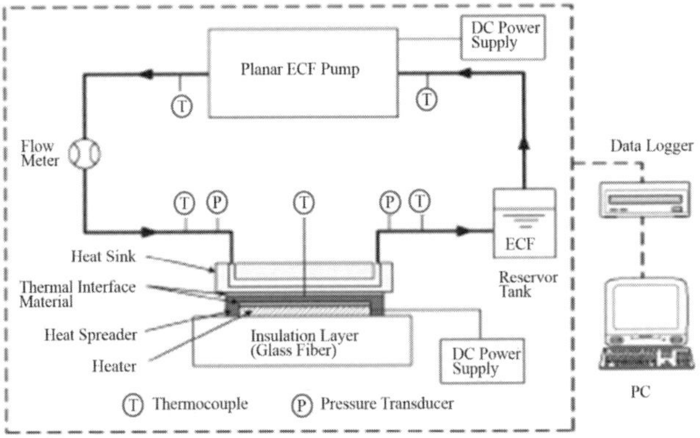

図4.3.12　模擬CPUを液冷する実験装置概略

により液冷した場合、表面温度を70 ℃以下に保つことができる[12]。

なお、近年はPCだけでなく自動車やビデオカメラなどに搭載された様々な電子機器の高機能化および小形化が進行し、CPUでの発熱が問題となりつつあり、上記の強制液冷システムはこのような対象に対しても適用可能であると考えられる。さらに、ECFジェットは部品一つのようなごく狭い局所的なマイクロ強制液体冷却にも向いている。

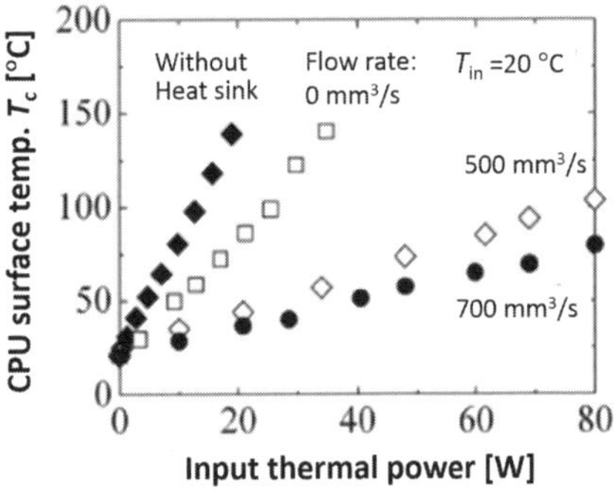

図4.3.13　模擬CPUを液冷した実験結果例

4.3.5　2軸マイクロレートジャイロセンサ

EC効果を応用したマイクロレートジャイロスコープが提案され、試作実験を通して、その妥当性、有用性が明らかにされている[13]。これは、ガスレートジャイロの原理と同様に、ノズルから噴出するECFジェットの方向が回転によるコリオリ力によりドリフトするのを液体ジャイロの原理に用いているものである。このジャイロの概略を図4.3.14(a),(b)に示す。その原理はガスレートジャイロと同様であるが、

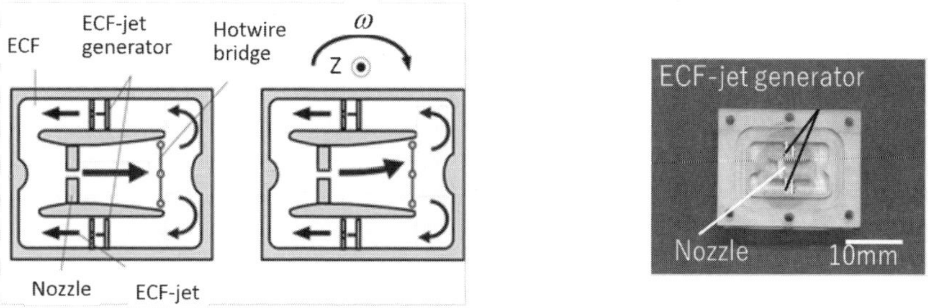

(a)　ECFマイクロジャイロの概略　　(b)　試作されたジャイロ

図4.3.14

角速度によるコリオリ力により生じるECFジェットの偏向をホットワイヤブリッジで検出するものである。このジャイロの特長は、2 mm程度の極薄い平面状の長方形筐体の中に流量源、流体回路およびホットワイヤによる検出部すべてをコンパクトに収めていることである。マイクロジャイロとしては、現在、振動ジャイロが主流であるが、この振動ジャイロは衝撃に弱い欠点が構造上避けられない。衝撃に強いことは、たとえば車載用途などに強く求められる。これに対して、ECFマイクロジャイロは、衝撃に強く小形・極薄・軽量および低価格であるという特長を有しており、また世界で初めての液体マイクロジャイロである。

さらに、このマイクロレートジャイロの原理を用いて、直交する2方向の角速度が計測可能な、同程度の大きさの平面状の2軸マイクロレートジャイロが提案されている[14]。

そのジャイロの概略を図4.3.15(a),(b)に示す。特長は、平面循環流路に、2軸の角速度検出部を巧妙に配置して、小形で極薄い平面構造を実現している。この試作されたジャイロのサイズは循環流路部のみについて、$12\times12\times4\ \mathrm{mm}^3$である。図4.3.15(c)にY軸回りの計測結果の一例を示すが、試作されたジャイロについて空間2軸について精度および応答性良く角速度計測ができることが実験的に明らかにされている。図中に比較用に示された、位相が180度ずれた波形は、精度・応答性に優れたMEMSジャイロによるもので比較基準としている。さらにジャイロの評価値であるスケールファクタが9 mV/°/sで380 V

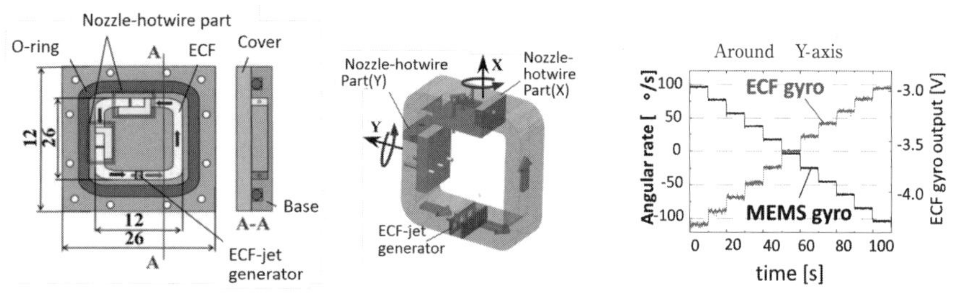

(a)　(b)　(c)

図4.3.15　2軸マイクロレートジャイロ

までの駆動部印加電圧の低電圧化が達成され、また2軸間のクロストークが少ないことが確認されるなど、このジャイロの性能評価を通してその実用性が確認されている。このジャイロはおもにECF液体およびエンジニアリングプラスチックなどで構成しているためとても軽量である。この小形・極薄・軽量・耐衝撃性および低価格であるECFレートジャイロは、ガスレートジャイロの長所も兼ね備え、振動ジャイロにつぐ次世代のスタンダードジャイロとして、自動車・移動体への応用のみならずウエアラブルなレートジャイロとしてロボットあるいは人体運動計測などの広い分野への応用が期待される。

4.3.6　ソフトアクチュエータのためのマイクロ圧力駆動源（マイクロ液圧）

(1)　マイクロ人工筋セル[15) 16)]（図4.3.16）

このセルは、図4.3.16(a)のように、二重円筒の弾力性のある膜で構

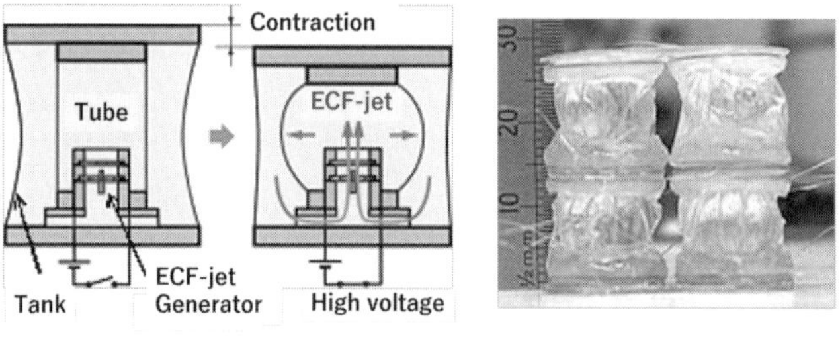

(a)　(b)

図4.3.16　マイクロ人工筋セル

成され、その内側の膜が繊維強化された膜で、軸方向には伸びない。外側の膜はタンクになっている。内側に針－リング電極対からのECFジェットが流入することにより、内圧が上昇して、軸方向に収縮する。両端は板状でフラットなので、図4.3.16(b)のように平直列に集積が容易である。この図では2×2に集積している。針－リング電極対およびタンクをアクチュエータ内に内蔵することにより、コンパクトなアクチュエータを構成できる。

(2)　マイクロフィンガ[17]（図4.3.17）

フィンガの構造は、図4.3.17(a)のように、弾力性のあるチューブが2室に分かれており、途中に針－リング電極対を用いたECFジェット発生器二基が対向して置かれており、上（下）側にジェットが流入すると、下（上）側が減圧して縮み、指のようにチューブが屈曲（伸長）する。タンク部が不要になり、コンパクトな構成が実現できる。また、図4.3.17(b)のように、これを3本用いてハンドが構成できる。

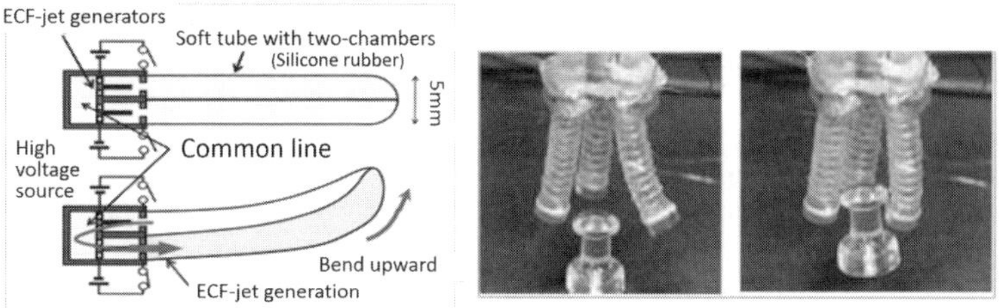

(a)　ECFマイクロフィンガ　　　(b)　ECFマイクロハンド

図4.3.17

(3)　MEMS技術を用いた三角柱スリット電極対（TPSE）を用いたマイクロポンプ[18]

図4.3.1(b)に示す、MEMS技術を用いた三角柱スリット電極対（TPSE）の特長は、再現性、集積性に優れていることである。この電極はニッケル電鋳技術によりアスペクト比を大きくとったマイクロ電極であり、図4.3.1(b)に示すように、高さ500 μm幅1 mm、スリット電極幅200 μmを基本寸法としている。この電極対の電鋳されたニッケルの表面には金めっきが施されているが、TPSE電極対のMEMSに

よる詳しい製作方法については文献[19]を参照されたい。直列に並べると電極対数に比例した圧力が得られることが確認されている。また、図4.3.18に試作された電極対のSEM写真を示す。流量に関しては、平面に集積することを考慮して流路隔壁を取り外した場合、一対当たりでは流量が多少減少するものの占有面積は小さくでき、面積当たりでは、隔壁がある場合よりも流量が増加する。図4.3.19に示す流路隔壁を設けない場合のTPSE を5並列10直列にした実験により求められた圧力・流量特性の結果を図4.3.20に示す。体積あたりのパワー密度は270 mW/cm^3 (@3 kV) となり、針－リング電極対のそれを大きく超えている[20]。さらに、平面上に集積した電極対アレイ基板を高さ方向に積むことにより、容易に3次元に電極対アレイを展開できる。

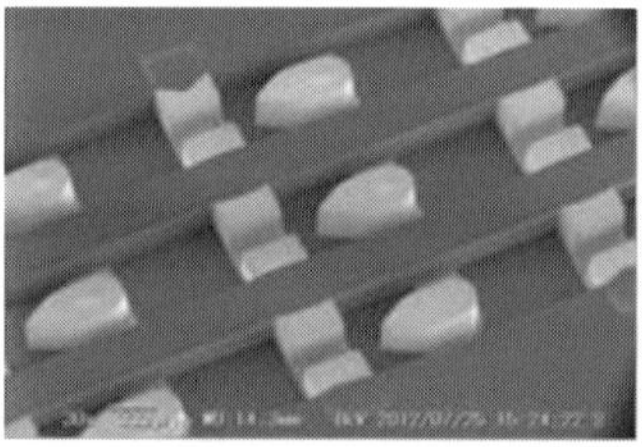
図4.3.18　試作されたTPSE電極対のSEM写真例

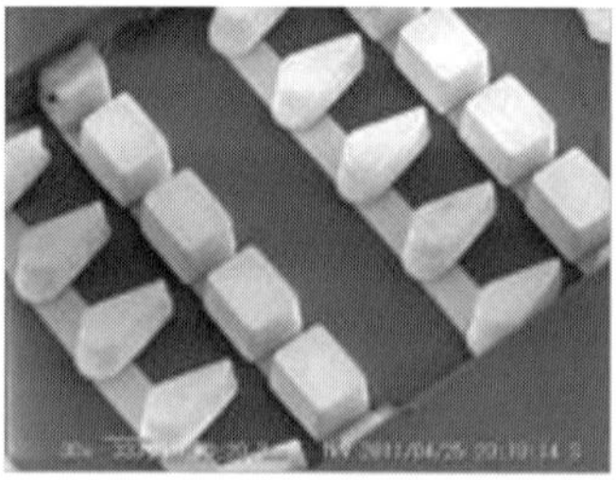
図4.3.19　流路隔壁を設けないTPSE-5並列10直列の電極対のSEM写真例

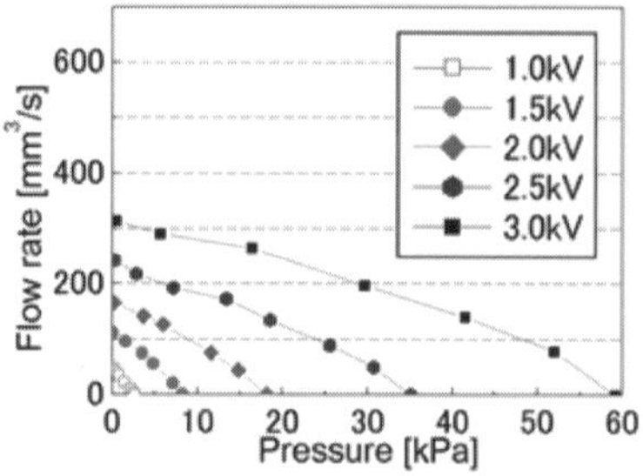

図4.3.20　隔壁なしTPSE圧力・流量特性の実験結果

3次元で高い圧力を得るためには一筆書きに電極対を並べればよいが、流量を増やすためには、3次元の高さ方向の基板しきりはない方がよい。このしきりをなくす工夫については、図4.3.21に示すような2段重ねをグラインダも駆使して試作し、しきりなし2段にすることで2.1倍に流量が大きく増加することが確認されている[21]。

図4.3.21　基板しきりなし2段重ねTPSEのSEM写真

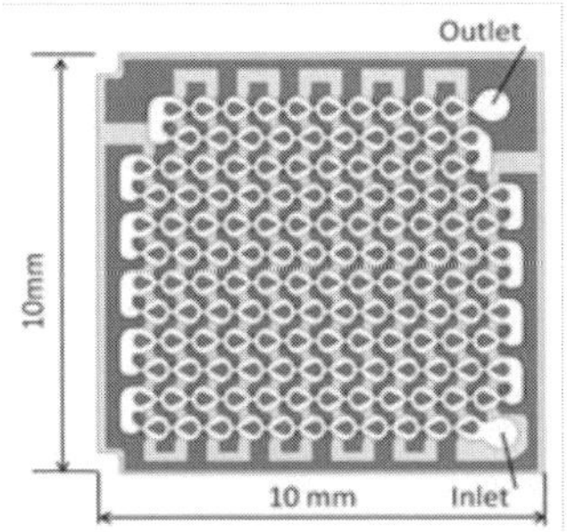

図4.3.22　TPSEを平面集積した高圧力ポンプ電極対アレイ

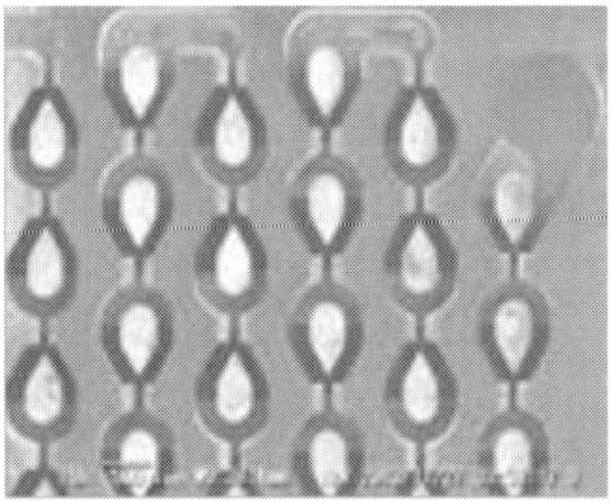

図4.3.23　TPSEアレイ形状の改良（部分）

⑷　マイクロポンプの高圧力化とTPSEを平面集積したECFジェット駆動バルーン形マイクロアクチュエータ（偏心フィンガ）の駆動

TPSEを平面集積した高圧力ポンプとして、図4.3.22にその電極対アレイと図4.3.23にSEM写真を示す高集積マイクロポンプが設計・製作されている[22)]。その寸法はカバーを除いて縦10 mm横10 mm厚さ1 mmであり、基本的な電極ギャップは100 μmで、その狭い空間に、極性を工夫した119対もの電極対が直列に集積されている。形状についても、前節でも触れた、微小化特性実験の知見をもとにして図4.3.23のように改良が加えられている。その実験結果を図4.3.24に示す。また図4.3.25に試作されたポンプを示す。この体積0.2 cm^3のポンプで、ECFとしてFF909EHA2を用いて、印加電圧1.5 kVで、0.43 MPaの圧力が発生できることを確認している。

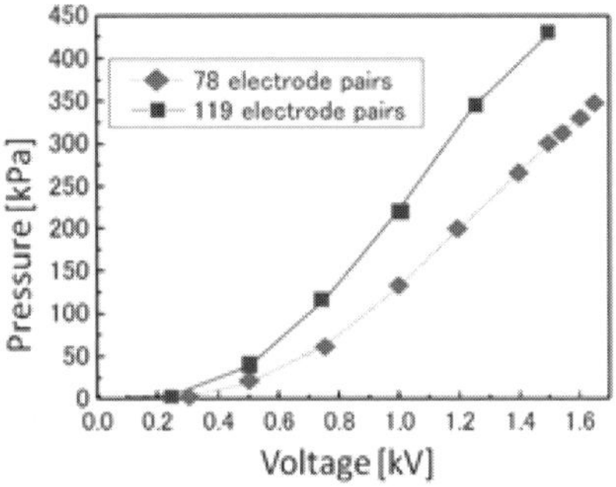

図4.3.24　アレイの圧力特性の実験結果

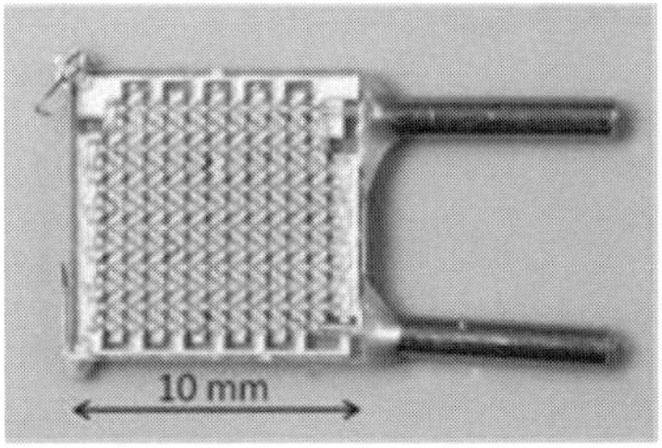

図4.3.25　試作されたTPSEアレイポンプ

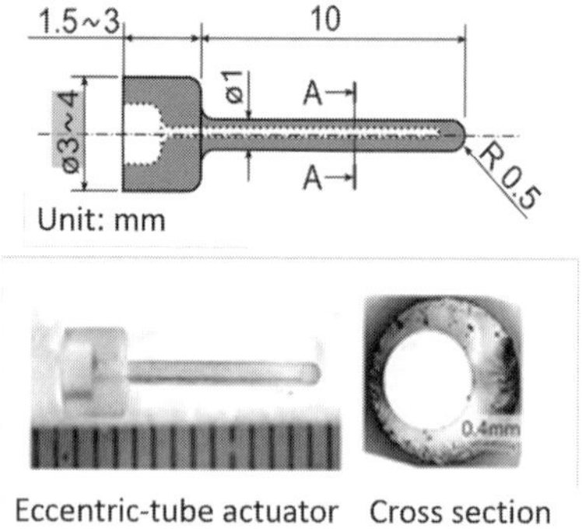

図4.3.26　試作された偏心フィンガ

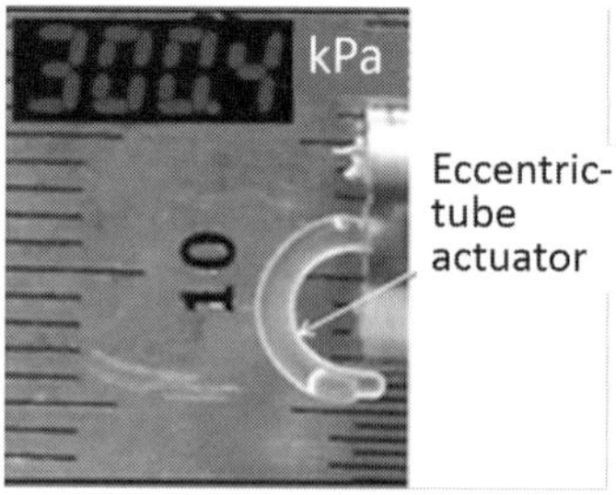

図4.3.27　偏心フィンガを0.3 MPaで180度駆動した様子

発生力を大きくするには、駆動されるアクチュエータの耐久圧力も当然大きくしなくてはならない。ルーベンキリスト教大で開発された0.4 MPa程度まで耐えうるバルーン形アクチュエータであるグリッパ用フィンガ(偏心フィンガ)[23]を用いて、その駆動が試みられている[24]。図4.3.26に試作された偏心フィンガを示す。これによりポンプ一体形アクチュエータが実現されている。

このポンプを用いて、この偏心フィンガを0.3 MPaで180度曲げるまで駆動できることが確かめられている(図4.3.27)。また、発生力は11 mNに達している[24]。

このポンプの最大耐圧は、いまのところ十分ではないが、パッケージング技術を検討して接着とガラス板を利用すれば、高さ方向に三段積層することにより、小さなサイコロ程度の1 cm^3以下の体積のポンプで圧力1 MPaは十分発生できると考えられる。さらにすきまをマイクロ化してさらに積層化できれば同程度の圧力に対して必要な印加電圧はさらに低く、1 kV以下にすることが容易に可能であり、マイクロ液圧の実現も視野に入ると思われる。

(5)　他のアクチュエータへの応用例

MEMS電極対(TPSE)を用いて、マイクロレンズ[25]の駆動に応用されている。点字表示ピンの駆動[26]については、針リング電極対のMEMS技術による製作が試みられている。ECF駆動5本指ロボットハンド[27]、みみず形ロボット[28]、尺取り虫形ロボット[29]、EDMiDアクチュエータ[30]、3Dプリンタによるハンド[31]、及びたこの吸着器形ロボット[32]が、それぞれ提案・試作され、それらの妥当性が検討されている。詳細については、文献を参照されたい。

4.3.7　マイクロTAS、マイクロフルイディクスへの応用

ECFの流動をマイクロTAS、マイクロフルイディクスへ応用することが試みられている。作動流体はECFに限られるものの、電極対に電界を印加するだけで、流動が得られるのは強みである。これらに関して、液滴混合デバイス[33]や液滴発生デバイス[34]などが検討されている。詳しくは文献を参照されたい。

4.3.8　まとめ

機能性流体としてのECFの利点を活かした種々の工学的応用が進められている。その中でも、体積が1 cm^{3}程度の高パワー密度のマイクロポンプの実現に向けた検討が進められてきている[35]。図4.3.28は体積が1.5 cm^{3}以下のマイクロポンプの、現状での体積当たりのパワー密度がまとめられたものである[36]。横田らのECFポンプが現在の世界中のほかのマイクロポンプに比べて一桁以上高い値を示している

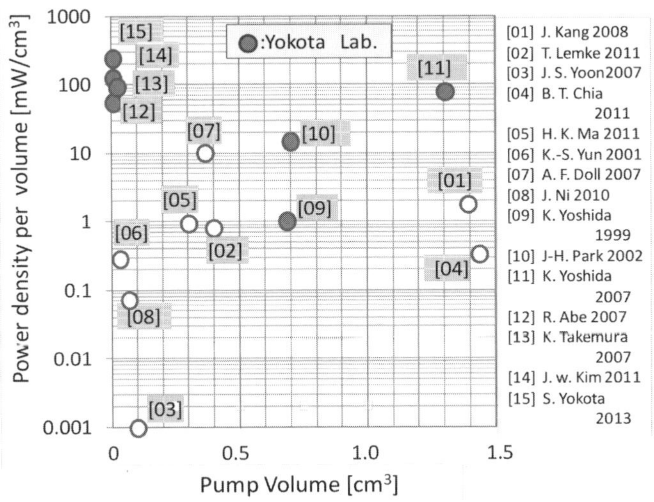

図4.3.28　体積1.5 cm^{3}以下のマイクロポンプの現状でのパワー密度

が、まだまだマイクロ液圧に十分なものではなく、パワー密度は1 MW/m^3 (1 W/cm^3) は必要である。現時点では、ECFが発生するジェットにより、体積1 cm^{3}以下で0.4 MPaの圧力を発生できるマイクロポンプが実現できることを確認している。このことはマイクロ液圧システムの実現が視野に入ったことを意味している。今後、機能性流体を応用したマイクロ液圧およびマイクロフルイディクスの分野が興味をもたれて、発展していくことが期待される。

＜参考文献＞

1) S. Yokota, Y. Kondoh, A. Sadamoto, Y. Otsubo, K. Edamura: "A Micro Motor Using Electro-conjugate Fluids (ECF) (Proposition of Stator Electrode-type (SE-type) Micro ECF motors)", JSME International Journal, 44C, 3, pp.756-762, (2001)

2) 横田，根本，近藤，大坪，枝村："電界共役流体 (ECF)を応用したマイクロモータ - ロータ電極 (RE)形マイクロECFモータの提案", 機論, **66**, 651C, pp.3799-3804, (2000)

3) 桜井，五十嵐，中田，枝村："メッシュ電極を用いたECFポンプの提案"，機論，78, 786B, pp.291-299, (2012)

4) W-S Seo, K. Yoshida, S. Yokota, K. Edamura: " A high performance planar pump using electro-conjugate fluid with improved electrode patterns Development of a miniature thin-planar pump using electro-conjugate fluid", Sensors and Actuators A, **134**, 3, pp.606-614, (2007)

5) K. Takemura, S. Yokota, T. Imamura, K. Edamura, H. Kumagai: " The Practical Design of a Liquid Rate Gyroscope using Electro-conjugate Fluid", Journal of Systems and Control Engineering, Part I of the Proceedings of IMechE, 223, 6, pp.727-736, (2009)

6) K. Takemura, S. Yokota, K. Edamura: "Development and control of a micro artificial muscle cell using electro-conjugate fluid", Sensors and Actuators A, **133**, pp.493-499, (2007)

7) R. Abe, K.Takemura, K. Edamura, S. Yokota: " Concept of a micro finger using Electro-conjugate Fluid and fabrication of a large model prototype" , Sensors and Actuators A, **136**, pp.629-637, (2007)

8) Y. Abe, K. Takemura, S. Yokota, K. Edamura: "Active Flow Channel Matrix using Electro-conjugate Fluid for μTAS application" , JFPS International Journal of Fluid Power System, **5**, 1, pp.11-15, (2012)

9) 横田，佐瀬，近藤，大坪，枝村:"電界共役流体(ECF)を応用したモータ - ディスクプレート形ECFモータの提案", 機論，**67**, 664C, pp.4032-4037, (2001)

10) S. Yokota, K. Edamura: "New Construction of an Electro-Conjugate Fluid-Jet Driven Micromotor with Inner Diameter of 2mm" , Proc. IMechE, Part I: Journal of Systems and Control Engineering, **220**, 4, pp.251-256, (2006)

11) 横田，桑嶋，枝村：" 積層DP-RE形ECFマイクロモータの高集積化", 機論，**70**, 693C, pp.1463-1469, (2004)

12) S. Yokota, K. Yoshida, W-S Seo, K. Koizumi, J-W Kim, K. Edamura: " Forced Liquid Cooling System Using Thin Planar ECF Pump for High Power Electronic Chips" , Proc. of ACTUATOR2008, Bremen, Germany, B-15, pp.226-229, (2008)

13) 横田，今村，鈴木，竹村，枝村，熊谷：" 電界共役流体を用いたマイクロ液体レートジャイロの研究"，機論，75, 750C, pp.496-502,（2009）
14) 尾川，横田，枝村，竹村："電界共役流体を用いた2軸液体マイクロレートジャイロの開発"，機論，77, 773C, pp.204/211,（2011）
15) K. Takemura, S. Yokota, K. Edamura: "Driving Performance and Control of a Micro Artificial Muscle Cell using Electro-Conjugate Fluid", Sensors and Actuators A, 133, 2, pp.493-499,（2007）
16) K. Takemura, F. Yajima, K. Edamura, S. Yokota: "Integration of Micro Artificial Muscle cells using Electro-conjugate Fluid", Sensors and Actuators A, 144, 2, pp.348-353,（2008）
17) T. Nagaoka, Z. Mao, K. Takemura, S. Yokota, J-W Kim: "ECF（Electro-conjugate Fluid）Microfinger with Bidirectional Motion and its Application to a Flexible Hand", Smart Materials and Structures, 28, 025032,（2019）
18) J-W Kim, T. Suzuki, S. Yokota, K. Edamura: "Tube-type micropump by using electro-conjugated fluid（ECF）, Sensors and Actuators A, 174, pp.155-161,（2012）
19) D. Han, J-W Kim, S. Yokota, E. Edamura: "ECF Micropump Fabricated by Electroforming with Novel Self-aligned Micro-Molding Technology" , Journal of Physics: Conference Series, IOP Publishing, 660, 1, 012029,（2015）
20) J-W Kim, T. V.X. Nguyen, K. Edamura, S. Yokota: "Triangular Prism & Slit Electrode Pair for soft robotics as Electro-conjugate Fluid Hydraulic Power Source Using Thick KMPR Mold and Electroforming", IJAT, 10, 4, pp.470-473,（2016）
21) J-W Kim, Y. Yamada, S. Yokota, K. Edamura: "High Performance ECF Micropump by the 3D Integration of MEMS fabricated electrodes", Proc, 8th ICFP2013, Hangzhou, China,（2013）,
22) 古木，金，横田，枝村：MEMS技術を用いた集積化による高圧ECFマイクロポンプ，Robomec 2014 Toyama, 3P2-H6,（2014）
23) B. Gorissen, W. Vincentie, F. Al-Bender, D. Reynaerts, M. De Volder: "Modeling and bonding-free fabrication of flexible fluidic microactuators with a bending motion", JMM 23, 045012,（2013）
24) J-W Kim, M. Satoh, S. Yokota, K. Edamura: Micropump-integrated Eccentric Tube Type Microactuator by Electro-conjugate Fluid, Proc. Actuator 2014,（2014）
25) J-W Kim, T. Yoshimoto, S. Yokota, K. Edamura: "Proposition of a Focus-tunable ECF microlens by MEMS technology" , the International Journal of Automation Technology（IJAT）, 6, 4, pp.476-481,（2012）
26) K. Kondo, J-W Kim, S. Yokota, K. Edamura: "ECF micro actuators for a braille display", Proc. 18th ICMT2014, Taipei, Taiwan, ID-100,（2014）
27) A. Yamaguchi, K. Takemura, S. Yokota, K. Edamura: "A Robot Hand Using Electro-conjugate Fluid: Grasping experiment with balloon actuators inducing a palm motion of robot hand" , Sensors & Actuators A, 174, pp.181-188,（2012）
28) K. Tokida, A. Yamaguchi, K. Takemura, S. Yokota, K. Edamura: "A Bio-inspired Robot Using Electro-conjugate Fluid", Robotics and Mechatronics, 25, 1, pp.16-24,（2013）
29) S. Ueno, K. Takemura, S. Yokota, K. Edamura: "Micro Inchworm Robot using Electro-conjugate Fluid", Sensors and Actuators A, 216, pp.36-42,（2014）
30) S-I Eom, H. Masuda, S. Yokota, K. Yoshida, K. Edamura: "An ECF-Jet driven mini hydraulic piston actuator", Sensors and Actuators A, 247, pp.164-171,（2016）

31）D. Han, H. Gu, J-W Kim, S. Yokota: “A bio-inspired 3D-printed hybrid finger with integrated ECF micropumps”, Sensors and Actuators A, **257**, pp.47-57,（2017）
32）E. Nakamura, Y. Tanaka, T. Kinjo, K. Edamura, S. Yokota: “Bionic Microsuction Cup Actuator Using Functional Fluid Power”, 22nd ICMT, Jeju, Korea,（2018）
33）Y. Abe, K. Takemura, S. Yokota, K. Edamura: “Droplet μTAS using Electro-conjugate Fluid - feedback position control of multiple droplets in flow channel matrix - “, Sensors & Actuators A, **198**, pp.1-7,（2013）
34）Z. Mao, K. Yoshida, J-W Kim: “Developing O/O（oil-in-oil）droplet generators on a chip by using ECF（electro-conjugate fluid）micropumps”, Sensors & Actuators B, **296**, 3126669,（2019）
35）横田眞一：“基調講演「マイクロ液圧」”，平成22年度秋季フルードパワーシステム講演会講演論文集，pp.3-6,（2010）
36）S. Yokota: “A Review on micropumps from the viewpoint of volumetric power density”, JSME Mechanical Engineering Reviews, 1, 2, pp.1-11,（2014）

4.4　EHD現象としての応用

EHD現象としての応用として、ここでは、使用する流体の劣化を減らしつつ流体に流れを発生させるために、電荷注入による流れの発生ではなく、電界強度分布が粗な領域から密な領域に向かって流れを発生させることに重点をおいた応用例を紹介することとする。特に、この考え方に基づき開発された電極構成を基本としたEHDポンプ、そして、そのEHDポンプにより発生した流体の流れを利用した人工筋の駆動や、EHDポンプをアクチュエータ内に組み込んだ多関節ロボットなどについて紹介する。

4.4.1　EHDポンプ

(1)　数元効果から発展させた電極構成

EHD現象の一例として、図4.4.1(a)に示すように、絶縁性の液体内に、平板電極とそれに数mm程度の間隔を空け垂直に置いた線電極という構成の電極を配置し、この電極間に電圧を印加すると、図4.4.1(b)に示すように、平板電極から線電極に向かう流れが発生し、その結果として線電極上を外部から力学的駆動力を加えることなく上昇する流れが発生する。このようなEHD現象は数元効果と呼ばれ、1956年に発表されている[1]。ただし、1956年での発表では、図4.4.1(b)に示すような強い流れが示されているのではなく、線電極を僅かに上昇する程度の流れであった。なおこの発表では、使用する液体（クロロホルムやキシレン）により正極に沿って液体が上昇する場合と負極（GND）に沿って上昇する場合が示されているが、図4.4.1で示した電極構成および使用した絶縁性の液体（スリーエム社、HFE7200）においては、

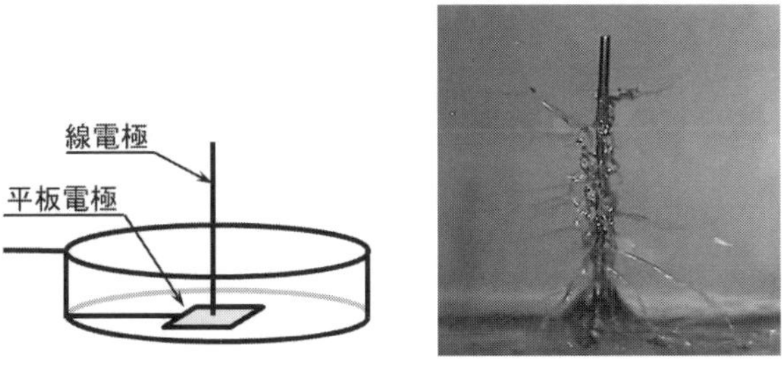

図4.4.1　平板電極と線電極により発生する噴水のような流れ（数元効果）

電極の極性には殆ど影響を受けず、平板電極と線電極のどちらを正と負（GND）としても、液体の上昇の高さに僅かな違いは見られるものの、同様の現象が発生している。

ここでは、数元効果を発生させる電極構成をそのまま利用するのではなく、その電極構成を参考に新たな電極構成を考案し、それを用いて新たに開発されたEHDポンプ[2]を紹介する。

(a)EHD現象による液体の上昇　(b) 電極を横に倒す　(c) 平板電極を線電極の上に移動し傾ける　(d) 線電極を板状に変更

図4.4.2　電極形状の検討

図4.4.1で示した平板電極と線電極の構成（図4.4.2(a)）から、電極形状を変更し、最終的に絶縁性流体内に図4.4.2(d)に示すような板状の電極と、その上に傾斜させた平板電極という構成の電極対を配置し、その電極対によって絶縁性流体に電圧を印加することで、流体に活発、かつ強い一方向性の流れが発生することが確認されている[3,4]。なお、この電極構成で最も活発なEHD現象を示した流体（誘電液体）は、先ほども示したスリーエム社のHFE7200である。

その結果に基づいて、図4.4.2(d)で示した電極構成を基に図4.4.3に示すように、流路壁面に板状電極を配置し、流路中央に板状電極に対し30°に傾斜させた平板電極を配置させる構造の電極構造検討用EHDポンプが試作されている。このポンプの電極高さは10 mm、平板電極長さは10 mm、電極間隔（二枚の電極の最も近い距離）は1 mmである。このポンプに実際に電圧を印加した結果、印加電圧を高くするにつれ圧力･流量ともに上昇する傾向を示し、10 kV印加時に圧力3.1 kPa、流量8.6 mL/sが得られている[4]。

(2)　流動を双方向に発生させる電極構成

ここで利用するEHD現象は、電極の極性によらず一方向の流れが発生するため、図4.4.3の電極構造検討用EHDポンプで使用した電極

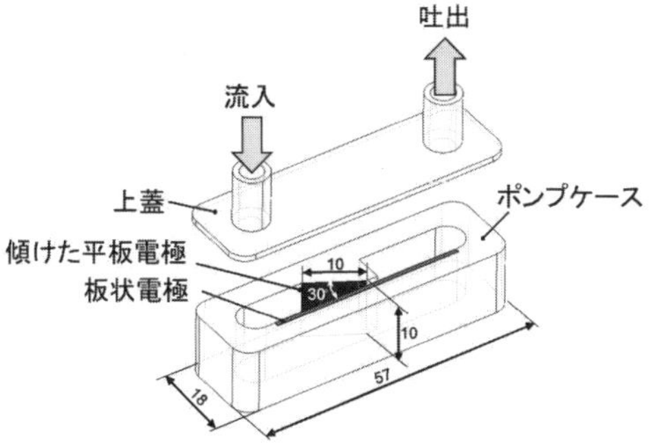

図4.4.3　電極構造検討用EHDポンプ

形状では一方向の流れのみを発生させるポンプとなってしまう。そのため、図4.4.4に示すように、双方向への流れを実現するため、電極を流れの方向に対し対称的にもうひとつ配置し、印加する電極を切り替えることによって流れの方向を切り替える機能が付与されている[4]。

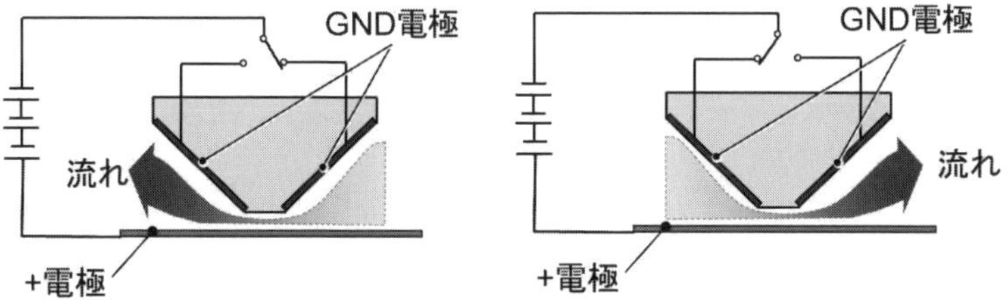

左への流れ　　右への流れ

図4.4.4　双方向の流れを発生させる電極構成

⑶　高吐出圧力を目指した電極構成の多段化

⑴で示したポンプの電極構成では、吐出可能な圧力が小さいため、図4.4.5に示すように、電極構成を複数組直列（多段）に結合することにより、発生する流れの圧力を多段階に昇圧し、ポンプ吐出圧力を高くすることが可能である[2]。

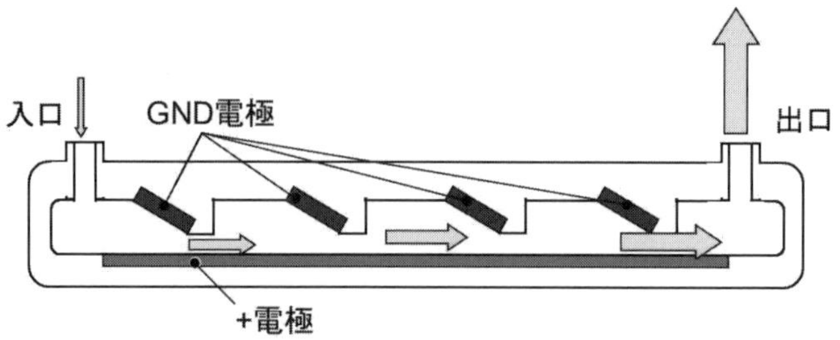

図4.4.5　電極多段化

⑷　試作したＥＨＤポンプ

⑵で示した双方向の流れを発生させる電極構成（以下、双方向電極と呼ぶ）を⑶で示した考え方に従い複数段直列に配置した試作型EHDポンプが製作されている。この試作型EHDポンプの大きさは掌に収まる程度とし、その中にEHDポンプユニットを可能な限り収めることによって、結果として12段の双方向電極が流路内に直列配置されている（図4.4.6）。また、双方向電極を単純に12段直列配置させると全体として細長くなってしまうため、流路を腸のように折りたたむ構造としている[2)]。

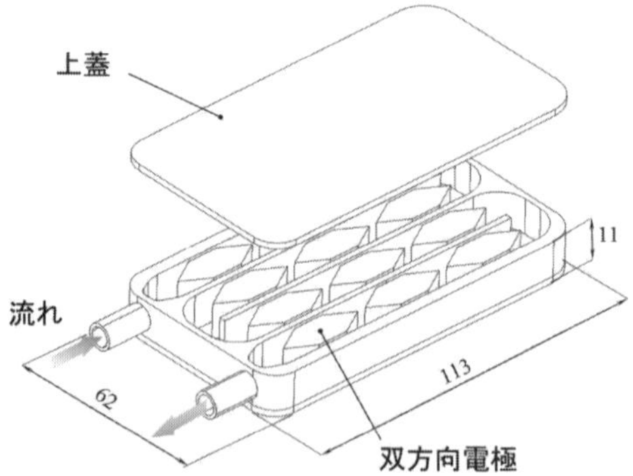

図4.4.6　試作型EHDポンプ

図4.4.7には、試作型EHDポンプの性能として印加電圧に対する吐出圧力を測定した結果を示す。印加電圧の上昇に伴い吐出圧力は上昇

し、17 kV印加時には最大圧力73 kPaが得られることがわかる。なお、流量に関しても、無負荷状態で17 kV印加時に最大流量2.1 L/minが得られている[2][5]。

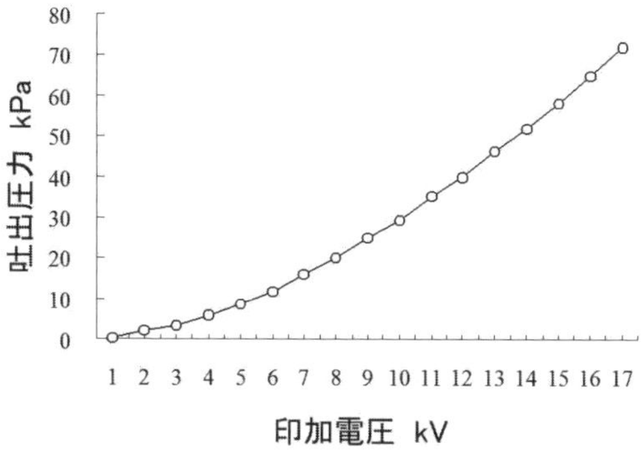

図4.4.7　試作型EHDポンプの印加電圧と吐出圧力との関係

4.4.2　EHDポンプを用いた試作人工筋ロボットアーム[2]

(1)　人工筋ロボットアーム

将来的には介護ロボット等への応用を想定して図4.4.8に示すような、上腕部の長さ130 mm、前腕部の長さ110 mmと、ヒトの腕の1/3程度の大きさのEHDポンプで駆動するロボットアームが試作されている。このアームは、マッキベン型人工筋を模倣した自作の人工筋と、それを駆動する新たに試作した小型EHDポンプ、および作動流体のリザーバなど、これら全てを内蔵するもので、小型EHDポンプにより発生させた流体の圧力により人工筋を収縮させ、この収縮により関節を駆動させる構造となっている。

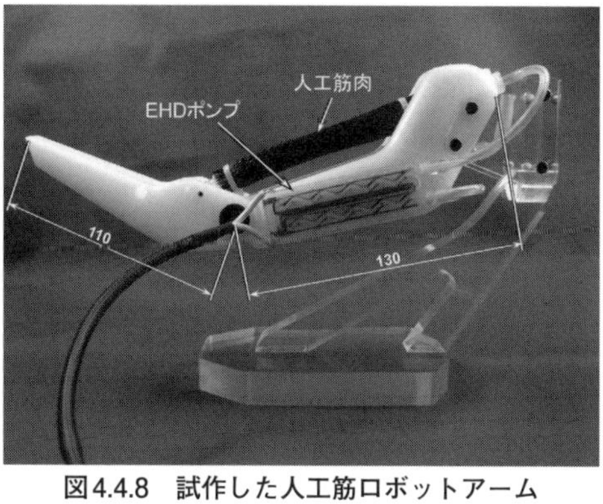

図4.4.8　試作した人工筋ロボットアーム

⑵　人工筋駆動用小型EHDポンプ

ロボットアームに使用された人工筋駆動用の小型EHDポンプは、図4.4.9に示すように、外形は縦22 mm、横75 mmとし、その中に20段の電極が配置されている。また、この小型EHDポンプには、直流電源と昇圧器により高い電圧を印加し、これをスイッチによりon/offすることで人工筋を収縮・伸展させロボットアームを駆動させる他に、上記直流電源に代え、9 Vの乾電池を使用することも可能としており、電源の面からも小型化が図られた構造を採用している。

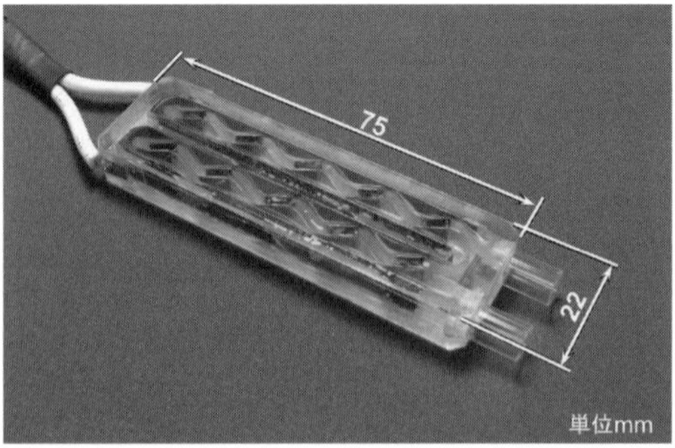

図4.4.9　ロボットアームに使用した小型EHDポンプ

⑶　人工筋およびロボットアームの動作試験結果

人工筋駆動用に試作した小型EHDポンプ（図4.4.9）は、最大印加電圧10 kVで約60 kPaの吐出圧力を発生させることが可能で、このときの電流は約150 µAである。この小型EHDポンプを用いて実際に試作した人工筋単体を駆動した場合の印加電圧と人工筋の収縮力の関係を図4.4.10に示す。この図からわかるように、試作した人工筋は、小型EHDポンプへの印加電圧の上昇に伴いその収縮力は増加し、10 kVの印加電圧で約60 N（約6 kgf）の収縮力の発生が可能である。また、印加電圧10 kVに対する収縮力のステップ応答の時定数は約380 msと計測されている。この人工筋を用いてロボットアームを駆動させたところスムーズな動きが可能であり、試作したEHDポンプ駆動による人工筋はロボットアームの駆動源としての使用が可能であることが確認されている。

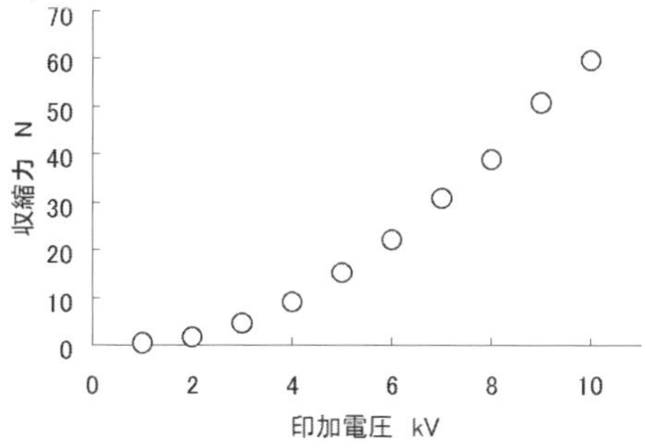

図4.4.10　EHDポンプ駆動による人工筋の印加電圧と収縮力の関係

4.4.3　ベロフラム駆動の揺動型アクチュエータの開発と多関節ロボットへの応用[6)]

EHDポンプを圧力源としたアクチュエータを用いることで、外部に圧力源を必要としない今までにない流体駆動型の多関節ロボットが開発できる。EHDポンプを圧力源として内蔵した図4.4.11(a)のようにシーソーのように揺れ動くアクチュエータ、すなわち揺動型EHDアクチュエータが考案され開発されている。さらに、この揺動型EHDアクチュエータを1つの関節とし、これを図4.4.11(b)のように多段に接続していくことで、関節それぞれに駆動源を有した多関節ロボットの構築が期待できる。

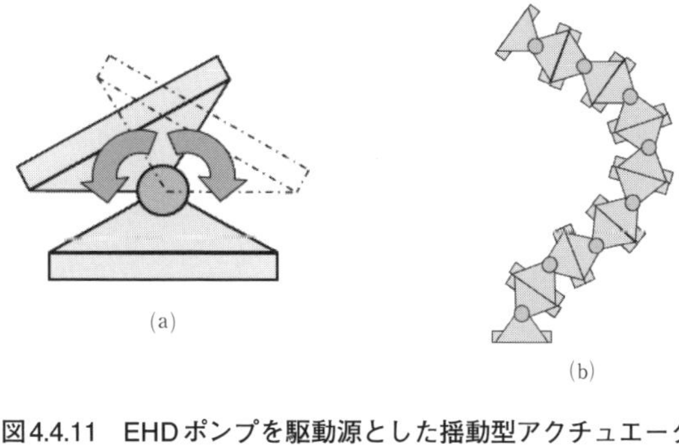

図4.4.11　EHDポンプを駆動源とした揺動型アクチュエータと
それを接続した多関節ロボットの概念図

図4.4.12に考案した揺動型EHDアクチュエータの基本構造を示す。このアクチュエータは、アッパーデッキ、ブリッジ、双方向EHDポンプを内蔵したロアデッキ、及び2基の駆動部により構成されている。ここで、双方向EHDポンプとは図4.4.4で示した双方向電極を内蔵したEHDポンプで、印加する電圧を切り替えることにより流れを双方向に切り替えることが可能なポンプである。揺動型EHDアクチュエータの駆動部にはベロフラムシリンダを用い、そのベロフラムシリンダをロアデッキの双方向EHDポンプに直接接続しその圧力源で駆動するようにしてある。この構造による動作の概念図を図4.4.13に示す。二つのベロフラム内と双方向EHDポンプは図のようにEHD現象を発生する絶縁性流体で満たされており、双方向EHDポンプに電圧を印加することにより、一方のベロフラムに流体を圧送することでピストンがアッパーデッキを押し、回転軸を中心としてアッパーデッキが傾く仕組みとなっている。また、双方向EHDポンプに印加する電圧を切り替え流体の流れの方向を反転させることで動作させるベロフラムシリンダが切り替わり、アッパーデッキの傾く方向が切り替えられ、揺動運動ができる構造となっている。この揺動型EHDアクチュエータは、双方向EHDポンプを内蔵したロアデッキに直接駆動部を接続しているため、外部圧力源や複雑な配管を必要としないシンプルな構造にすることが可能となっている。

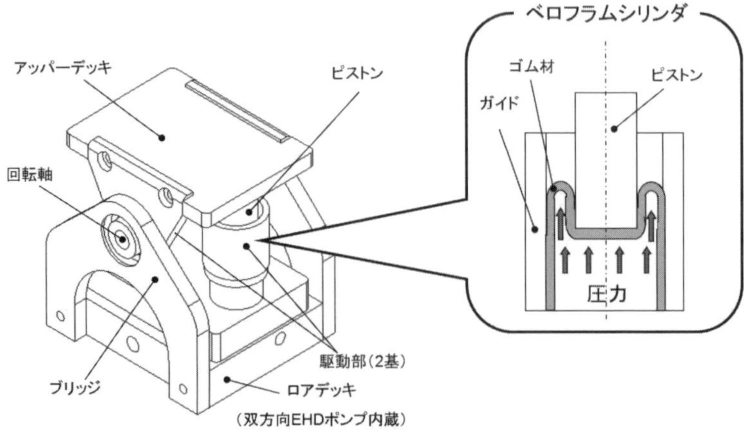

図4.4.12　考案した揺動型EHDアクチュエータの基本構造

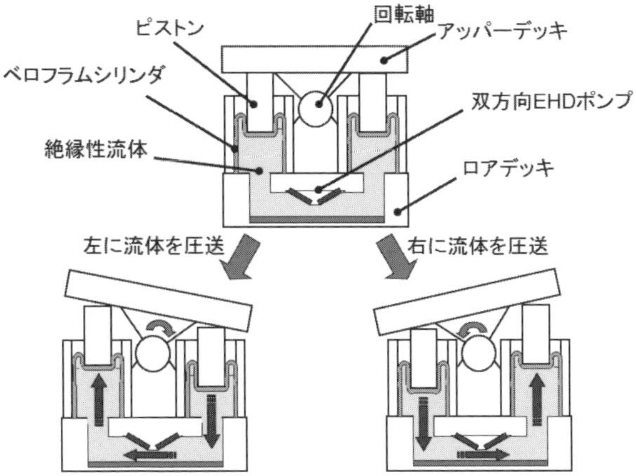

図4.4.13　揺動型EHDアクチュエータの動作の概念図

また、図4.4.14にロアデッキに内蔵する双方向EHDポンプ内の電極配置を示す。この双方向EHDポンプは図4.4.4で示した電極構成を15段直列に配置したもので、吐出圧力は最大で57.3 kPa、流量は最大で8.5 mL/sの値が得られている。

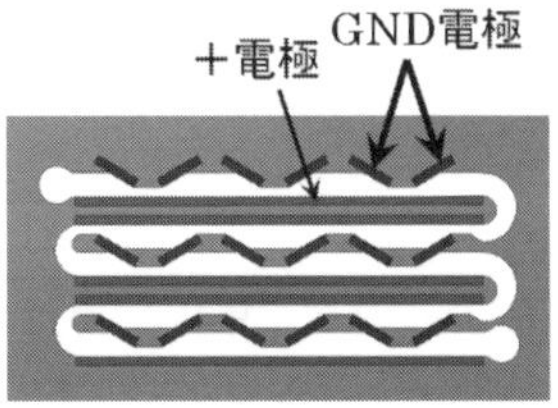

図4.4.14　ロアデッキに内蔵する双方向EHDポンプ内の電極配置

実際に製作された揺動型EHDアクチュエータを図4.4.15に示す。大きさは48×64×68 mmで、重さは約170 gである。アッパーデッキとロアデッキを平行にした状態

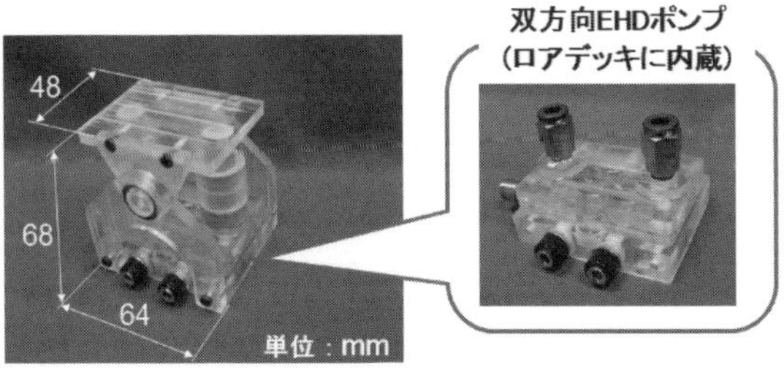

図4.4.15　実際に製作された揺動型EHDアクチュエータ

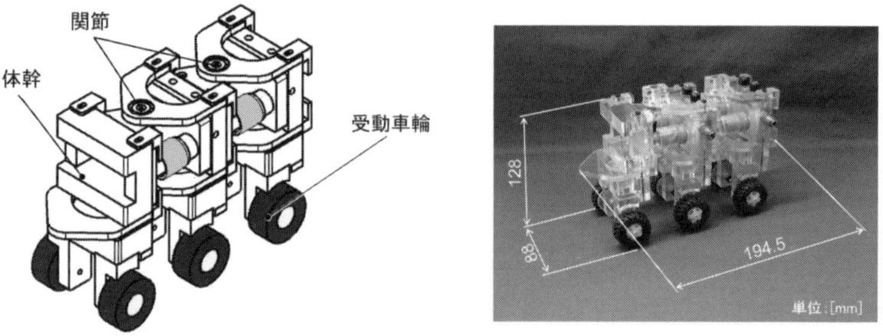

(a)　ヘビロボットのイメージ　　(b)　実際のヘビロボット

図4.4.16　実際に製作したヘビ型ロボット

を0度とした場合、−12度〜 +12度の範囲で揺動運動ができる構造となっている。

多関節ロボットの一つとしてヘビ型ロボットへの応用を前提に、揺動型EHDアクチュエータを関節とした、3節のEHDヘビ型ロボットが試作されている（揺動型EHDアクチュエータに受動車輪を取り付けたものを2つ接続している）。実際に試作されたEHDヘビ型ロボットを図4.4.16に示す。各揺動型EHDアクチュエータを操作することで、ロボットが前進することが確認されている。

<引用・参考文献>

1)　数元伊之助："液状誘電体が電極を上昇する現象"，応用物理，25，pp.264-265（1956）
2)　三井和幸："EHD現象利用ポンプの開発とアクチュエータへの応用"，フルードパワーシステム，42，1，pp.33-36（2011）
3)　寺阪澄孝，工藤周，三井和幸："EHD現象を応用した回転型アクチュエータの開発"，精密工学会誌，74，1，pp.87-91（2008）
4)　寺阪澄孝，三井和幸："EHD現象を応用した揺動運動型アクチュエータの開発"，フルードパワーシステム，42，5，pp.15-20（2011）
5)　鮎沢正太郎，堀口敦央，小島和仁，小柳拓也，工藤周，寺阪澄孝，三井和幸，阿部洋，黒田真一："ＥＨＤ現象を応用したポンプ型アクチュエータの開発とその応用に関する検討"，平成19年度春季フルードパワーシステム講演会講演論文集，pp.16-18（2007）
6)　高橋智久，佐藤嶺至，寺阪澄孝，下大川丈晴，三井和幸："揺動型EHDアクチュエータを用いた多関節ロボットの開発に関する基礎的研究"，平成26年度春季フルードパワーシステム講演会講演論文集，pp.73-75（2014）

第5章

磁性流体・磁気混合流体

磁性流体（Magnetic Fluid：MF, Ferrofluid）は、粒子表面を界面活性材処理した10 nm程度の強磁性微粒子を、水やケロシンなどの分散媒中に高濃度に分散したコロイド溶液であり、印加磁場下で磁気体積力などが発生し、粘度変化も生じる機能性を示す。その分散安定性や磁化特性、磁場下での流動特性と粘度特性、そして磁場勾配下で発生する磁気体積力による磁気的エネルギーについて概説する。磁性流体の応用事例として、比重差選別、研磨、回転軸用シール、音響スピーカ、そしてエネルギー変換装置などについて紹介する。

磁気混合流体（Magnetic Compound Fluid：MCF）は、磁性流体と磁気粘性（MR）流体を混合した機能性流体であり、両流体の機能性を併せもつ特徴がある。その組成、磁化特性、流動特性と粘度特性などと関連付けて機能性について概説する。MCFの研磨加工への応用事例が取り上げられ、MCF研磨の研磨原理、さまざまな加工物への適用とともに、その加工特性にかかわるMCFの機能性と特性について解説する。さらに、MCFのダンパへの応用例も紹介する。

5.1　磁性流体（MF）

磁性流体（Magnetic Fluid: MF, Ferrofluid）は流体中に粒径10 nm程度の強磁性体の超微粒子を分散させた人工のコロイド溶液である。このため、この流体は磁場に反応し、見かけ上、粘度が変化する。磁性流体は1965年にNASAのPapellによって，ロケットの液体燃料を磁石を用いて誘導するために発明された[1]。また、同時期に日本では下飯坂により製造されている[2]。その後、この流体は磁場下において、特異な現象や性質を有するために関心を集め続けている。磁性流体のスパイク現象を図5.1.1に示す。磁性流体に磁場を印加すると自由表面は磁力線方向にスパイク状に突起する。また、磁気浮揚現象を図5.1.2に示す。磁性流体に非一様磁場を印加すると磁性流体中の非磁性体（ビーカーの中のゴルフボール）には浮力が発生して浮揚する。これらの性質を活かしてさまざまな応用とアイデアが提案されており、そのために、理論的研究も行われ、RosensweigやShliomis、Odenbachらによって力学的モデルが導かれている[4]。

図5.1.1　磁性流体のスパイク現象[3]

図5.1.2　磁性流体の磁気浮揚現象[3]

5.1.1　機能発現機構と機能性

(1)　種類と組成

磁性流体の種類とその成分を表5.1.1に示す。磁性流体には分散媒として水を用いた水ベース磁性流体と有機溶剤を用いた有機溶剤ベース磁性流体がある。分散粒子には飽和磁化の高い磁性粒子が用いられる。このため、マグネタイト粒子 (Fe_3O_4) やマンガンフェライト粒子 ($MnFe_2O_4$) などの酸化物が用いられている。磁性粒子の粒径は分散安定性の観点から、約10 nmである。磁性粒子には粒子同士の凝集が起こらないように、また、分散性を良くするために界面活性剤が吸着されている。界面活性剤にはオレイン酸やカルボン酸がよく用いられている。この他の磁性流体としては、エネルギー変換装置への応用に開発された感温性磁性流体がある。感温性磁性流体の磁化特性は温度により変化する[1) 5)]。各種磁性流体の物性を表5.1.2に示す。

表5.1.1　磁性流体の種類

	分散媒	分散粒子	界面活性剤
水ベース磁性流体	水	マグネタイト	オレイン酸
有機溶剤ベース磁性流体	ケロシン アルキルナフタレン	マグネタイト マンガンフェライト	オレイン酸

(2)　分散安定性と磁化特性

磁性流体の分散粒子は分散性に優れている。この原因は粒子のサイズと界面活性剤による。粒径が10 nmの超微粒子は流体中でブラウン運動を起こすため、重力による沈降が起こらない。しかし、超微粒子同士は接近すると磁気力とファンデルワールス力によって凝集しようとする。これを防ぐために、超微粒子の表面に界面活性剤を吸着させている。図5.1.3に有機溶剤ベース磁性流体と水ベース磁性流体の場合の超微粒子の界面活性剤吸着モデルをそれぞれ示す。図5.1.3(a)の分散媒が有機溶剤の場合、超微粒子にオレイン酸の単分子層(第一層)を吸着させ、疎水基が分散媒側に向くようにしている。このため、油などの分散媒になじみやすく溶け込んだ状態になっている。図5.1.3(b)の分散媒が水の場合、超微粒子に2種類の界面活性剤を二重に被覆して（二分子層吸着と呼ばれる）、第二層の親水基が分散媒側に向くようにしている。さらに、第二層の外側には電気的に結合した水分子の水和固定層が存在する。分散媒中で接触した超微粒子同士には磁気力とファンデルワースル力による吸引力と界面活性剤の被覆膜の反発力が作用することになる。この反発力が吸引力より強い場合、超微粒子は凝集せず、安定に分散する。

表5.1.2　各種磁性流体の物性[6)]

磁性流体	飽和磁化（G）（25 ℃）	粘度（mPa·s）	分散媒	用途
W-35	360	30（25 ℃）	水	比重選別
HC-50	420	30（25 ℃）	ケロシン	比重選別
DEA-40	400	400（25 ℃）	ジエステル	シール，ダンパ，軸受
NS-35	350	900（25 ℃）	アルキルナフタレン	真空シール，ダンパ，軸受
PX-10	100	1,000（25 ℃）	鉱油	ダンパ
CFF 200 A	250	300（27 ℃）	エステル	導電性防塵，シール
APG 800,900 REN シリーズ	100～350	100～6,000（27 ℃）	ポリα－オレフィン	スピーカ
P シリーズ	≦100	≦5（27 ℃）	水／炭化水素溶剤	磁気パターン，観察
Fe_3N	1,700～2,400		ケロシン	シール，ダンパ，スピーカー
Fe-Co	約840		ケロシン	シール，ダンパ，スピーカー
TC3030S	300	<12（27 ℃）	炭化水素溶剤	熱輸送媒体（感温性磁性流体）
SLGシリーズ	300～350	1,000～2,000（27 ℃）	シリコーン	極寒仕様
EFHシリーズ	440～650	6～12（27 ℃）	炭化水素溶剤	教育デモ用
MSGP50C	500	<80（27 ℃）	炭化水素溶剤	教育デモ用
IJG（Fe-Co）	300	<8（27 ℃）	水	インクジェット
EMG（水ベース）シリーズ	33～325	<5（27 ℃）	水	磁気パターン，バイオ
MSGW10	185	<5	水	比重選別

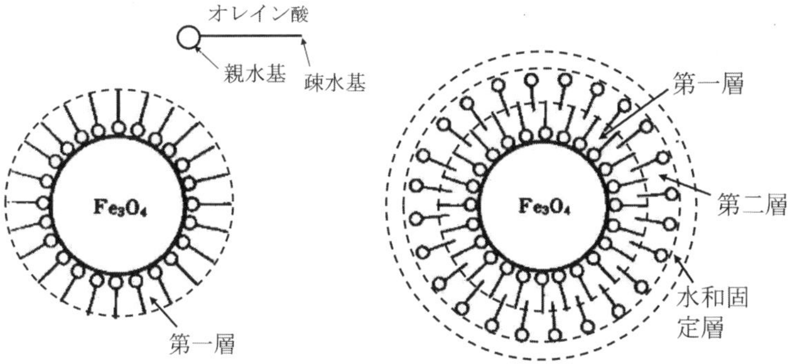

(a)　有機溶剤ベース磁性流体の場合　　(b)　水ベース磁性流体の場合

図5.1.3　磁性流体の超微粒子の分散モデル

磁性粒子の保磁力と粒子径の関係を図5.1.4に示す。保磁力とは残留磁化を消滅させる磁場の値である。粒径が100 nm以上の粒子は多数の磁区で構成され、それぞれの磁区は磁気モーメントを持っている。しかし，粒径が10 nm～100 nmの範囲では、1個の磁区（単磁区と呼ばれる)になる。単磁区構造の磁気モーメントは自由に回転でき、磁場を印加するとその大きさに応じて、磁気モーメントは磁場の方向に向く。粒径が10 nm～100 nmでは、保磁力が大きく磁場を取り除いても粒子は磁化したままの永久磁石になる。粒径が10 nm以下では、

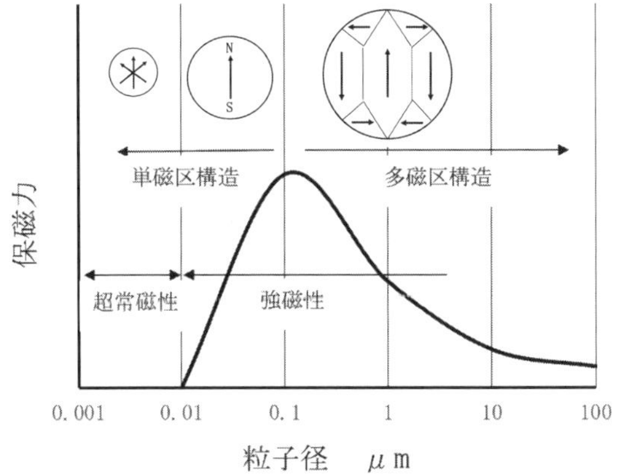

図5.1.4　磁性粒子の保持力と粒子径の関係

磁気モーメントが粒子内で熱運動により自由に回転できるようになり安定な磁化の指向性を保てず、保磁力が零の超常磁性を示すようになる。

磁性流体の磁化特性を図5.1.5に示す。磁化曲線は磁性粒子の超常磁性により、ヒステリシスを示さず、残留磁化を持たない。飽和磁化にいたるまでの磁化Mは以下の理論式により定性的に表すことができる。定量的には実験値による飽和磁化M_s（$= N\cdot m$）の値を代入して求めることができる。

$$M = NmL(\xi) = M_s L(\xi) \tag{5.1.1}$$

ここで、Nは磁性流体の単位体積当たりの粒子数、mは粒子の持つ磁気モーメントの大きさである。$L(\xi)$はランジュバン関数であり、次式で表される。

$$L(\xi) = \coth\xi - \frac{1}{\xi},\quad \xi = \frac{\mu_0 mH}{kT} \tag{5.1.2}$$

ここで、μ_0は真空の透磁率（$= 4\pi \times 10^{-7}$ H/m）、Hは磁場強度、kはボルツマン定数($= 1.3807 \times 10^{-23}$ J/K)、Tは絶対温度である。

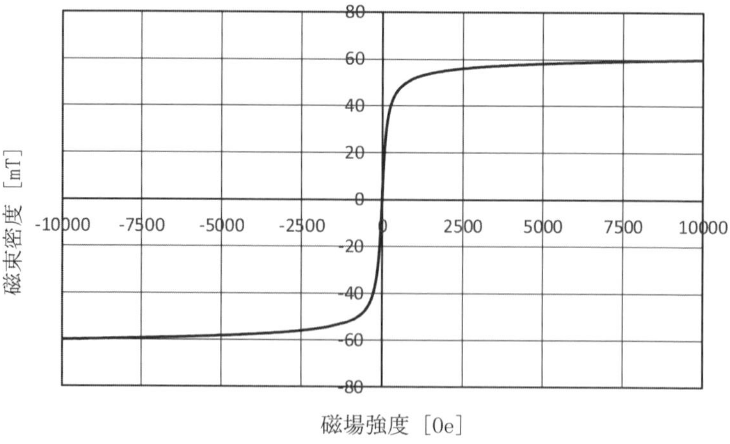

図5.1.5　磁性流体の磁化特性（MSGS60）[3)]

(3)　流動特性と粘度特性

磁性流体は磁場によって磁化特性以外に、流動特性と粘度特性（見かけの粘度特性）が変化する。これらの効果を用いて様々な応用機器が考えられる。磁性流体の流動曲線を図5.1.6に示す。せん断応力τとせん断速度Dの関係は無磁場と磁場印加において、ニュートン流体に近い特性を示す。見かけの粘度ηは、$\eta=\tau/D$で求めることができる。磁性流体の見かけの粘度は磁場強度の増加とともに大きくなる。無磁場での粘度η_sはRosensweigによって以下の式が提唱されている[1)]。

$$\frac{\eta_s}{\eta_0}=\frac{1}{1+a\phi+b\phi^2} \qquad (5.1.3)$$

ここで、η_0は分散媒の粘度、$a=-5/2$、$b=(5/2\phi_c-1)/\phi_c^2$、ϕ_cは粒子が完全に詰まった状態での濃度である。ケロシンベース磁性流体では、$\phi_c=0.74$として比較的よく一致する。

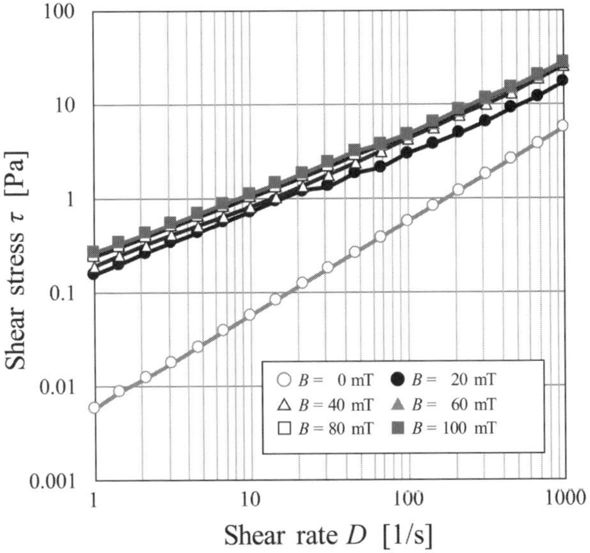

図5.1.6　磁性流体の流動曲線（MSGS60）

磁場下での見かけの粘度の増加には次の2つの考え方がある。①流体力学的に扱うために連続体としてみなし、見かけの粘度は粒子の内部角運動量のメカニズムにより増加する[5]、②見かけの粘度は粒子の磁気モーメントの相互作用によるクラスタの形成により増加する。見かけの粘度の増加は①と②が組み合わさったものと考えられる。しかし、粒子濃度が高くなると、クラスタ形成が助長され、クラスタの形成により粒子の自由度が制限されるので、①の効果が少なくなり、見かけの粘度への寄与は小さくなる。そのため、見かけの粘度は磁性微粒子の体積濃度が高くなると②の影響が支配的になると考えられる。

磁場下における微粒子間の双極子相互作用を図5.1.7に示す。図に示すように2個の強磁性粒子が中心間距離r離れて存在する場合、粒子間に働く磁気力は図のように一直線上に並んだ時が最大の吸引力になる。その時の磁気モーメントによるポテンシャルエネルギーU_mは次式のようになる[2]。

$$U_m = -\frac{m^2}{2\pi\mu r^3} \tag{5.1.4}$$

ここで、mは磁気モーメント、μは分散媒の透磁率である。磁気力F_mは式(5.1.4)を微分することで得られ、次式のようになる。

$$F_m = \frac{3m^2}{2\pi\mu r^4} \tag{5.1.5}$$

粒子間に働く磁気的な吸引力、すなわち、磁力線方向にクラスタを形成する粒子間の吸引力は磁気モーメントの2乗に比例する。

磁性流体の分散粒子の可視化写真を図5.1.8に示す。まず、無磁場においは、マグネタイト粒子がブラウン運動をしていることが確認されている。また、すでに幾つかの粒子による凝集が起こっている。次に、磁場を印加すると磁力線方向にクラスタが形成される。磁場強度の増加につれ、長いクラスタが形成されることがわかる。クラスタは

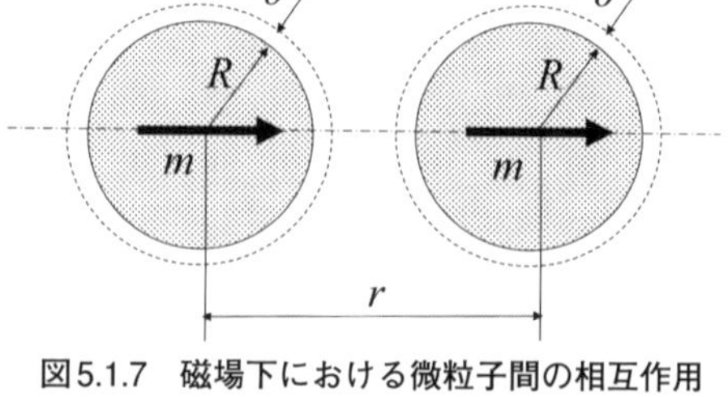

図5.1.7　磁場下における微粒子間の相互作用

流れのせん断に対して大きい抵抗を持つことから、見かけの粘度の増加はクラスタの流体抵抗が多くを占める。

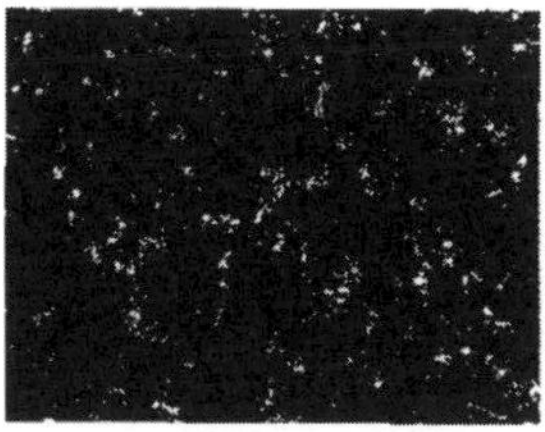

(a)　無磁場での状態

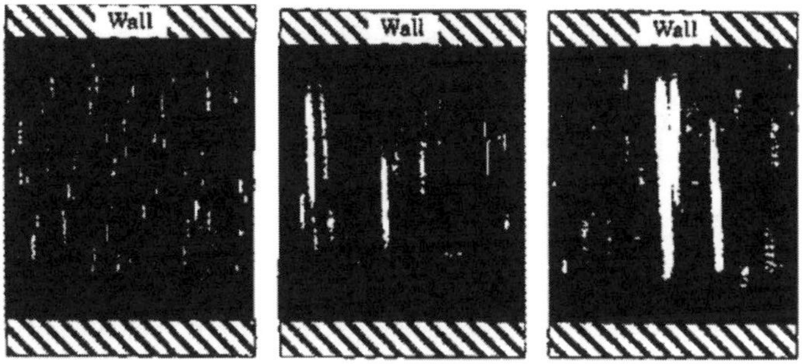

(b)　B = 45 mT　　(c)　B = 90 mT　　(d)　B = 130 mT

図5.1.8　磁性流体の分散粒子の可視化写真[7)]

磁性流体は磁場印加後、磁場を取り除くと超微粒子が安定分散した元の状態に戻る。また、見かけの粘度の増加はMR流体や磁気混合流体（MCF）に比べると小さい。これが磁性流体の特徴であり、これを活かした応用が行われている。

(4)　磁気的エネルギーを含んだベルヌーイの式

磁場下の磁性流体の特異な現象や流動特性を理解するには、磁性流体の運動方程式を解く方法があるが、磁気的エネルギーを含んだベルヌーイの式を用いるのが簡単で便利である。磁性流体は外部から磁場を印加すると体積力として磁気的エネルギーが蓄えられる。この場合、磁性流体の単位体積当たりの磁気的エネルギーUは次式のようになる。

$$U = \mu_0 \int_0^H M\, dH \tag{5.1.6}$$

ここで、μ_0は真空の透磁率、Mは磁性流体の磁化、Hは磁場強度である。従って、磁性流体の粘度と圧縮性のない理想流体の場合のベルヌーイの式は以下の様になる。

$$\frac{1}{2}\rho u^2 + \rho g z + p - \mu_0 \int_0^H M\, dH = const. \tag{5.1.7}$$

ここで、ρは磁性流体の密度、uは磁性流体の速度、gは重力加速度、zは重力場における高さである。この式は磁性流体の応用機器の性能を考察する上で、非常に重要な式になる。次節の応用において、このベルヌーイの式を用いて特性を説明する。

5.1.2　応用

(1)　比重差選別装置

磁性流体の磁気浮揚現象を利用するものとして、古くから比重差選別装置が検討されている[8),9)]。磁気浮揚現象は勾配のある磁場下にある磁性流体中の非磁性体に働く浮力（磁気浮力と呼ぶ）によるものである。磁気浮力の原理を図5.1.9に示す。

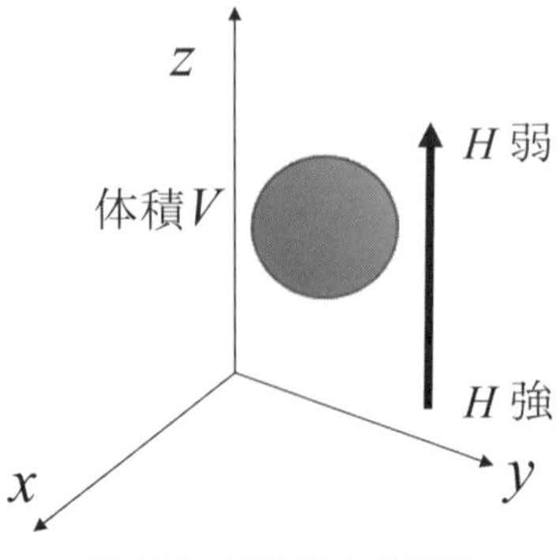

図5.1.9　磁気浮力の原理

この物体に作用するz軸方向の力を考える。物体に作用する圧力pは式(5.1.7)より、以下のようになる。ただし、静止しているので、$u=0$である。

$$p = -\rho g z + \mu_0 \int_0^H M\, dH + const. \qquad (5.1.8)$$

また、物体に働くz軸方向の力Fは、

$$F = -V \frac{\partial p}{\partial z} \qquad (5.1.9)$$

である。式(5.1.9)に式(5.1.8)を代入すると以下のようになる。

$$F = \rho g V - \mu_0 M \frac{\partial H}{\partial z} V = \left(\rho - \mu_0 \frac{M}{g} \frac{\partial H}{\partial z} \right) g V = \rho' g V \qquad (5.1.10)$$

ただし、$\rho' = \rho - \mu_0 \dfrac{M}{g} \dfrac{\partial H}{\partial z}$

ρ'は見かけの密度であり、力Fが磁気浮力である。式(5.1.10)より、$\partial H/\partial z$が負となる磁場勾配を与えると大きな磁気浮力が得られる。

比重差選別装置は当初、最終廃棄物中の非磁性の有用金属の選別に適用されたが、その後、ダイヤモンド鉱山における原石の分離に限定的に実用化されている。比重差選別装置の仕組みと構造を図5.1.10に示す。2個の永久磁石を上方に行くほど間隔が開くように相対させ、$\partial H/\partial z$が負になるようにしている。物質を選別槽に入れると、物質の中の比重の小さい固体が浮上物コンベア側に入り、比重の大きい固体が沈下物コンベア側に入って選別される。近年、比重差選別装置用の安価な磁性流体が開発されるようになり、2016年にオランダで図5.1.11に示す比重差選別装置が製品化されている。

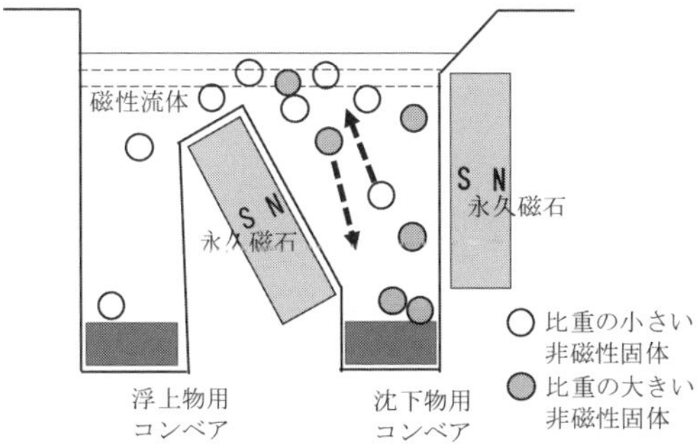

図5.1.10　比重差選別装置の仕組みと構造

図5.1.11　比重差選別装置[10)]

⑵　研磨

磁性流体の磁気浮揚現象を利用した研磨法（磁性流体研磨と呼ばれている）が日本を中心に古くから研究されている[11)]。磁性流体研磨と同様に磁場に応答する流体を使った研磨として、磁気粘性流体研磨（以下、MR流体研磨と呼ぶ）や磁気混合流体研磨（以下、MCF研磨と呼ぶ）（5.2.2⑴研磨加工で説明）があるが、研磨原理や研磨特性はそれぞれ異なる。

磁性流体研磨の原理を図5.1.12に示す。この研磨では非磁性体である砥粒を分散した磁性流体に磁場を印加して液面近傍に砥粒層を形成させ、砥粒に作用する磁気浮力を加工力として用いる方法である。加工圧力は高くないため、高硬度の材料に対して研磨能率は低い。しかし、軟質な材料に対しては有効である。また、この研磨法は流体研磨であるため、砥粒を常に研磨面に配置できる。このため、曲面などの複雑形状、内面、そして、微細構造などに対して有効である。

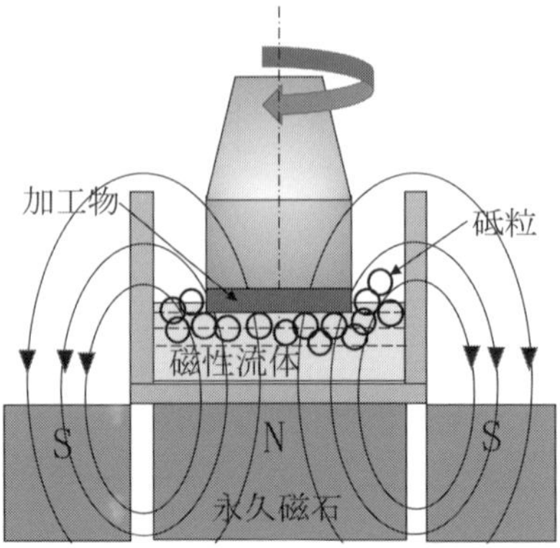

図5.1.12　磁性流体研磨の原理

磁性流体研磨の加工圧力を高める方法として、容器内の永久磁石近傍に浮子を入れる方法が開発されている[12)]。浮子には大きな磁気浮力が作用するので、大きな加工圧力が得ることができる。遊離砥粒研磨において研磨率が最大になる加工圧力100 kPaが可能であることが報告されている。

ここで、磁性流体中の非磁性体である砥粒の挙動を理解するために、磁性流体中の2個の非磁性球の相互作用と挙動について説明する。図5.1.13は2個の非磁性球の相互作用を示す。2個の非磁性球の磁気モーメントによるポテンシャルエネルギーは2個の非磁性球が磁場方向に連なっている時が一番小さく、互いに吸引力を及ぼしあう。一方、磁場に対して垂直に連なっている場合はポテンシャルエネルギーが高く、互いに斥力を及ぼしあう。そのため、図5.1.14に示すように磁性流体中の非磁性体球は磁場を印加すると磁場方向に間隔を取って鎖状のクラスタを形成する。

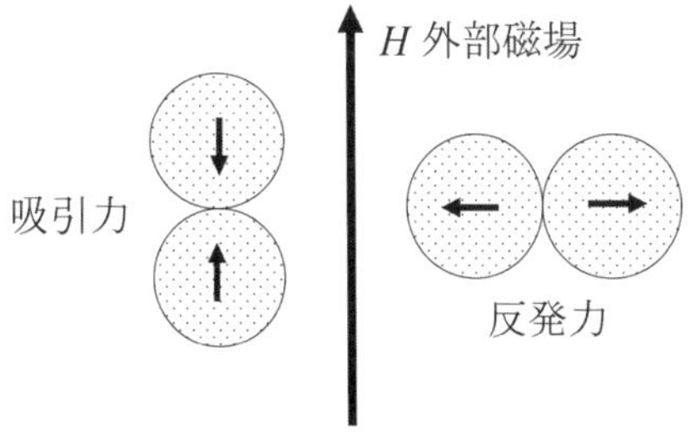

図5.1.13　磁性流体中の2個の非磁性球の相互作用

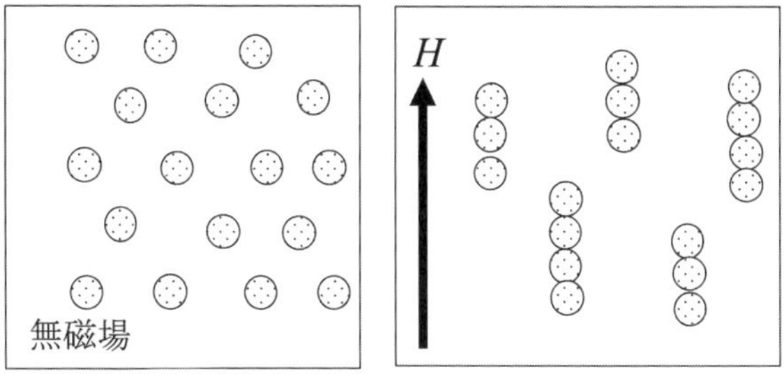

(a)　無磁場　　(b)　磁場印加

図5.1.14　磁性流体中の非磁性体球の挙動

磁性流体中の砥粒の相互作用を利用した研磨法が開発されている[13)]。これは水ベース磁性流体にGC砥粒を混合した研磨液により、研磨面に垂直磁場を印加できる平面ラップ盤を用いて、ガラス平面のラッピング研磨を行うものである。図5.1.15(a)はラッピングにおける砥粒の分布と磁性流体中に砥粒を混合して垂直磁場を印加した場合の砥粒の分布を示す。加工面に侵入した研磨液に磁場を印加すると、磁性流体中の砥粒が相互作用である互いの斥力によって、ある程度の距離を保って配列する。また、図5.1.15(b)は平面度Δhと磁場強度の関係を示したものである。磁場強度の増加につれ、Δhは減少し、磁場の無い場合と比べると15～60％減少する。磁性流体を研磨液として用いることにより、平面ラッピングの研磨能力は大幅に向上する。

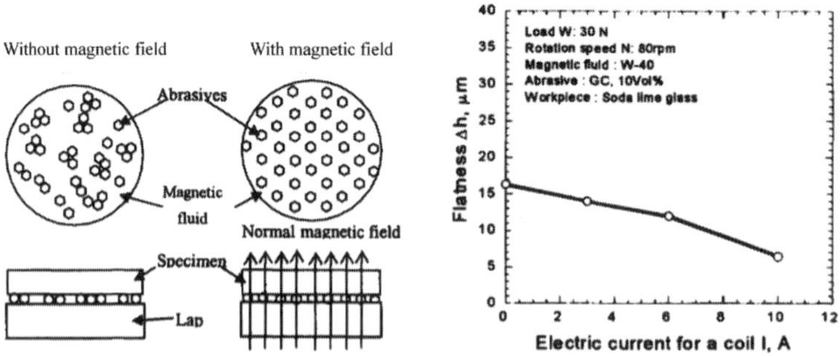

(a)　非磁性砥粒の分布　　(b)　平面度と磁場強度の関係

図5.1.15　磁性流体を用いた平面ラッピング[13)]

(3)　シール

磁性流体の磁気力を利用したものとして、磁性流体シールが開発され、実用化されている。磁性流体シールは機械装置において動力を伝達する回転軸に設置される密封装置（パッキン）である。当初、磁性流体シールはコンピュータのハードディスクの回転軸部と内部の読取りヘッドの防塵用シールとして使用されたが、最近はシール構造を多段にして、真空用シールとして利用されている。真空用シールパッキンには通常メカニカルシールが使われるが、摩耗粉などが発生するため、クリーンな環境での使用が困難なためである。このため、真空環境が必要になる半導体製造装置などで磁性流体シールが採用されている。

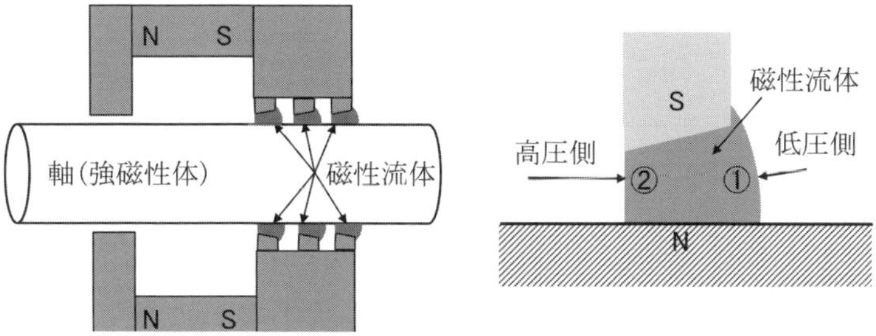

図5.1.16　多段シール構造とシール部の概略

図5.1.17　磁性流体シールのカットモデル[15)]

回転軸シールの構造図を図5.1.16に示す。また、製品化されている磁性流体シールのカットモデルを図5.1.17に示す。強磁性体の回転軸とリング状永久磁石を両側から保持する磁極片の先端の空間では、磁力線が集中して強い磁場を形成する。軸が回転していない場合、ベルヌーイの式は以下の様になる。

$$p-\mu_0\int_0^H M\,dH = const. \tag{5.1.11}$$

この式を用いると、境界1と境界2の磁性流体側の間には次式が成立する。

$$p_1-\mu_0\int_0^{H_1} M\,dH = p_2-\mu_0\int_0^{H_2} M\,dH \tag{5.1.12}$$

ここで、H_1とH_2は境界1と境界2の磁性流体側の磁場強度である。従って、境界1と境界2の磁性流体側の圧力差は次式のようになる。

$$\Delta p = p_2 - p_1 = \mu_0 \int_{H_1}^{H_2} M \, dH \tag{5.1.13}$$

境界1の磁性流体側の圧力は低圧側の圧力に等しく、境界2の磁性流体側の圧力は高圧側の圧力に等しいので、圧力差Δpは高圧側と低圧側の圧力差である。従って、Δpは磁性流体シールの耐圧力であり、ΔpはH_1とH_2によって決まることがわかる。また、耐圧力の増加は磁極片の多段、すなわち、シール構造を多段にすることで対応している。

磁性流体シールはシール自体の摩耗が少なく、低トルクで寿命も長い。また、非接触なため発熱による温度上昇も小さいなど優れた特徴がある。

(4)　スピーカ

現在、磁性流体の生産量の多くがオーディオスピーカに使用されている[16]。磁性流体の粘性を利用して、スピーカの音響特性を向上させるとともにボイスコイルと周辺部品との接触を防いでいる。スピーカの構造と磁性流体を充填した状態を図5.1.18に示す。スピーカでは強力な磁気回路中にボイスコイルを置き、このコイルに音声信号の電流を流す。電流の大きさを磁気力に変え、コイルとこれに繋がったコーン振動板が空気を振動させることで音が出る。

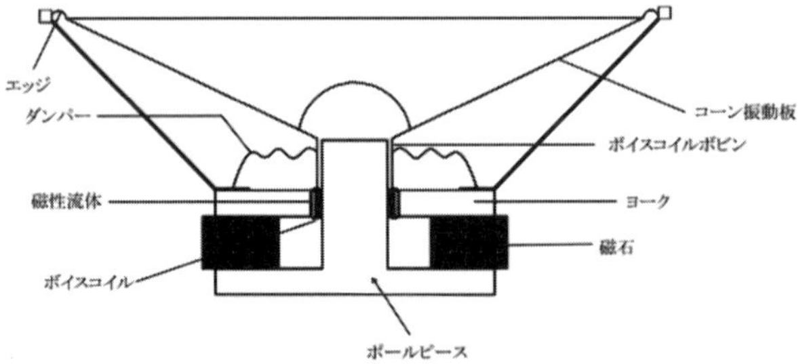

図5.1.18　磁性流体を利用したスピーカの構造[17]

磁性流体を利用したスピーカの性能の向上を図5.1.19に示す。まず、ボイスコイルの入力に対する温度特性を図5.1.19(a)に示す。磁性流体の注入によりボイスコイルの温度上昇が抑えられる。ボイスコイルの熱が磁性流体を通して周辺の部材に伝わり、ボイスコイルの熱問題を改善したことがわかる。これにより、許容入力を増加させることができるようになった。図5.1.19(b)に出力音圧周波数特性とインピーダンス特性を示す。磁性流体の粘性により、特定周波数における共振ピークを抑えることができる。また、ボイスコイルとヨークの間に磁性流体が存在するために磁気抵抗が小さくなる。これ以外に、磁性流体が充填されたボイスコイルの磁気力によってセンタリング効果が起こり、振動板の安定性が向上する。

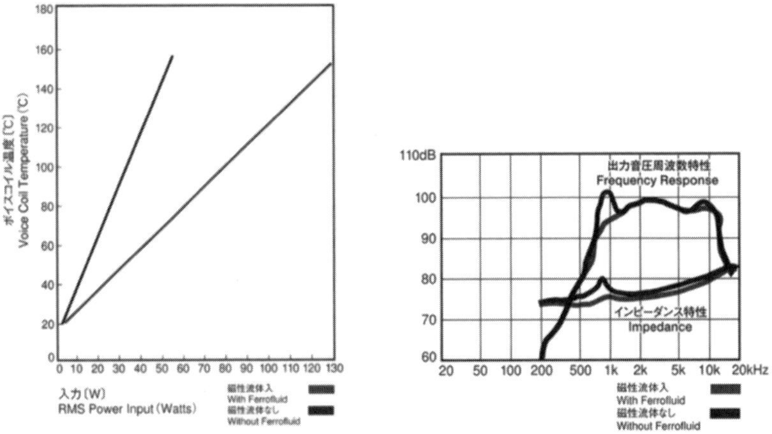

(a)　ボイスコイルの温度特性　　(b)　出力音圧とインピーダンスの特性

図5.1.19　磁性流体を利用したスピーカの特性[17]

(5)　エネルギー変換装置

感温性磁性流体の磁化の温度依存性を利用したエネルギー変換装置が古くから研究されている[1][14]。感温性磁性流体は温度が低いほど磁化が強い。この特性を利用した円管内の磁性流体の輸送装置（以下、駆動装置と呼ぶ）を図5.1.20に示す。駆動装置はA-B間の低温部、B－C間の磁場印加部、C-D間の高温部で構成される。A,B,C,D各点の圧力をP_A, P_B, P_C, P_Dとし、低温部の温度をT_1、高温部の温度をT_2とする。温度T_1での磁性流体の磁化を$M(H,T_1)$として、A点とB点に式(5.1.7)のベルヌーイの式を用いると以下の通りになる。

$$P_A = P_B - \mu_0 \int_0^H M(H,T_1)\,dH \tag{5.1.14}$$

同様に、C点とD点にベルヌーイの式を用いると以下の通りになる。

$$P_C - \mu_0 \int_0^H M(H,T_2)\,dH = P_D \tag{5.1.15}$$

B点とC点の間の磁場は一様であるので、$P_{\mathrm{B}} = P_{\mathrm{C}}$ となる。これにより、D点とA点の圧力差ΔP、すなわち、圧力上昇ΔPは以下のようになる。

$$\Delta P = P_D - P_A = -\mu_0 \int_0^H M(H,T_2)\,dH + \mu_0 \int_0^H M(H,T_1)\,dH \tag{5.1.16}$$

A点の磁化の強い低温の磁性流体が磁場に吸引され、これにより磁性流体は低温部から高温部に流動する。

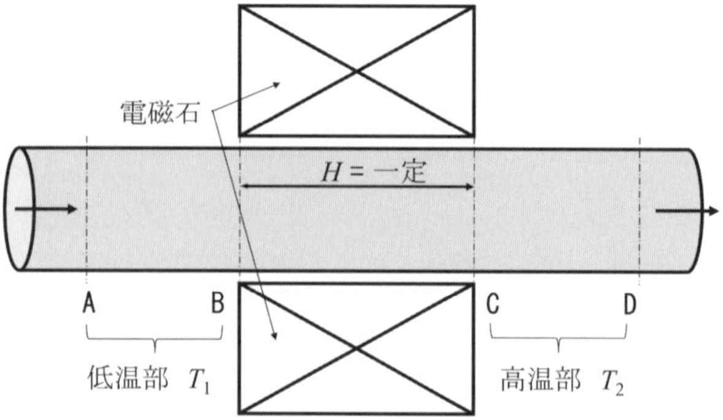

図5.1.20　磁性流体輸送装置

図5.1.21にこの駆動装置を用いた磁性流体循環機構を示す。この循環機構は熱エネルギーを機械的エネルギーとして取り出すエネルギー変換装置、あるいは、熱エネルギーの輸送装置である。磁場が印加されている領域では温度差が生じているために、磁性流体は左回りに流動する。この装置は機械的な可動部を持たず、構造も簡単で保守も容易である。そのため、この機構を用いたソーラーシステムや自然冷却システム、MHD発電などが提案されている。しかし、現状は単一の駆動部では熱輸送能力が小さいという課題がある。このため、駆動部の多段化による性能の向上が図られている[18)]。エネルギー変換効率のさらなる向上のためには、感温特性の高い磁性材料の開発が必要になっている。

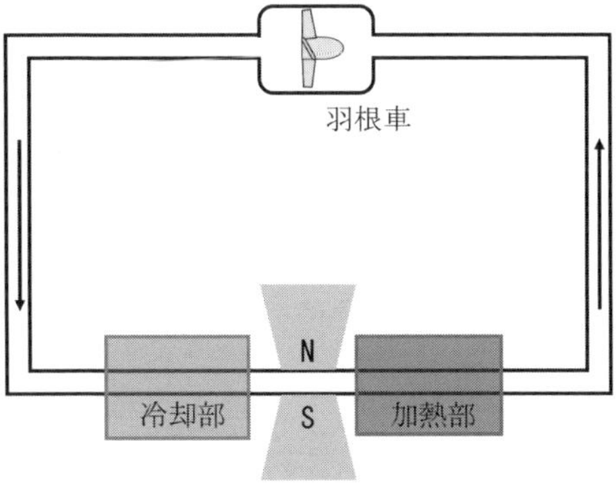

図5.1.21　磁性流体循環機構

＜参考文献＞

1)　神山新一："磁性流体入門"，産業図書(1988)

2)　谷順二："インテリジェント材料・流体システム"，コロナ社(1999)

3)　㈱フェローテックのカタログ："磁性流体"，(2000)

4)　Stefan Odenbach："Magnetoviscous Effects in Ferrofluids", Springer(2002)

5)　山口博司："磁性流体"，森北出版(2011)

6)　バラチャンドラン ジャヤデバン，岩本悠宏："磁性流体の基礎物理，作製・特性および応用技術の現状と展望"，磁性流体研究連絡会磁性流体セミナー，(2019)

7)　木倉宏成:"磁性流体の磁場制御と流れ場の可視化"，可視化情報，**29**，2，pp.283-284(2009-10)

8)　嶋孝俊："磁性流体を利用した非磁性金属の選別"，粉体工学誌，**20**，1，pp.32-35(1983)

9)　武富荒，近角聡信："磁性流体－基礎と応用－"，日刊工業新聞社(1988)

10)　Liquisort社のホームページ：https://liquisort.com/

11)　日本機械学会編："機能性流体・知能流体"，コロナ社(2000)

12)　梅原徳次："磁気援用研磨の基礎と応用－磁気研磨と磁性流体研磨－"，2012年度精密工学会秋季大会学術講演会講演論文集キーノートスピーチ，pp.735-736(2012)

13)　梅原徳次，青柳英樹，下村彰："磁性流体を研磨液として用いた平面ラッピング"，日本機械学会論文集C編，**75**，757，pp.2423-2428(2009)

14)　藤田豊久："磁性流体の応用"，資源・素材学会誌，**106**，6，pp.319-235(1990)

15)　イーグル工業株式会社のホームページ："磁性流体シール"，https://www.ekkeagle.com/jp/technology/mag_fluid/

16)　廣田泰丈："磁性流体を用いたデバイスの実用化事例"，日本フルードパワーシステム学会誌，**42**，1，pp.123-125(2011)

17)　㈱フェローテックのカタログ："磁性流体のスピーカへの応用"，(2000)

18)　一瀬源太，岩本悠宏，井門康司："感温性磁性流体を用いた多段式磁気駆動流体輸送装置の試作と性能評価"，第28回MAGDAコンファレンスin大分講演論文集，日本AEM学会，pp.280-281(2019)

5.2 磁気混合流体（MCF）

磁気混合流体（magnetic compound fluid : MCF）は5.1節の磁性流体（MF）と第3章の磁気粘性流体（MR流体）を混合した流体である。そのため、この流体の分散粒子は粒径が約10 nmサイズの強磁性超微粒子と粒径が数μmサイズの強磁性微粒子である。この流体は磁性流体とMR流体の両方の特性を持つとともに、混合割合により磁気的性質や見かけの粘度特性を調整することができる。また、磁性流体により、数μmサイズの強磁性微粒子の沈降を抑えることができる。すなわち、MCFは磁性流体より見かけの粘度の増加が大きく、MR流体より粒子の分散安定性に優れている。MCFは2001年に研磨用の流体として提案され開発されている[1) 2)]。その後、この機能性流体は研磨加工を中心にさまざまな応用が提案され、関心を集めている。

5.2.1 機能発現機構と機能性

(1)　組成

MCFの組成は分散媒として有機溶剤あるいは水であり、分散粒子は磁性流体の粒子である粒径約10 nmの強磁性超微粒子（例えば、マグネタイト粒子（Fe_3O_4））とMR流体の微粒子である粒径約1 μm ～ 7 μmの範囲のカーボニル鉄粉（以下、CIPと呼ぶ）である。強磁性超微粒子はオレイン酸などの界面活性剤で被覆されており、これにより無磁場では凝集することなく均一に分散している。CIPはカーボニル法によって精製されたもので、形状は球形である。CIPの種類を表5.2.1に示す。CIPにはハードグレードとソフトグレードがあり、いずれもMR流体の分散粒子として使用されている。MCFの分散粒子にはマグネタイト粒子とCIP以外の強磁性超微粒子と強磁性粒子を用いる場合もある。実際のMCFは磁性流体にCIPを混合して、ホモジナイザーで均一分散処理して作製している。

(2)　磁化特性

MCFのせん断応力や垂直応力に大きく関係するのが磁化特性である。MCFの磁化が大きければ、流体のせん断応力も大きくなる。図5.2.1にMCFの磁化曲線を示す。図には磁性流体と分散粒子、分散粒子の混合割合が異なるMCF、MR流体の磁化曲線を示す。飽和磁化の値は磁性流体、マグネタイト粒子、マグネタイト粒子とCIPの混合割合が大きいMCF、CIPの順に大きくなる。CIPの飽和磁化は軟鋼の飽和磁化に等しい。MCFの磁化特性で注目すべきことは、比較的磁場強度の小さいところで、MCFの磁化の値がMR流体より大きいことである。

表5.2.1　カーボニル鉄粉（CIP）の種類[3)]

Overview CIP product range

Grade	application	type	Fe min. (%)	C max. (%)	N max. (%)	O max. (%)	d50 value (microns)	coating
CIP EM	Electronic Components	hard	97.0	0.65–0.85	0.6–0.8	0.1–0.3	4.5–6	
CIP SQ	Electronic Components	soft	99.5	0.05		0.22	3.9–5.0	
CIP SQ-I	Electronic Components	soft	98.5	0.03		0.7	3.8–5.4	yes
CIP SW-S	Electronic Components	soft		0.4			3.0–4.5	yes
CIP SP-I	Electronic Components	soft	99.5	0.05			6–10	yes
CIP EW	Electronic Components & Microwave Absorption	hard	97.0	0.9	0.9		3.0–4.0	
CIP ER	Microwave Absorption	hard	97.0	1.0	1.0	0.8	4.5	
CIP ES	Microwave Absorption	hard	97.4	1.1	1.2	0.6	3.4–4.5	
CIP EW-I	Microwave Absorption	hard	97.0	0.9			3.0–4.0	yes
CIP OM	Metal Injection Molding	hard	97.8	0.75–0.90	0.65–0.90	0.15–0.40	3.9–5.2	
CIP OS	Metal Injection Molding	hard	97.5	0.7–0.9	0.5–0.9	0.6–0.9	3.4–4.4	
CIP CC	Metal Injection Molding & powder Metallurgy	soft	99.5	0.05	0.01	0.15–0.35	3.8–5.3	
CIP CM	Powder Metallurgy	soft	99.5	0.03	0.01	0.1–0.25	7.0–9.5	
CIP CS	Powder Metallurgy	soft	99.5	0.03	0.01	0.12–0.30	6.0–7.0	
CIP CN	Powder metallurgy & Diamond Synthesis/Tools	soft	99.5	0.03	0.01	0.10–0.25	6.5–8.0	
CIP SM	Diamond Tools	soft	99.0	0.1	0.1	0.55	3.5	
CIP EN	Diamond Tools	hard	97.5	0.9	1.0	0.6	3.9–5.2	
CIP OF	Nutritional Supplement	hard	97.0	1.0	0.3	1.4	5.2	
CIP CF	Nutritional Supplement	soft	99.5	0.03	0.01	0.25	9.5	
ZVI MICROSPHERES 200	Groundwater Remediation	hard	97.5	1.0	1.0	0.5	5.2	
CIP FM	Other	hard	97.5	1.0	1.0	0.5	2.5	
CIP HF	Other	hard	97.7	0.9	0.9	0.5	2.5	
CIP HQ	Other	hard	97.8	0.6–0.9	0.6–0.9	0.3–0.5	2.0	
CIP HS	Other	hard	97.5	1.0	1.0	0.5	1.8–2.3	

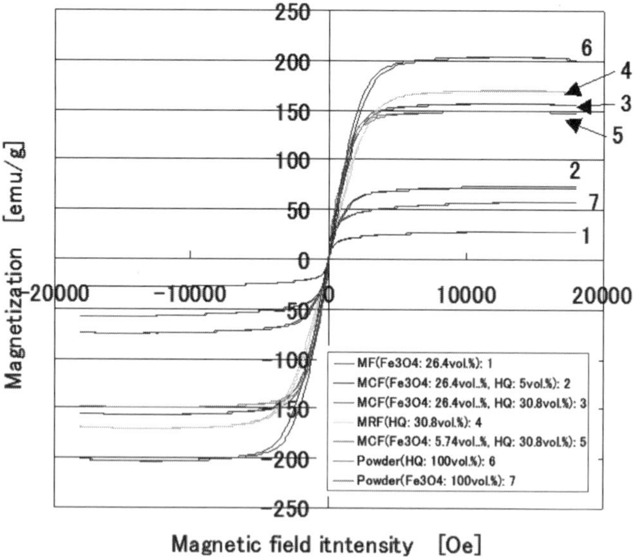

図5.2.1　磁化特性[4)]

(3)　流動特性と粘度特性

MCFに磁場を印加すると磁力線方向にCIPとマグネタイト粒子から成る凝集体（以下、磁気クラスタと呼ぶ）が形成される。表5.2.2に磁性流体とMR流体、MCFの成分や特徴、そして、スパイクや磁気クラスタの写真を示す。MR流体とMCFの磁気クラスタを比較すると、MCFの磁気クラスタは細くて長い。また、MCFの磁気ラスタはMR流体に比べ比較的均一に分布する。MCFの磁気クラスタのSEM写真を図5.2.2に示す。MCFの磁気クラスタはCIPが数珠状に連なったものが平行に多数付着したものである。詳細に観察するとCIPの間にはマグネタイト粒子が入り込んでいる。これが原因でMCFの磁気クラスタはMR流体のそれより細く、長くなる。また、磁力線方向に形成された磁気クラスタは弾力性を有するために復元力もある。せん断流れ場ではこの磁気クラスタの流体抵抗が見かけの粘度の増加となり、せん断応力の増加を引き起こす。

表5.2.2　磁気に応答する流体とそれぞれの流体の磁気クラスタ

	磁気流体（MF）	磁気粘性流体（MRF）	磁気混合流体（MCF）
分散媒	水，ケロシン	水，ケロシン，シリコーンオイル	水，ケロシン
分散粒子	マグネタイト　粒子径nmオーダー）	鉄粒子　粒子径μmオーダー）	マグネタイト+鉄粒子
磁場中での流動性	あり	乏しい	あり
長　所	分散粒子が沈降しない	磁場を加えたときのみかけの粘度の上昇が大きい	2つの流体の混合割合によって機能を調整できる
短　所	磁場を加えたときのみかけの粘度の上昇が小さい	分散粒子が沈降しやすい	
スパイクの形状と特性	 規則正しい形状	 不規則な形状	 細長く弾力性を有する

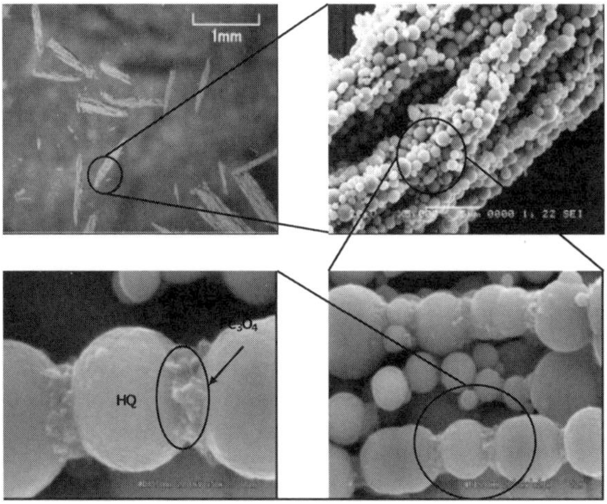

図5.2.2　MCFの磁気クラスタ[5)]
（左上図は60倍の実体顕微鏡、右上図は5,000倍のSEM、下右図は20,000倍のFESEM、下左図は50,000倍のFESEMによる）

MCFの流動曲線（せん断応力τとせん断速度Dの関係）を図5.2.3に示す。同図には比較のために、磁性流体とMR流体も示す。磁性流体は無磁場、磁場下においてニュートン流体の特性を示す。MCFは無磁場ではニュートン流体であり、磁場下では降伏応力を持つ擬塑性流体である。一方、MR流体は無磁場では降伏応力を持つビンガム流体であり、磁場下では大きな降伏応力を持つビンガム流体である。MCFのせん断応力はせん断速度の増加につれ、上昇傾向を示す。せん断応力の値はMR流体の方がMCFより大きいが、せん断応力の増加割合（=磁場下でのせん断応力/無磁場でのせん断応力）ではMCFの方が大きい。MCFは無磁場では流体の特性を有し、磁場下では磁気クラスタに起因する粘弾性流体になる。この他のMCFの機能性については、次項の5.2.2(1)研磨加工のところで説明する。

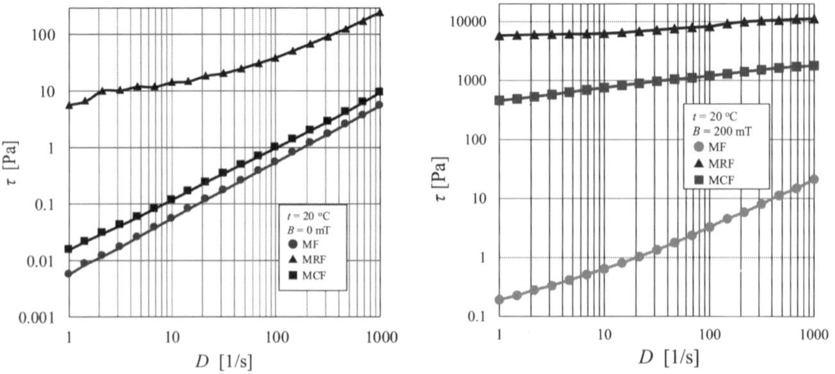

(a)　無磁場の場合　　　(b)　磁場下の場合（*B* = 200 mT）

図5.2.3　MCFの流動曲線

5.2.2　応用

(1)　研磨加工

MCFの最初の応用が研磨であり、MCF研磨と呼ばれている。MCF研磨は2001年に最初に提案・開発が行われ[1) 2)]、その後、研磨原理の解明とさまざまな加工物に対する研磨特性、実用化のための研究が行われている。2016年にはスマートフォンの外周仕上げに採用され、図5.2.4に示すように、その研磨方法が動画で公開されてから、MCF研磨が広く知られるようになった。本項ではMCF研磨加工を解説するとともに、加工特性に関わるMCFの機能性と特性について説明する。

図5.2.4　MCFによるスマートフォンの外周研磨[6)]

(a)　MCF研磨の磁気クラスタと流動特性

磁場に応答する3種類の流体は非磁性体である砥粒を混合して、それぞれの流体が研磨加工に応用されている。砥粒を含んだ3種類の流体の無磁場と一様磁場下における粒子の分散状態を図5.2.5に示す。図5.2.5(a)の磁性流体では磁場下において、マグネタイト粒子は長さが100 nm以下の微小なクラスタを形成する。しかし、このクラスタは砥粒のサイズに比べて小さいため、砥粒は磁性を持つ均一な流体中にあるとみなすことができる。そのため、砥粒は磁場下の磁性流体中で反磁性物質のように振る舞う。前項5.1.2(2)の磁性流体研磨で説明したように磁性流体中の2個の非磁性球では、非磁性球が磁場方向に連なっている時は互いに吸引力を及ぼしあう。また、磁場に対して垂直方向に連なっているときは互いに斥力を及ぼす。その結果、図5.2.5(a)のようなクラスタを形成する。図5.2.5(b)はMR流体に砥粒が分散した場合である。MR流体では磁場下において、CIPが磁気クラスタを形成する。MR流体の分散媒は磁性を持たないため、砥粒は磁性流体中のように反磁性のように振る舞わず、ばらばらな状態である。図5.2.5(c)はMCFに砥粒が分散した場合である。MCFでは磁場下において、マグネタイト粒子とCIPによる磁気クラスタを形成するとともに、砥粒は反磁性によりクラスタを形成する。そして、磁気クラスタに砥粒のクラスタが付着する。この様子の可視化写真を図5.2.6に示す。MCF研磨では磁気クラスタに砥粒のクラスタが付着した凝集体が加工表面に作用する、あるいは、砥粒を保持し、力を作用して研磨加工を行う。

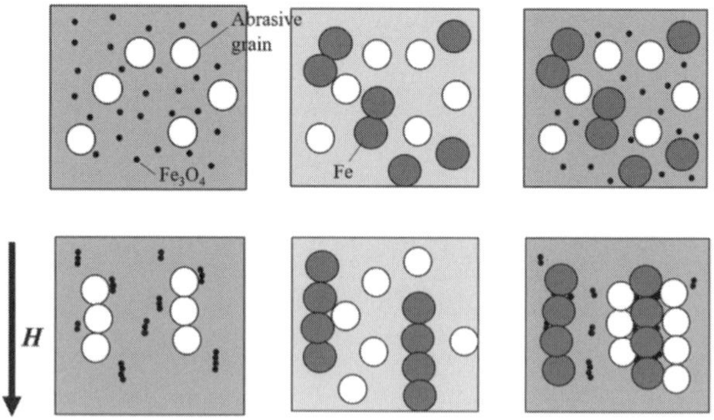

(a)　砥粒を含んだ磁性流体　(b)　砥粒を含んだMR流体　(c)　砥粒を含んだMCF

図5.2.5　砥粒を含んだ磁性流体、MR流体、MCFの粒子の分散状態

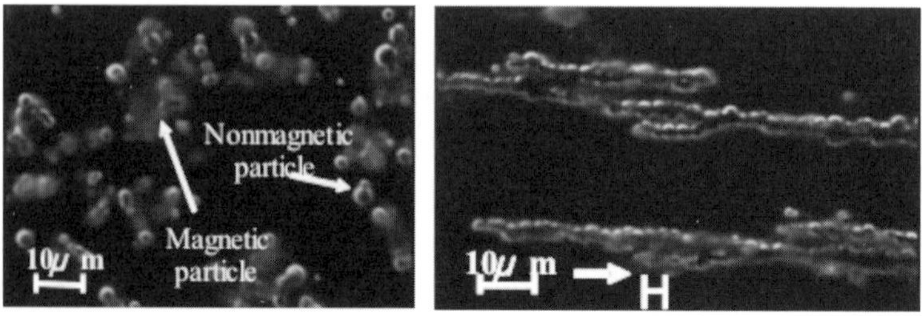

(a)　無磁場　(b)　磁場印加後

図5.2.6　磁性流体中に分散したμmサイズの鉄粒子と砥粒（GC）の挙動[7)]

研磨加工ではMCFに砥粒に加え、さらにα-セルロースを混合して使用している（以下、MCF加工液と呼ぶ）。α-セルロースは砥粒を含んだMCFの磁気クラスタを補強する機能を有する。MCF研磨では加工量と流体のせん断応力は相関する((d)内面研磨で説明する)。図5.2.7に磁場下におけるMCFの流動曲線を示す。同図では、①磁性流体、②磁性流体にCIPを加えた流体(MCF)、③MCFに砥粒を混合した流体、④③の流体にα-セルロースを混合した流体（MCF加工液）、それぞれの流動曲線を示す。MCF加工液のせん断応力はCIPの影響が大きい

ことがわかる。また、せん断応力は砥粒を加えると低下するが、α-セルロースを加えることにより大きく増加する。せん断流れ場ではMCFの磁気クラスタは流体抵抗が大きくなると破断するために比較的短い。そのため、せん断応力は比較的小さい。砥粒を含んだMCFの磁気クラスタにα-セルロースが付着した凝集体は太く長く、強固になるため流体抵抗は大きくなる。このために、MCF加工液のせん断応力は大きくなる。

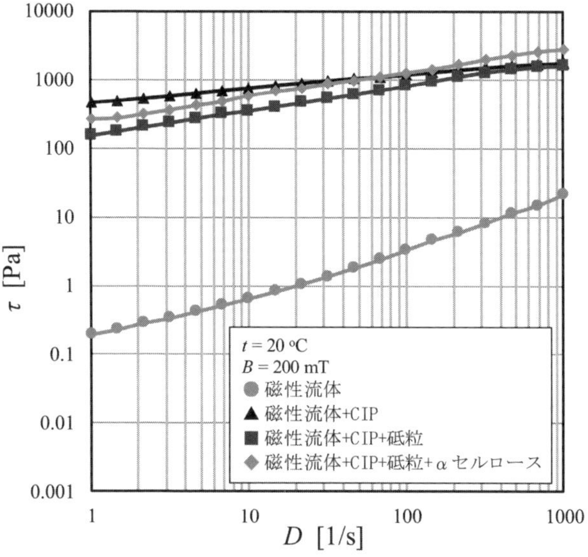

図5.2.7　MCFの流動曲線

(b)　平面研磨

平面などの外周面に対する研磨方法（以下、平面研磨と呼ぶ）を図5.2.8に示す[8]。工具は電磁石の鉄心で工具の先端は円錐台形状である。電磁石のコイルに電流を流すことで工具の先端から磁力線方向に磁気クラスタが形成される。また、砥粒もクラスタを形成するが、砥粒はMCFのベース液である磁性流体の磁気浮力により磁場強度の小さい加工表面に移動しようとする。MCF研磨では磁性流体研磨と同様に磁場勾配によって発生する磁気浮力を利用することで、砥粒の配置制御が可能である。研磨は砥粒に磁気クラスタによる加工圧力が作用することと砥粒と加工表面の相対運動によって行われる。

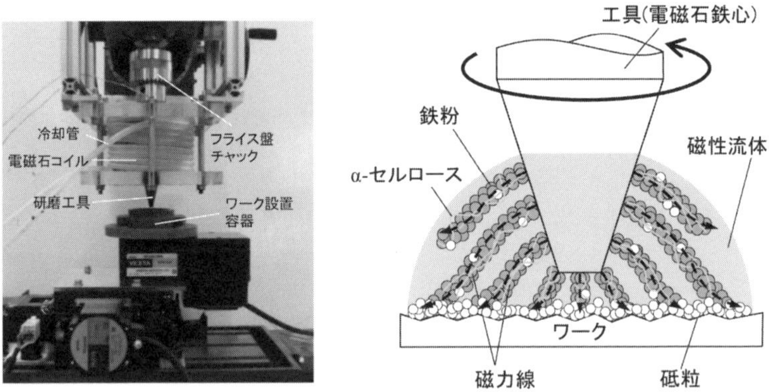

図5.2.8　MCF平面研磨装置と研磨の模式図

平面研磨の定点研磨における直流磁場とパルス磁場（磁場のON、OFF制御）の場合の加工量特性を図5.2.9に示す。加工物は直径30 mmの黄銅製円板である。加工量は直流磁場では工具と加工表面との隙間間隔δの影響がある。一方、パルス磁場の場合、ある隙間間隔の範囲内（$\delta = 0.75 \sim 1.75$ mmの範囲）で同じである。表面粗さについても同様で、直流磁場では工具と加工表面との隙間間隔の影響があり、パル

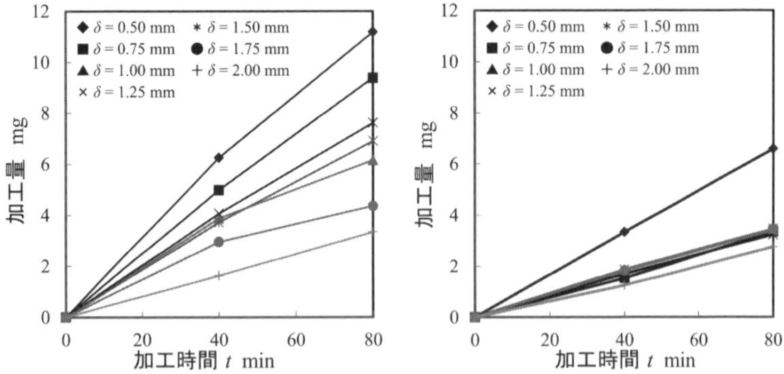

(a)　直流磁場　　(b)　パルス磁場（f = 0.1 Hz）

図5.2.9　MCF平面研磨の隙間間隔ごとの加工量の変化[9)]

ス磁場ではある隙間間隔の範囲内で同じである。これはパルス磁場を用いた場合、工具と加工表面との隙間間隔がある範囲内で変化しても研磨特性が同じであるということである。このため、次項の深さの小さい凹面の精密研磨では加工表面に対して、工具の垂直方向の位置制御をすることなく研磨が可能となる。

平面研磨では磁場印加後、磁力線方向に細長い磁気クラスタが形成される。この磁気クラスタは回転流れのために破断と結合を繰り返して、比較的太くなり定常状態に至る。円板状加工物に作用する軸方向の力（軸力）F_zの時間的変化を図5.2.10に示す。軸力は時間的に増加して定常状態になる。これは磁気クラスタが時間とともに太くなるために体積が大きくなり、磁気クラスタの磁気力による軸力が大きくなるためである。パルス磁場では軸力が増加する前に、すなわち、磁気クラスタが太くなる前に磁場が消磁される。パルス磁場による研磨では比較的均一に分布した細長い磁気クラスタによって加工が行われる。このために、定点研磨のパルス磁場の研磨後の断面曲線は直流磁場の場合より研磨領域が広く、比較的平坦になる。

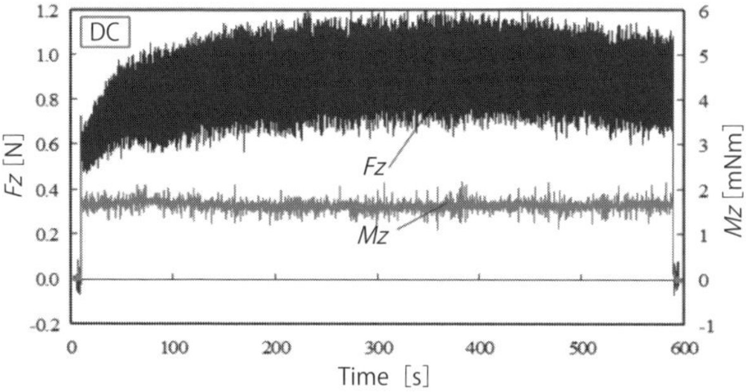

図5.2.10　平面研磨における加工物に作用する軸方向力の時間的変化[8]

（c）　凹面研磨

MCF研磨は形状精度を保持した精密な研磨加工ができる。図5.2.11に平面内に凹状球面を有する加工物に対する研磨結果を示す。この研磨加工では工具を加工物の中心からオフセットさせて揺動運動させるとともに加工物も回転させている。加工表面は直流磁場印加とパルス磁場印加のそれぞれで鏡面状態になり、表面粗さも同程度である。しかし、研磨後の断面曲線は直流磁場とパルス磁場では大きく異なる。この研磨における断面曲線の変化を図5.2.12に示す。直流磁場では凹面角部の形状が大きく変化しており、平面部も中心に向かって傾斜している。一方、パルス磁場では凹面角部の形状変化も殆どなく、平面部も平坦のままである。パルス磁場を用いた研磨では、形状精度を保持した精密な仕上げ加工が行われる。また、加工後の表面の算術平均粗さはナノオーダーである。凹状球面の形状精度（真円度）についてもパルス磁場の方が優れている。これらの原因は直流磁場では不均一分布の比較的太い磁気クラスタで研磨が行われるためである。一方、

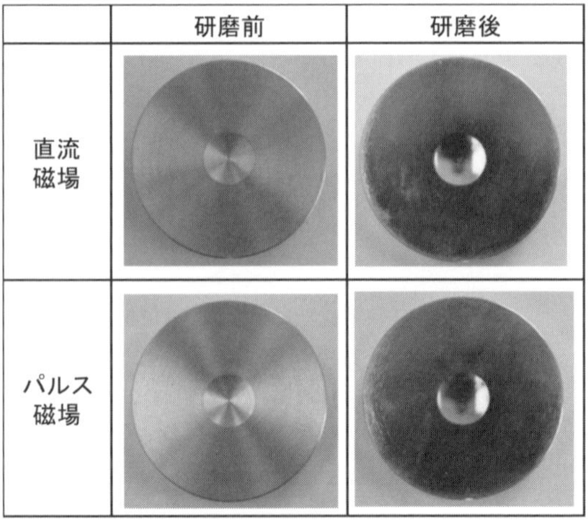

図5.2.11　平面内の凹状球面を有する加工物に対する研磨結果[9)]

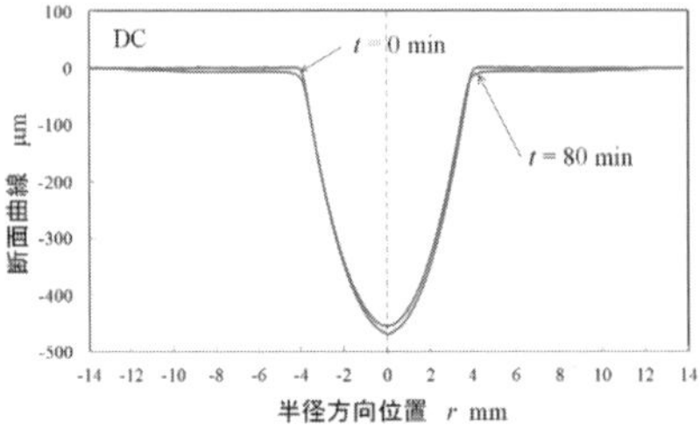

(a)　直流磁場

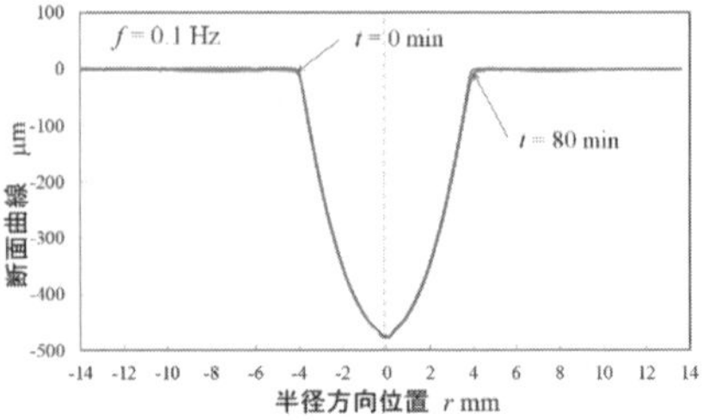

(b)　パルス磁場（ f = 0.1 Hz ）

図5.2.12　平面内の凹状球面における研磨前後の断面曲線[9)]

パルス磁場では比較的均一分布の細長い磁気クラスタにより、深さ方向と半径方向において比較的均一に研磨が行われるために、形状を保持した研磨が行われる。

(d)　内面研磨

円管や円筒の内面に対する加工方法（以下、内面研磨と呼ぶ）を図5.2.13に示す。工具はリング状永久磁石を1個、あるいは、スペーサを挟んで複数個積層したものである。研磨に関わる磁気クラスタは永久磁石の磁力線方向、すなわち、永久磁石外周面の軸方向に形成される。砥粒は磁性流体の磁気浮力により磁場強度の小さい加工表面に移動しようとする。内面研磨は砥粒に磁気クラスタの半径方向の加工圧力が作用することと砥粒と加工表面の相対運動によって行われる。

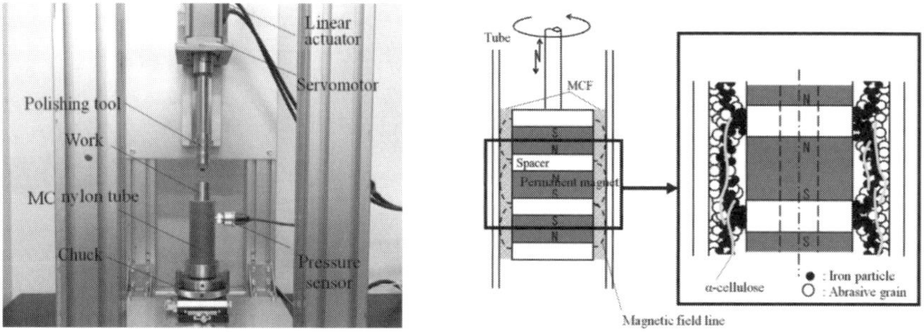

図5.2.13　MCF内面研磨装置と研磨の模式図[10]

円管内面に対する加工量と表面粗さの特性を図5.2.14に示す。加工物は内径14.9 mmのステンレス鋼円管（SUS304BA）であり、工具に回転と管軸方向の往復運動を与えた場合である。加工量は加工時間に対して直線的に増加し、表面粗さは加工時間5 ～ 15 min程度で飽和状態になる。加工後の内面の写真と粗さ曲線を図5.2.15に示す。加工後の内面は鏡面状態で、その算術平均粗さは20 nm*Ra*である。また、真円度の加工時間に対する変化を図5.2.16に示す。真円度はリング状永久磁石の長さが短い場合、直線的に減少するという優れた特徴を有する。これは磁気クラスタの半径方向力による工具のセンタリング効果によるものである。

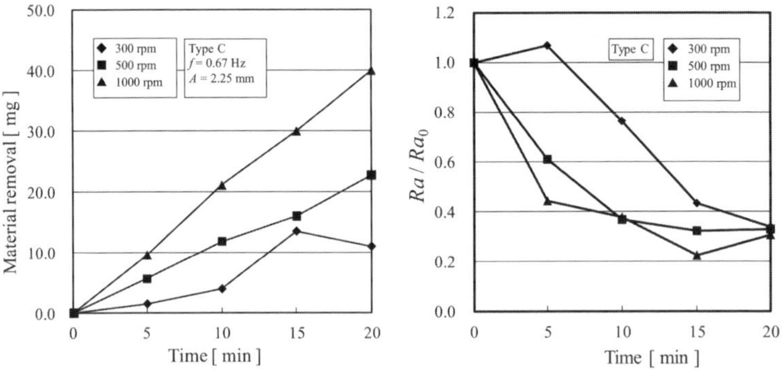

(a)　加工量の変化　　　(b)　表面粗さの変化

図5.2.14　MCF内面研磨の加工量と表面粗さの時間的変化[10)]

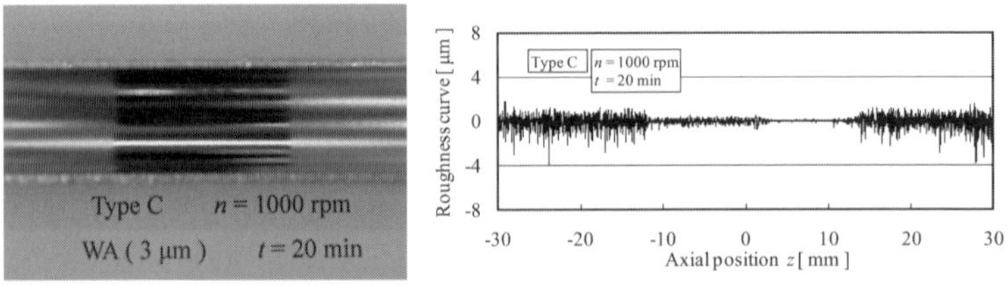

(a)　内面の状態　　　(b)　内面の粗さ曲線

図5.2.15　加工後の内面の写真と粗さ曲線[10)]

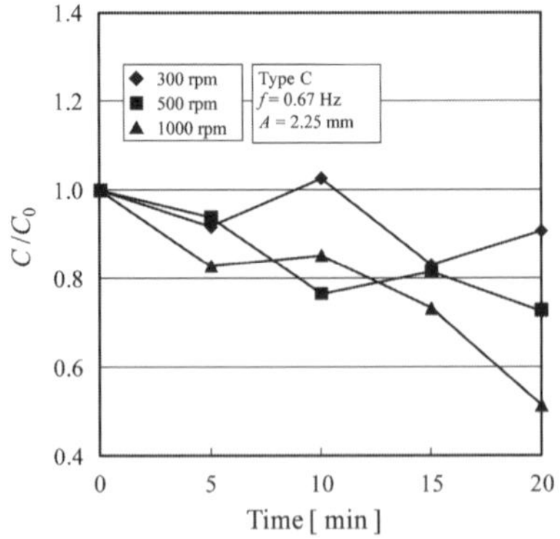

図5.2.16　円管内面研磨における真円度の時間的変化[10)]

円管内面の定点研磨における研磨加工能率と工具回転数の関係を図5.2.17に示す。加工能率（単位加工距離における加工量）は工具回転数

（加工速度に関係する）に対してピークを持つ。すなわち、内面研磨では最適な工具回転数が存在する。また、加工能率はピークの工具回転数まで直線的に増加する。ピーク後の加工能率の減少は回転流れにより磁気クラスタが破断して短くなるためである。磁気クラスタの破断は磁気クラスタを構成する鉄粒子同士の流体抵抗に基づくせん断応力が鉄粒子の吸引力に基づくせん断応力より大きくなるためである。加工に関わる磁気クラスタの加工能率がピークとなる前後の可視化写真を図5.2.18に示す。磁気クラスタはピーク前では太く長いが、ピーク後では破断により短いことがわかる。ピーク前では磁気クラスタの加工面に対する作用面積は大きく、ピーク後では作用面積は小さい。このために加工特性はピーク前とピーク後では異なる。

次に、図5.2.19に加工能率と工具である永久磁石外周面に作用するせん断応力の関係を示す。磁気クラスタの破断前の領域（以下、低速度領域と呼ぶ）と破断後の領域（以下、高速度領域と呼ぶ）のそれぞれにおいて、加工能率とせん断応力は相関する。また、内面の軸方向の加工圧力分布計測の結果から、加工能率と加工圧力の関係もそれぞれの領域において相関するこが明らかになっている。

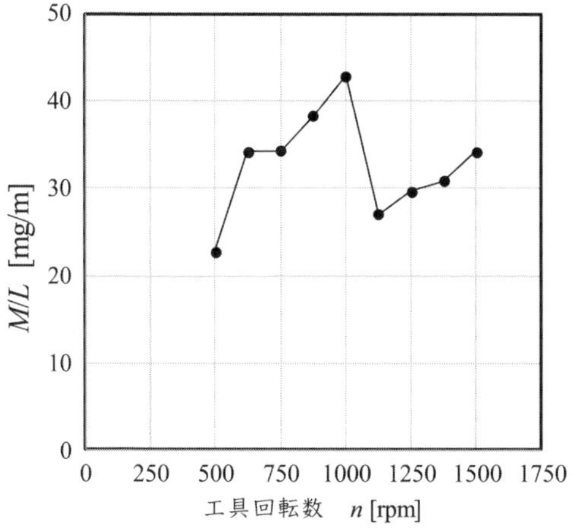

図5.2.17　加工能率と工具回転数（加工速度）の関係[11]

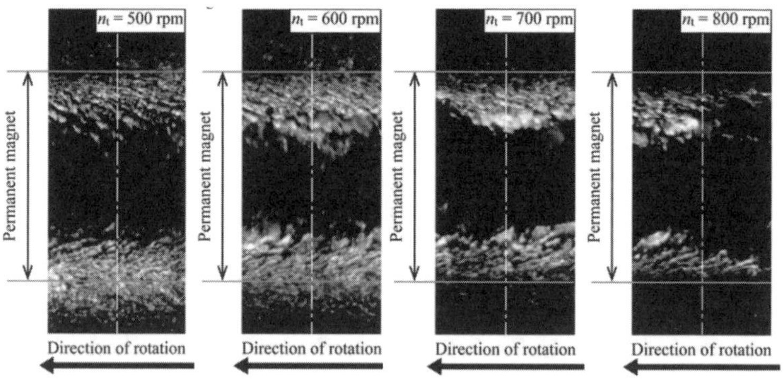

図5.2.18　磁気クラスタの可視化写真[12]
（この実験条件では、加工能率は工具回転数n_t = 600 rpmにおいて最大になる）

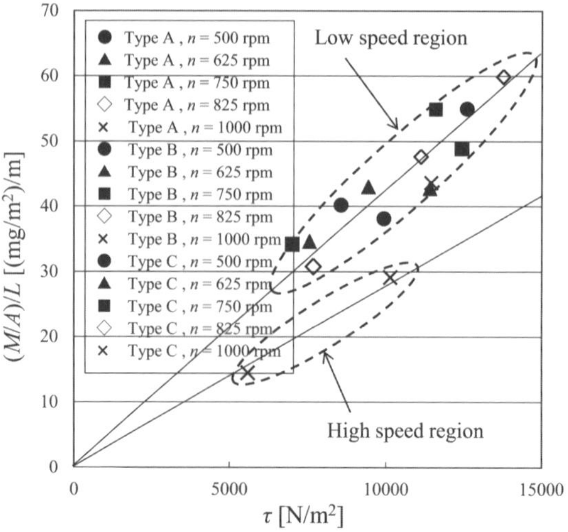

図5.2.19　加工能率と工具に作用するせん断応力の関係[11]

これらの結果から、MCF内面研磨の加工量に相当する加工深さhは以下の式で表される。

$$h = k_i put = k_i \frac{\tau}{\mu} ut \qquad \text{ただし、} \quad p = \frac{\tau}{\mu} \tag{5.2.1}$$

ここで、pは加工圧力、uは加工速度、tは研磨時間、τはMCF加工液のせん断応力、μはCIPと加工材料の間の摩擦係数である。また、比例定数k_iはプレストン係数であり、低速度領域ではk_1、高速度領域ではk_2である。ここで、$k_1 > k_2$の関係にある。加工深さhは式（5.2.1）により、MCF加工液のせん断応力τと比例定数のk_iとμを用いて予測できる。

(2)　ダンパ

MCFの磁気力と粘性を利用したダンパが開発されている[13]。図5.2.20にその開発された粘性ダンパを示す。ピストン（図中の①）はアクリル製でシリンダ（図中の②）はアルミニウム製である。印加磁場の方向はピストンとシリンダに対して垂直である。この装置による、磁性流体、MR流体、MCFを用いた場合のそれぞれの周波数応答倍率の結果を図5.2.21に示す。磁場強度が比較的小さいとき、MCFの減衰効果が一番大きいことが明らかにされている。また、分散粒子の沈降を抑制するために永久磁石を積層した磁性ピストンが開発され、アルミニウムピストンと同様の性能が得られることが報告されている。

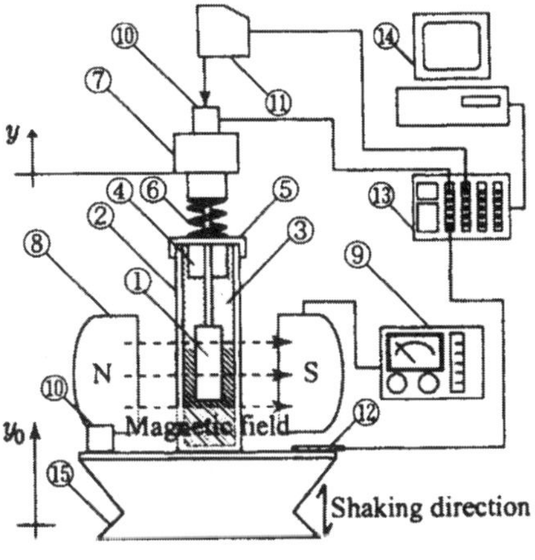

図5.2.20　MCFを用いた粘性ダンパ[13]

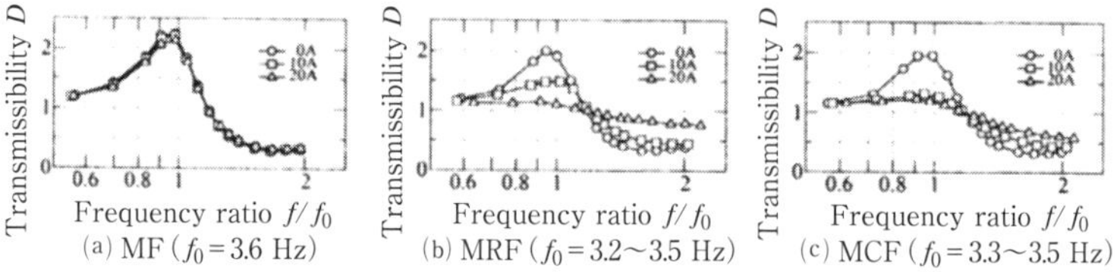

図5.2.21　磁性流体、MR流体、MCFの周波数応答[13]
（絶対変位応答倍率Dと振動数／固有振動数f/f_0の関係）

また、図5.2.22に示す円板状のピストンを用いた減衰力可変ダンパが開発され、減衰力と応答特性が明らかにされている[14]。印加磁場の方向はピストンとシリンダに対して平行である。この装置を用いた、MR流体と磁性流体の混合割合を変えた5種類の流体の減衰力－変位曲線を図5.2.23に示す。無磁場では減衰力－変位曲線の形は全て楕円形状であり、粘性ダンパである。磁場を印加すると、MR流体の混合割合が小さい流体ではあまり変化はないが、MR流体の混合割合が大きい流体では最大変位点で矩形形状になり、降伏応力が見られる。そのため、減衰力が大きくなっている。ダンパに使用されるMCFではMR流体の体積割合が50％以上必要であることがわかる。

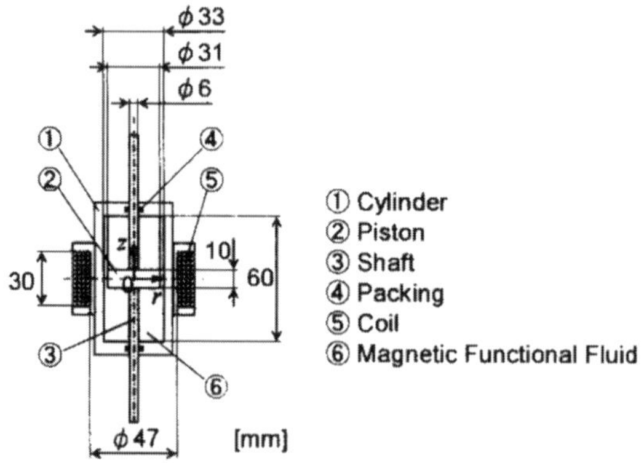

図5.2.22　MCFを用いた減衰力可変ダンパ[14]

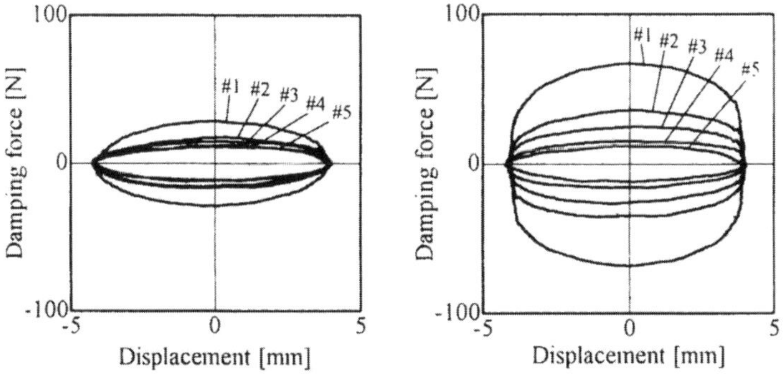

(a)　電流0A、加振周波数4Hz　　(b)　電流3A、加振周波数4Hz

図5.2.23　MCFダンパの減衰力－変位履歴曲線[14]

(#1 MRF:MF = 100:0、#2 MRF:MF = 75:25、#3 MRF:MF = 50:50、#4 MRF:MF = 25:75、#5 MRF:MF = 0:100)

＜参考文献＞

1)　島田邦雄，藤田豊久，岡英夫，赤上陽一，神山新一："MCF（磁気混合流体）の流体力学的特性と磁化特性"，日本機械学会論文集B編，67，664，pp. 3034-3040 (2001)

2)　島田邦雄，松尾良夫，山本慶太："磁場に反応する新しい機能性流体を用いたフロートポリシングの研究"，実験力学，7(2), pp. 168-176 (2007)

3)　BASF社ホームページ："Carbonyl Iron Powder", https://www.dispersions-pigments.basf.com/portal/load/fid827906/CIP_General_PO_e.pdf#search=%27BASF+Carbonyl+Iron+Powder%27

4)　島田邦雄："機能性磁気応答流体の開発とその応用：磁気混合流体（MCF）を中心として"，日本応用磁気学会誌，28，6, pp. 766-773 (2004-06)

5)　島田邦雄："機能性流体力学"，機械の研究，60，8 (2008)

6)　© Apple Inc.："iPhone 7デザイン" (2016)

7)　井門康司，稲垣貴文："磁気混合流体中の微粒子が形成するマイクロ構造の解析"，日本機械学会論文集B編，75，753，pp.978-984 (2009)

8)　西田均，島田邦雄，井門康司："磁場制御による磁気混合流体を用いた平面研磨の基本特性"，実験力学，12，4，pp.354-360 (2012)

9)　西田均，島田邦雄，井門康司，百生登，山本久嗣："磁場制御による平面および凹面に対する精密研磨特性"，砥粒加工学会誌，61，12，pp. 666-673 (2017)

10)　西田均，島田邦雄，吉野一郎："磁気混合流体を用いた円管内面マイクロ加工の開発研究"，実験力学，12, 4, pp.361-368 (2012)

11)　西田均，山本久嗣，百生登，池田愼治，島田邦雄，井門康司："磁気混合流体を用いた円筒内面マイクロ加工における加工量特性"，日本AEM学会誌，27，3，pp.308-314 (2019)

12)　山本久嗣，西田均，百生登，島田邦雄，井門康司："磁気混合流体を用いたホーニング加工特性と加工中の磁気クラスタの挙動"，日本フルードパワーシステム学会論文集，49，1，pp.1-9 (2018)

13) 菅野秀人，島田邦雄，小川淳二："磁気反応流体を用いた粘性ダンパの可変減衰能に関する実験研究"，日本機械学会論文集(B)，71，703，pp.869-876 (2005-03)
14) 林浩一，井門康司："磁気機能性流体を用いた減衰力可変ダンパの減衰特性"，実験力学，8，3, pp.270-275 (2008-09)

第6章

機能性ソフトマテリアル

電磁場に反応して表面性状や粘弾性特性が変化したり、大きく変形したりする機能性を発揮する興味深いソフトマテリアルが開発されている。本章では、電気粘着ゲル、EAP (Electro-Active Polymer) ソフトアクチュエータ、およびMR (Magneto-Rheological) エラストマーを取りあげる。電気粘着ゲルは、ER流体の粒子をゲルに分散し固化したもので、電気的にそのゲル表面の粘着性を変化できる機能性を発揮する。この電気粘着ゲルの創製方法や特徴、電気的に粘着性が変化する原理、物理的特性、そして多板クラッチ、フィクスチャなどへの応用事例を紹介する。EAPソフトアクチュエータは、電場に応答して大きな変形をする各種の機能性高分子材料からなり、ここでは、イオン電導性高分子、導電性高分子、カーボンナノチューブ、コイル状高分子、誘電エラストマー、液晶エラストマー、圧電性高分子、静電フィルムなどからなるソフトアクチュエータの作動原理、特性と特徴、そして応用について解説する。MRエラストマーは、磁場に反応して粘弾性、特に弾性的特性が大きく変化する機能性を発揮する。その創製方法や特徴、粘弾性の変化特性、そしてその応用事例を紹介する。

6.1　電気粘着ゲル

6.1.1　はじめに

第2章で取り上げているとおり、機能性流体の一つに、外部から電場を印加することで、見かけの粘弾性が変化する電気粘性流体（Electro-rheological Fluids、以後ER流体）がある[1)]。ER流体は、電気的信号によってレオロジー特性の制御が可能で機械システムに導入することが比較的容易なことから、自動車分野等の機器に対する応用研究がなされてきた[2)]。なお、ここで言うER流体とは、電界に対して特性変化が大きい粒子分散系ER流体である。粒子分散系ER流体は絶縁性のシリコーンオイルなどに誘電微粒子を分散させた懸濁液であり、これに電場を加えると、ランダムに分散していた粒子が電場方向に配列し電極間に鎖状構造を形成する。ER流体の見かけの粘弾性変化はこの鎖状構造形成に起因する。しかしながら、微粒子を分散させたER流体は、実用面で二つの問題がある。一つは、ER効果の再現性が低いことである。ER効果の再現性が低い原因は、ER粒子と分散媒の間に比重差があるため、時間経過に伴い粒子の沈降が生じ電界を印加しても粒子鎖（クラスター）の形成が困難になることにある。この問題を解決するためには、流体自体になんらかの工夫を施し、粒子の沈降を起こさないようにするか、機械要素に組み込む際に流体を撹拌する機構を施さなくてはならない。もう一つは、ER流体を機械要素に組み込む際、流体であるがゆえシール構造が必要になり、機械システムが複雑になるという問題がある。機構が複雑になるということは、機械システムが大きくなるばかりでなく、コスト面でも問題が生ずる。

上記の問題を解決する一つの方向性として、ER流体をゲル化したゲル構造電気粘性流体（Electro-rheological Gel、以後ERG）の開発が進められてきた[3)]。その中で、従来のER流体とは全く異なるゲル表面特性の変化が発現することが明らかになっており、具体的には、電気的にゲル表面の粘着性が変化する特性を示すのである。このような特性を有すること、またその物理現象を正しく表現するといった観点から、ゲル構造電気粘性流体（ERG）を改め、電気粘着ゲル（Electro-adhesive gel、以後EAG）と名付けられている[4)]。本節では、この電気粘着ゲルの特徴、電気的に粘着性が変化する原理、物理的特性、応用技術についてわかりやすく解説する。

6.1.2　電気粘着ゲルの製造方法

電気粘着ゲルはハイドロゲンシリコーンとアセチレンをゲル化剤として、ER流体をヒドロシリル化することにより製造する。ヒドロシリル化とは、式6.1.1に示すように、シリコーンゲルのような化学ゲルを製造する時に利用する付加反応であり、白金触媒のもとで室温でも反応が進行する。一対一の反応であるため、制御された構造のゲル骨格が生成可能である。

$$\text{Si-H} + \text{C=C} \rightarrow \text{Si-C-C-H} \qquad (6.1.1)$$

ER流体の分散媒であるジメチルシリコーンオイルは、図6.1.1に示すように主鎖がシロキサン結合からなり側鎖にメチル基を持つポリマーであり、重合度nによって粘度を調整可能である。ここで紹介する電気粘着ゲルでは、動粘度100cStのジメチルシリコーンオイルが使用され、ER粒子として非含水系で無機･有機複合型のものを使用し、電気粘着ゲル内の粒子濃度が50wt%～60wt%になるように配合している。また、ゲル化した後に余分なシリコーンオイルを表面から除去することでゲルの体積を調整し、ER粒子をゲル表面からわずかながら突出させる処理を行うことで電気粘着ゲルが完成する。

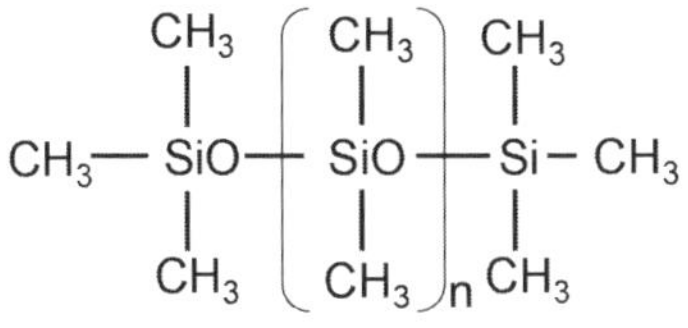

図6.1.1　ジメチルシリコーンオイルの構造

創製された電気粘着ゲルを図6.1.2に示す。ゲルの種類としては、シリコーンゲルに分類される。シリコーンゲルはジメチルシロキサンポリマーを化学結合（共有結合）によって相互架橋させた基本構造を持ち、固体であるシリコーンゴムと流体であるシリコーンオイルとの中間に位置し、別の見方をすると流動性を無くしたオイルとも言える性質がある。ヒドロゲルに比べ、シリコーンゲルは水分子と極性基間の水素結合がないこと、およびポリマー骨格が熱的に安定であることから、ゲル状態を広い温度条件の中で維持することができるのが一つの特徴である。また、シリコーンゲルの特異的な性質として柔らかさ（低弾性率）と粘着性が挙げられる。一般的にシリコーンゴムの弾性率が1～3 MPaであるのに対し、ゲルの弾性率はシリコーンゴムの100分の1程度である。なおかつ、性状がゴムとオイルの中間的なところを占め、動的粘弾性からみると弾性項に比較して粘性項が大きい。シリコーンゲルの粘着性は、感圧接着剤などの場合と同じく接触する材料表面に対する濡れ性とゲル自身の粘弾性挙動によって発現する機構であり、多くの材料との密着性、封止性に重要な因子である。

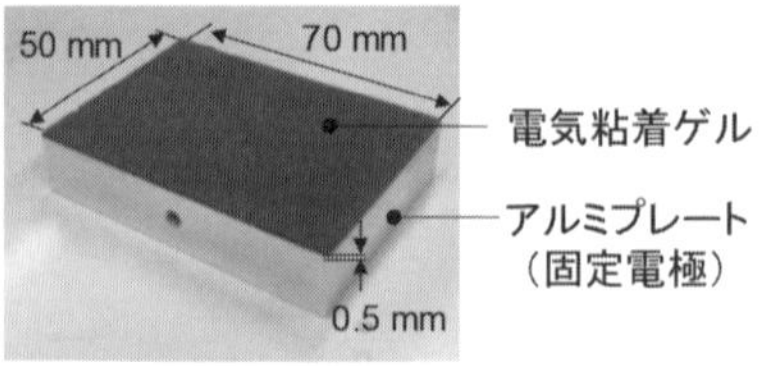

図6.1.2　電気粘着ゲルシートの外観

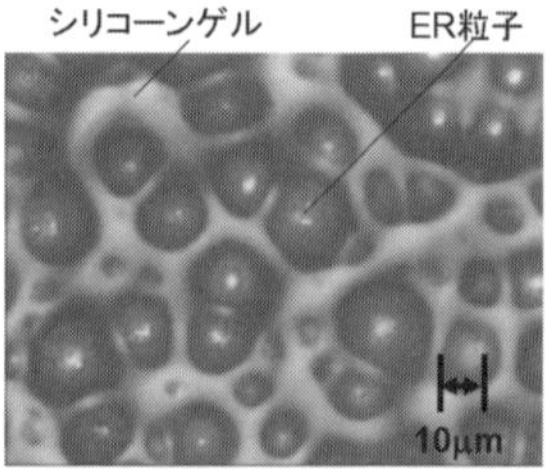

図6.1.3　電気粘着ゲル表面の拡大写真

光学顕微鏡で撮影した電気粘着ゲル表面の拡大写真を図6.1.3に示す。電気粘着ゲルはシリコーンゲルにER粒子が分散した構造であり、シリコーンゲル単体に比べて、ER粒子が分散しているため、見かけ上は高硬度でゲル状というよりはゴム状に近い。また、ER粒子はシリコーンゲルにより物理的に拘束されていることが確認できる。このため、電気粘着ゲル内のER粒子は、電場印加に伴い粒子間に誘電分極による引力が働いたとしても、シリコーンゲルによる物理的拘束があるため粒子鎖を形成するような大きな変位が生じることはない。粒子間引力によりER粒子が移動するとしてもシリコーンゲルの弾性変形に伴う微小変位である。それにも拘わらず、二つの電極間に電気粘着ゲルを挟んで電場を印加し一方の電極にせん断方向の力を加えると、通常のER流体とは比較にならないくらい大きなせん断抵抗力が電極に働く。なぜこのような大きなせん断抵抗力の変化が生じるかというと、電極面に接している電気粘着ゲルの表面状態が電場に応じて変化することによるからである。次項では、この電気粘着ゲルのせん断力発生のメカニズムについて詳しく説明する。

6.1.3　電気粘着ゲルのせん断力発生メカニズム

前項で述べているように、電気粘着ゲルはその表面写真（図6.1.3）を見るとゲル部分により粒子が物理的に拘束されており、ER流体の場合とは異なり、粒子が自由に運動することが困難である。そのため電界を印加したとしても、ER粒子の双極子相互作用によりお互いが引き合う力よりゲルによる拘束力のほうがはるかに大きいため、この物理的拘束を解いて粒子鎖を形成することはない。また、電気粘着ゲルは電界印加時に接触する電極に対して非常に大きな降伏力を示すことや、電極のせん断変位量に応じて弾性的特性から滑り特性へと変化することから、電気粘着ゲル表面と電極の界面における摩擦特性の変化がせん断力の発生に大きく関わっている。

電気粘着ゲルの電気粘着効果の発生メカニズムを図6.1.4に示す[5]。電気粘着ゲルの表面は、図6.1.3から明らかなように、多数のER粒子がシリコーンゲル部分より突起した構造をとっている。そのため、ER粒子は非常に滑り特性がよく、図6.1.4(a)に示すように無電界時にはこの突起したER粒子の球面を電極が滑るため、電極に働くせん断応力が非常に低い値を示す。電気粘着ゲルに含まれる粒子は、ゲル部分に拘束されていることにより、大きく動くことはできない。しかし、

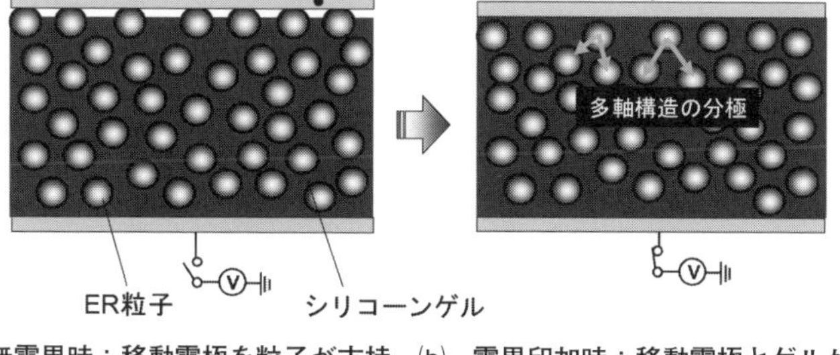

(a)　無電界時：移動電極を粒子が支持　(b)　電界印加時：移動電極とゲルが接触

図6.1.4　電気粘着効果の発生メカニズム

図6.1.4(b)に示すように、電界印加により多軸構造を持って電気分極した粒子は、互いに引き合うことで、内部のゲルを押し出す作用が生じる。この結果、表面から突起していた粒子球面は沈み込む方向に微小変位し、粒子間引力により表面に押し出されたシリコーンゲルが電極面と接触するようになる。シリコーンゲルは、非常に高い濡れ性を示し粘着質な材料であることから、電極とゲル部分が接触することで粘着現象が生じ大きなせん断応力を示すようになり、かつ粘着しているゲル部分が電極との間で滑りを生ずる直前に、応力の降伏現象を示す。さらに電界強度に応じて粒子間引力は変化するため、ゲルが表面に押し出される量も変化する。これにより電極面に対するゲルの粘着面積が増減してせん断応力も変化することになる。

電気粘着ゲルへの電界印加により電極面に対するゲルの粘着面積が増減することを示すために、実際の電気粘着ゲルと電極の界面を撮影した結果を図6.1.5に示す。界面を観察するために、電極には導電膜を施したガラス電極を用いている。電界を印加することにより電気粘着ゲルと電極との界面で粘着現象が生じることがわかる。また、電界強度の増加とともにガラス電極とゲル部分の接触面積が増加する。ここで、ゲル部分の電極への真の接触面積を求め、その値と測定されたせん断力の関係を調べてみると、ゲル粘着部分の真のせん断応力は印加電界強度に関係無くほぼ一定となる。この結果から、電気粘着ゲルにおける印加電界強度によるせん断力の変化はゲル部分の接触面積の変化に起因すると結論づけられる。

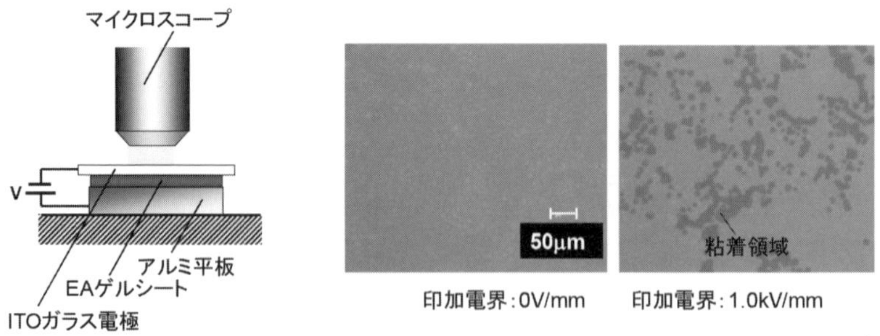

(a)　界面観察方法　　(b)　電界印加時における粘着の様子

図6.1.5　電場印加時の電気粘着現象

6.1.4　電場に対するせん断応力の特性[3]

ER流体と同様に、電気粘着ゲルにおいても最も基本的な特性は、印加電界強度とせん断応力の関係である。図6.1.6に印加電場に応じたせん断応力を測定する装置構成を示す。0.5 mm厚の電気粘着ゲルのシートを下部電極（固定電極）に貼り付け、上部電極（移動電極）を電気粘着ゲルシートの上にのせる。固定電極を陽極、移動電極を陰極として、電気粘着ゲルに電界を印加し、この状態で移動電極をスライドさせ、移動電極に働く変位に応じたせん断力を測定している。電界強度を250 V/mm毎に0 V/mmから1,500 V/mmまで変化させ、各電界強度において600 μmせん断させた時のせん断応力測定結果を図6.1.7(a)に示す。この時、せん断速度は0.01 s^{-1}としている。電気粘着ゲルは電気粘着効果によりER流体のように降伏応力を示すことがわかる。また、電界強度に応じて降伏応力が大きく変化する。電界強度1,500 V/mm時には、約3.5 kPaと高い降伏応力を発生している。さらに、電界強度1,000 V/mm時において従来の粒子分散型ER流体の降伏応力と比較すると、電気粘着ゲルの降伏応力はER流体より約20倍～50倍高い。また、ER流体で問題となった粒子沈降も生じないため、特性変化もない。数年経過した電気粘着ゲルでも電場に対するせん断応力の特性は変化しないことがわかっているため、再現性および耐久性にも優れていると言える。

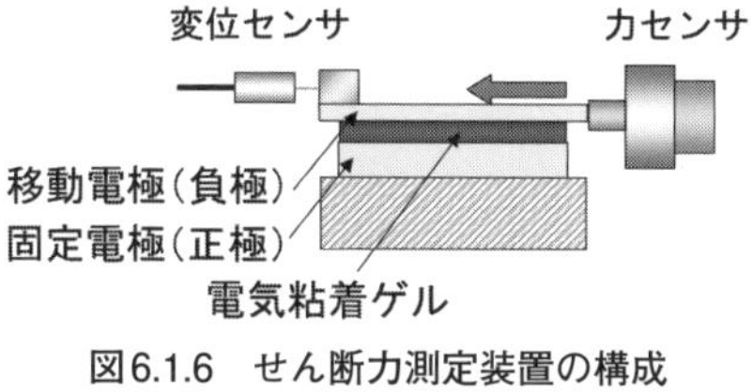

図6.1.6　せん断力測定装置の構成

次に変位に対するせん断応力の挙動について見てみると、降伏点を超える前の微小変位（約10 μm）では応力が上部電極の変位に対しほぼ線形的に変化し、降伏点を超えると応力が概ね一定となる。これは降伏点までは電気粘着ゲルが上部電極に粘着してせん断変形を生じ、降伏点を越えると電気粘着ゲルと上部電極面の間で滑りが発生するため

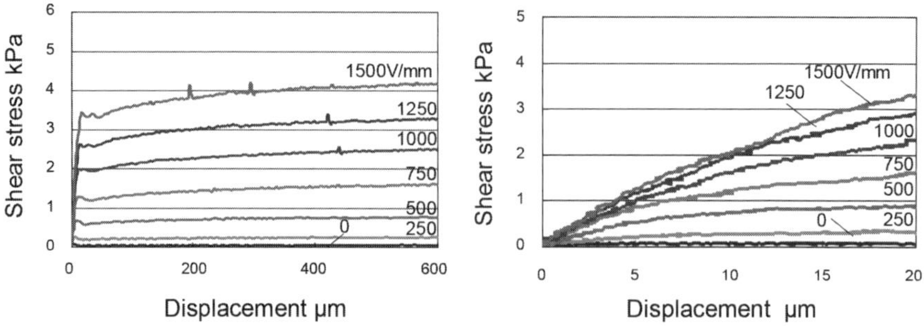

(a)　移動電極の移動距離：600 μm　　　(b)　移動電極の移動距離：20 μm

図6.1.7　印加電場と発生せん断応力の関係

である。ここで図6.1.7(b)に示した変位量20 μmまでの応力の挙動を見ると、微小変位においては上部電極のせん断変位量に対して応力がほぼ線形的に変化することに加え、電界強度が高くなるに連れその傾きが大きくなることがわかる。この微小変位領域におけるせん断力の変化は、電気粘着ゲルが電極に密着し弾性変形を生じることで発生する力であることから、電界強度による傾きの変化は電気粘着ゲルのみかけの剛性変化を示している。つまり電気粘着ゲルは、電界強度に応じて降伏応力が大きく変化するばかりでなく、見かけ上自身の剛性が変化するのも特徴である。

もう一つの大事な特性は、電場に対する応答性と動的特性である。測定装置の概略図を図6.1.8に示す。動電型加振器を用いて、加振力振幅を一定とし、スライダを介して上部電極を正弦波加振している。変位振幅を一定とするのではなく、加振力振幅を一定として評価する理由は、力加振型の振動抑制効果を評価するためである。加振条件は、無電界時の振幅100 μmで加振周波数10 Hzおよび振幅1 μmで周波数10 Hzである。加振状態で電気粘着ゲルのシートに電界を印加し、その時の振幅変化と電気的応答性を評価している。図6.1.9(a)に振幅100 μmで加振周波数10 Hzの測定結果を、図6.1.9(b)に振幅1 μmで加振周波数10 Hzの測定結果をそれぞれ示す。100 μmの初期振動振幅が、電界を印加することで、10 μm以下の振動振幅に抑制され、1 μmの微小振動振幅も約250 nmの振幅に抑制されている。電極と電気粘着ゲルの相対変位が20 μm以上であれば、滑りが生じるため、初期振動振

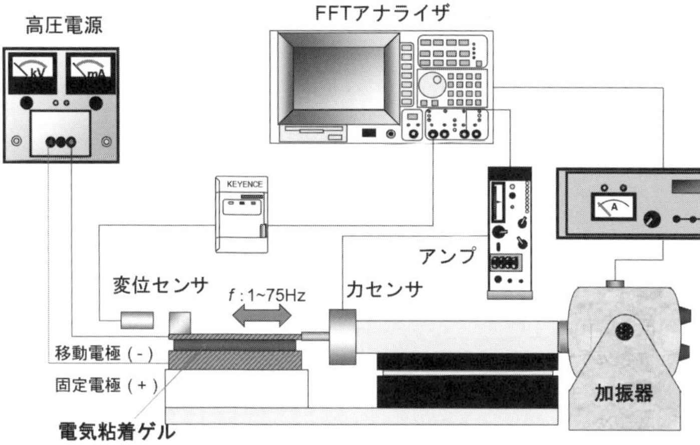

図6.1.8　動的特性試験装置の構成

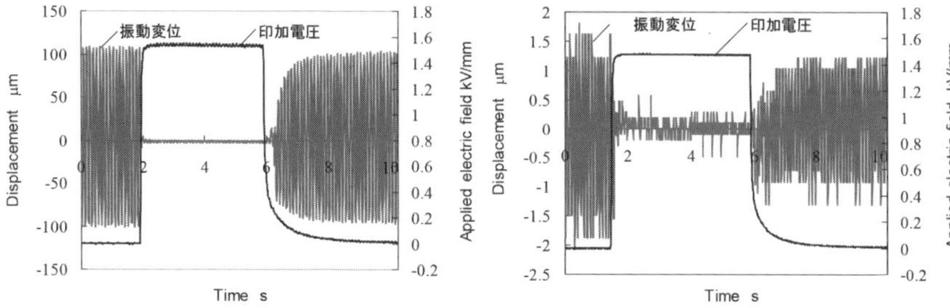

(a)　初期振動振幅：100 μm　　(b)　初期振動振幅：20 μm

図6.1.9　動的特性試験の結果

幅100 μmにおいては電界を印加することで移動電極を粘着固定することで振動を抑えている。一方で、初期振動振幅が1 μmの場合は滑りが生じる前の弾性変形領域である。電界を印加することで、電気粘着ゲルの剛性が高まったことで振動振幅が小さくなった。この結果より電気粘着ゲルが制振要素として十分応用が可能であることもわかる。電場強度を調整することで振動振幅を、瞬間的にも段階的にも抑制することができることから、ブレーキ機構としての応用可能性は高い。

次に加振周波数10 Hzでの加振一周期における電極変位とせん断応

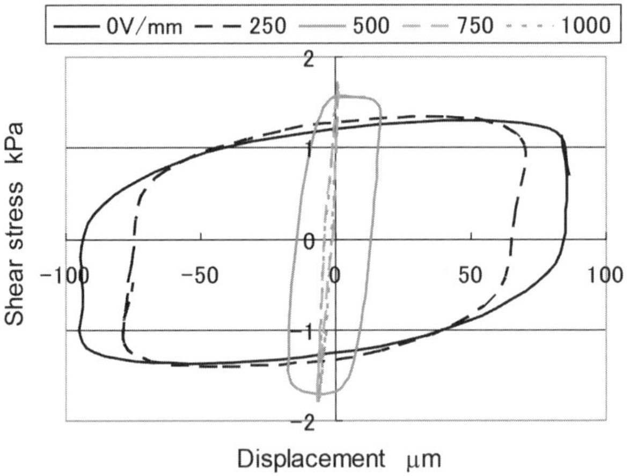

図6.1.10　加振一周期のせん断応力と変位の関係

力の関係を図6.1.10に示す。電界強度500 V/mmまでは減衰力が働いているが、電界強度750 V/mmを超えると減衰力はほとんど働かず、振動エネルギーが弾性エネルギーへと変化していることがわかる。つまり、電気粘着ゲルを用いて振動を抑制する方法として、低い電界強度を印加することで減衰力により振動を抑制することができ、高い電界強度を印加することで防振ゴムのように弾性エネルギーにより振動振幅を抑制することができる。

表6.1.1に上記の結果より算出した電気粘着ゲルの電界に対する応答性を時定数で示す。応答性を算出するにあたって、測定結果より電源立ち上り時の時定数及び振幅変化の時定数を算出し、(電気粘着ゲルの応答性) = (振幅変化の時定数) − (電源立ち上り時の時定数)としている。立下り時の応答性も同様に算出している。この結果を従来のER流体の応答性と比較すると、ER流体の時定数が数ミリ秒～十数ミリ秒なのに対し、電気粘着ゲルの時定数は十ミリ秒～百ミリ秒オー

表6.1.1　印加電場に対する発生せん断応力の応答性

	ON-応答 (ms)	OFF-応答 (ms)
電気粘着ゲル	20~30	100~200

ダーとなっている。電気粘着ゲルはゲル部分によって粒子が保持されているため、ER流体のように粒子は広い範囲を自由に運動することができない。ゲル部分が粒子の動きを阻害しているため応答性が若干低下すると考えられる。

6.1.5　適用する電極

電気粘着ゲルにおける電気粘着効果を得るためには、電気粘着ゲルに電界を印加する必要があるため、電極構造は、２枚の電極で電気粘着ゲルを挟み込む対向型が利用される。しかしながら、対向電極構造を有する電気粘着ゲルを、トルク伝達装置など回転部をもつデバイスに応用する際には、回転電極側の配線構造が複雑化するといった問題や、電気粘着効果を得ることができる材質は導電体に限られるといった問題が生じる。この問題を解決するために考え出された電極構造が、片側電極構造である[6)～7)]。片側電極構造は、正負の電極を1枚の基板上に交互に配置したもので、パターン電極や櫛歯状電極とも呼ばれる。実際の片側電極上に製作した電気粘着ゲルを図6.1.11に示す。片側電極構造を適用することで、対向材料に配線を施すことなく、また対向材料が半導体や絶縁材料であっても電気粘着効果を得ることができる。ただし、対向型電極構造に比べて、得られる電気粘着効果は低減する。対向材料に導電体と絶縁体を用いた場合に発生する電気力線の違いを図6.1.12に示す。対向材料が導電体の場合、対向材料はフロート電極のように振る舞い、片側電極の電極間電位差の中間の電位を持つことになる。そのため、電極間電位差を基準とした場合、電気

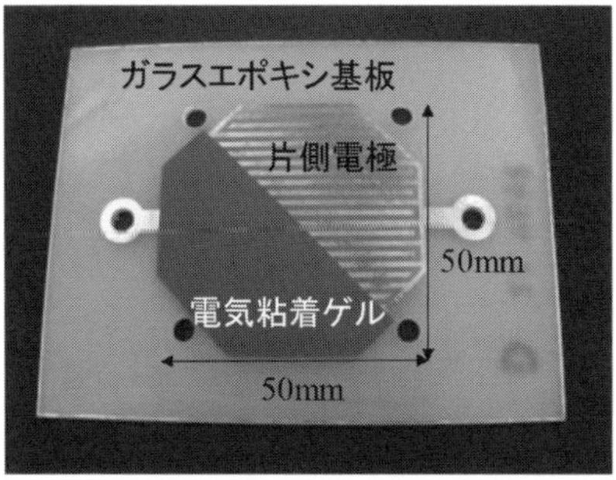

図6.1.11　片側電極上に製作した電気粘着ゲル

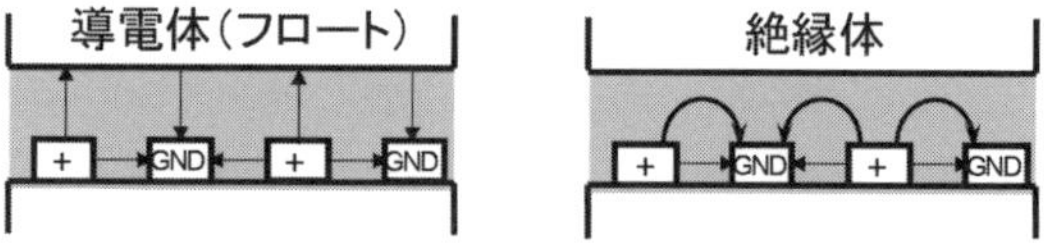

(a)　導電体対象物　　(b)　絶縁体対象物

図6.1.12　対向材料と電気力線

粘着ゲル内に発生する電界は対向電極を用いた場合の半分となり、得られる電気粘着効果も半減する。また、絶縁体の場合、発生する電気粘着効果が材料の誘電率に依存する傾向がある。誘電率の高い材料を用いることで、電気粘着ゲル内を通過する電気力線が多くなるため、高い電気粘着効果が得られる。図6.1.13に誘電率の異なる絶縁材料と発生せん断応力の関係を示す。誘電率4付近を境に電気粘着効果が発生するか否かがわかれる傾向にある[8]。

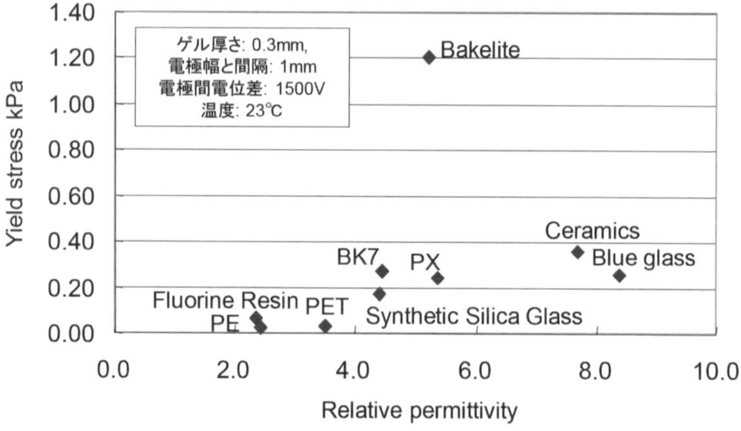

図6.1.13　比誘電率の異なる材料における発生降伏応力

6.1.6　応用デバイス

電気粘着ゲルの応用デバイスとして、ER流体の応用デバイス同様、クラッチやブレーキに代表される力/トルク伝達機構や、振動を抑制する減衰機構などが考えられる。ここではクラッチを例に電気粘着ゲルをトルク伝達機構に応用する場合のメリットを述べる。クラッチは原動側から従動側へ回転力の伝達と遮断を切り替える機能を持つ機械要素である。クラッチには、噛み合いクラッチのように入力軸からの回転動力を全て出力軸へ伝達するか、完全に遮断するかの二者択一を行う機構と、摩擦クラッチのように回転動力を可変に伝達することができる機構がある。動力を可変に伝達するクラッチ機構は、異なる速度を持つ2つのシャフトを連結するために重要な機械要素であり、摩擦クラッチの他にも、電磁クラッチ・粉体クラッチ・流体クラッチなど様々なものが利用されている。機械システムの自動化が進む中、クラッチにおいても伝達トルクを電気的に制御することが望まれている。電気粘着ゲルは印加する電界強度に応じて、表面の摩擦特性が変化する機能性材料である。つまり、電気的に表面の摩擦力を調整することが可能であり、これをトルク伝達媒体として使用することで、電気的に伝達トルクをコントロールすることができると考えられる。この機構は、通常の摩擦クラッチのように押しつけ力を発生させるカムレバーなどの可動部がなく、また電磁クラッチに使用されるコイル等も必要としないことから、簡単かつ小型な構造のクラッチ機構が実現できる。また、多層化すれば、小型ながらも大きなトルクを伝達することができる。電気粘着ゲルの多板クラッチの構造例を図6.1.14に示す。

これに加え、電気で粘着する機構は保持・固定機構に適している。薄物材料をメカニカルクランプで固定すると変形が生じ、ひどい場合には材料が損傷してしまう。これに対して、電気粘着ゲルを利用すれば、薄物材料に外力を加えることなく粘着固定でき、また着脱も容易に行うことができる。片側電極構造を応用したポータブル電気粘着

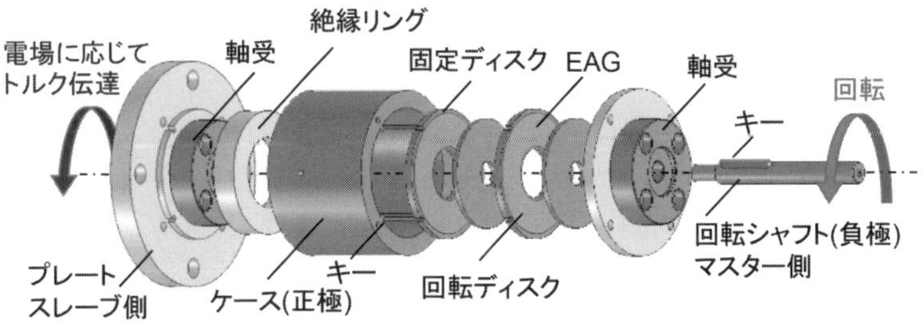

図6.1.14　電気粘着ゲルシートを用いた多板クラッチの例

フィクスチャを図6.1.15に示す。電気粘着効果による固定力を得るためには片側電極に数百ボルトの電圧を印加する必要があるが、流れる電流は微弱であるため、消費電力は0.1 Wほどで非常に低い。そのため、電気粘着フィクスチャは、乾電池を昇圧することで駆動可能である。また、基礎的研究から、真空中でも電気粘着効果による固定力が発生することが確認されている。そのため、真空中における半導体ウェハの固定デバイスとしての応用も期待されている[9]。

図6.1.15　ポータブル電気粘着フィクスチャ

6.1.7　電気粘着ゲルの更なる応用

電気粘着ゲルに電場を印加した際に生じる粘着面を観察すると、粘着面がまばらで不均一である。つまり、電気粘着ゲルの電気粘着効果は、製造時の表面の状態に依存しているため、性能に個体差が生じてしまう。表面のER粒子を均一に並べるため、電場を印加しながらゲル化する電場印加製造法も提案されたが、粒度分布の影響などにより限界があった。そこで、フォトリソグラフィ技術により作製した三次元微細構造を用いて、電場印加時に規則的な粘着面が生じる電気粘着表面（Electro Adhesive Surface 以後EAS）の開発が進められた[10]。

フォトリソグラフィ技術の一つである傾斜裏面露光法により、複数の微細支柱を四角錐に組み合わせて構成した三次元微細メッシュ構造を製造することができる。これにシリコーンゲルを充填し、支柱頂点をゲル表面より突出させた構造としたものがEASである。三次元微細メッシュ構造と実際のEASを図6.1.16に示す。このEASに上部電極として導電膜を施したガラス電極を載せ、電場印加時の電極とEASの界面の様子を観察すると、支柱頂点で規則的に電気粘着効果が発生することが確認できる（図6.1.17）。このように電気粘着効果が生じる領域を制御できることから、微小部品の固定搬送も可能になる。

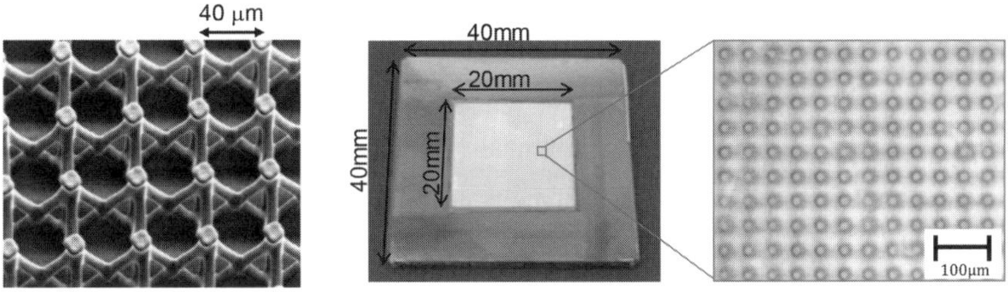

(a)　三次元微細メッシュ構造　　(b)　電気粘着表面（EAS）

図6.1.16　微細メッシュ構造を応用した電気粘着表面

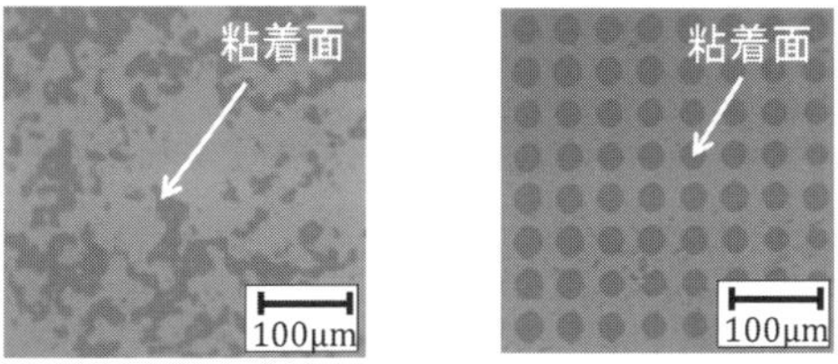

(a)　EAG　　(b)　EAS

図6.1.17　電気粘着ゲルと電気粘着表面の違い

また、規則的に電気粘着効果を得るためのもう一つの方法として、電気粘着ピラーアレイの開発が進められた[11)]。図6.1.18に示すように、ゲル化する前のER流体を電極パターンが施されたテンプレートを用いてEHD（Electro Hydro Dynamics）パターニングすることで、規則的に隆起させることができる。この状態で硬化することで電気粘着ピラーアレイを製作することができる。実際の電気粘着ピラーアレイを図6.1.19に示す。EAS同様に、電気粘着ピラーアレイにおいても規則的な電気粘着効果を得ることができる。

電気粘着効果が発現する領域をこのように制御できれば、一括して微小部品をハンドリングできる新しい固定搬送機構として応用可能性が広がる。

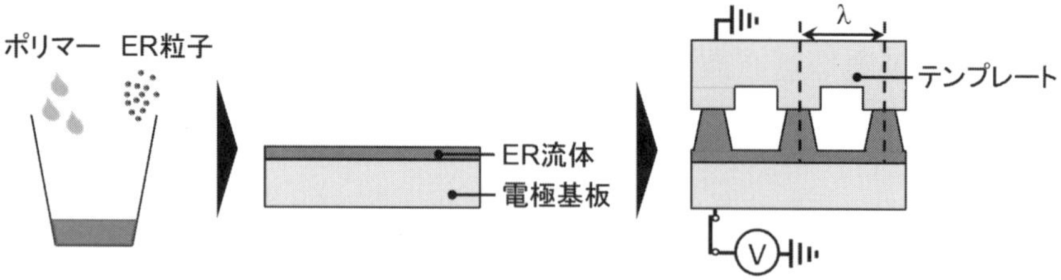

(a)　混合・撹拌　　(b)　塗布・スピンコート　　(c)　EHDパターニング・構造体作製

図6.1.18　EHDパターニングによるEAGピラーの作製方法

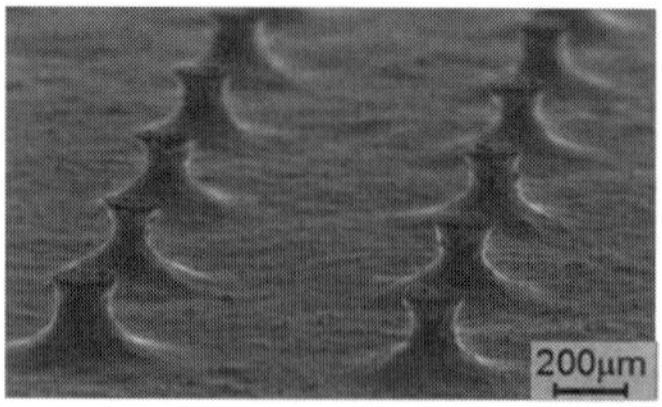

図6.1.19　EAGピラーアレイ

6.1.8　おわりに

粒子分散系ER流体をゲル化することで、電気で表面の粘着性が変化する面白い機能が発現する。従来の粒子鎖形成論に基づく粘弾性変化ではなく、粒子間引力に基づくゲルの変形が表面の粘着性の変化を与える。これにより、電場印加時に、従来のER流体の20倍～50倍のせん断応力が得られるのである。また、粒子沈降による特性変化や流体でないためシール構造も必要ないことから、デバイスへの応用が容易である点も特徴であろう。応用先としては、クラッチやブレーキなどの力／トルク伝達機構に加え、保持・固定機構が考えられる。特に保持・固定機構に関しては、メカニカルクランプのように機械的に外力を加えて保持する機構に比べ、接触面の粘着具合を制御することで、外力を必要としないゼロクランプ機構が実現できる。また、電気粘着効果の原理に基づき、フォトリソグラフィ技術で表面の微細構造を形成したEASや、電気粘着ゲルのマイクロピラーアレイにより、均一かつ規則的な粘着領域を得ることができ、微小部品の保持搬送機構などへの応用が期待される。

＜参考文献＞

1) 滝本淳一："ER効果とそのメカニズム", 電気粘性(ER)流体の開発", pp.3-10, シーエムシー(1999)

2) 中野政身, 五嶋教夫, 森下信："ERアクティブダンパーと振動制御, ＥＲＦダンパーとその応用, 可変減衰ダンパー", 電気粘性(ER)流体の開発", pp.175-203, シーエムシー (1999)

3) 柿沼康弘, 青山藤詞郎, 安齊秀伸, 櫻井宏治, 磯部和之, 日野賢一, 田中克敏："ゲル構造電気粘性流体の開発とその基本特性", 精密工学会誌, 70, 12, pp.1538-1543 (2004)

4) Y. Kakinuma, T. Aoyama, H. Anzai: "Development of High-performance ER Gel based on the Principle of Electro-Adhesive Effect", Journal of Intelligent Material Systems and Structures, 21, 15, pp.1501-1508 (2010)

5) 柿沼康弘, 青山藤詞郎, 安齊秀伸, 櫻井宏治, 磯部和之, 田中克敏："ERゲルにおけるせん断応力発生のメカニズム", フルードパワーシステム, 36, 1, pp.15-21 (2005)

6) 柿沼康弘, 青山藤詞郎, 安齊秀伸, 田中克敏："ERゲルに対する片側構造電極の適用とその性能評価(第二報)", 精密工学会誌, 73, 7, pp.792-797 (2007)

7) 柿沼康弘, 渡邊拡昭, 青山藤詞郎, 安齊秀伸："ERゲルを適用した力伝達素子における片側電極の最適設計", 日本機械学会論文集C編, 73, 733, pp.192-199 (2007)

8) S. Saito, Y. Kakinuma, T. Aoyama, K. Tanaka, H. Anzai: "The influences of the material and geometrical properties of sliding plate on ER effect of Gel-structured ERF", International Journal of Modern Physics B, 21, 28/29, pp.4751-4757 (2007)

9) Y. Shida, Y, Kakinuma, T. Aoyama, H. Minami, H. Anzai: "Basic Performance Evaluation of ER gel in vacuum Condition", Journal of Intelligent Material Systems and Structures, 22, 15, pp.1699-1706 (2011)

10) 山田宗一郎, 青山藤詞郎, 柿沼康弘："三次元微細構造を用いた電気粘着表面の開発", 精密工学会誌, 81, 3, pp.264-269 (2015)

11) K. Itoh, M. Ishida, Y. Kakinuma, H. Anzai, K. Sakurai: "Development of an Electro-Adhesive Micro Pillar Array via EHD Patterning", Smart Materials and Structures, 28, Paper No.034003 (2019)

6.2　EAPソフトアクチュエータ

6.2.1　はじめに

柔軟で軽量、安価なフレキシブルエレクトロニクスに端を発する有機エレクトロニクスは、印刷可能なプリンテッドエレクトロニクス、伸縮性を有するストレッチャブルエレクトロニクスへと発展し、現在ウェアラブルエレクトロニクスとしてIoT（モノのインターネット）への応用が期待されている[1]。中でも電場駆動型高分子（electromechanically active polymer：EAP）ソフトアクチュエータ[2]はヒューマンマシンインターフェースに不可欠であり、ハプティクス技術はスマートフォンやゲーム機、バーチャルリアリティー等の触覚フィードバックとして注目されている。また、マイクロポンプや能動カテーテル、ガイドワイヤー（医療）の他、フレキシブル点字ディスプレイ（福祉）やパワーアシストスーツ（介護）等への応用も検討されている[3][4]。EAPソフトアクチュエータの種類と材料は多種多様であるが、大きく電流駆動型と電圧駆動型に分類できる（表6.2.1）。ここでは、具体的な研究例を紹介するとともに、実用化に向けた将来展望について解説する。

表6.2.1　代表的な電場駆動型ソフトアクチュエータ

駆動型	種類	材料例
電流	イオン伝導性高分子	ナフィオン，フレミオン イオン液体含有ゲル
	導電性高分子	PPy，PANI，PEDOT:PSS
	カーボンナノチューブ	SWCNT，MWCNT
	コイル状高分子	ナイロン，LLDPE
電圧	誘電エラストマー／ゲル	アクリル，シリコーン PU，SRM，PVCゲル
	液晶エラストマー／ゲル	CB系，強誘電性LCE
	圧電性高分子	PVDF，PLLA
	静電フィルム	ポリイミド，PET

6.2.2　イオン伝導性高分子アクチュエータ

イオン伝導性高分子であるフッ素系高分子電解質膜（ナフィオン®やフレミオン®）の表面に金または白金を化学メッキしたIPMC（ionic polymer metal composite）は、代表的な電流駆動型ソフトアクチュエータである。含水状態で0.5 ～ 3 V印加すると、膜中の水素イオンが水を伴ってカソード側に移動するため、アクチュエータはアノード側に屈曲する（図6.2.1）[5]。また、不揮発性のイオン液体を溶媒に用いることで、空気中で長時間安定にアクチュエータを駆動させることができる。イオン液体を含んだフッ素系高分子ゲルを、イオン液体と単層カーボンナノチューブ（SWCNT）からなるバッキーゲル電極で挟むことにより三層アクチュエータが作製されている[6]。電圧印加によりアノード側に屈曲し、空気中30 Hzで8,000回以上動作する。

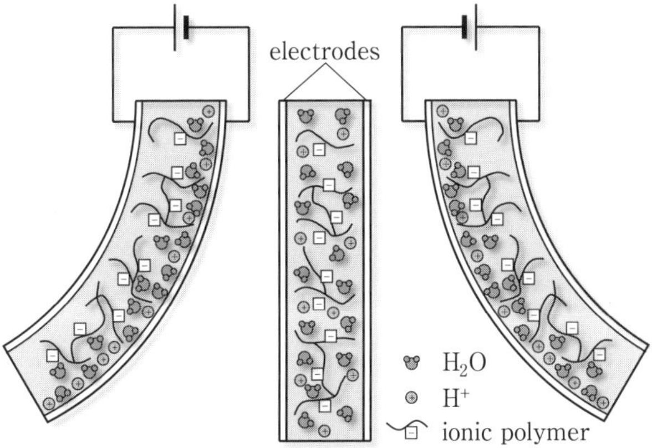

図6.2.1　IPMCアクチュエータの構造と屈曲メカニズム

6.2.3　導電性高分子アクチュエータ

ポリピロール（PPy）、ポリチオフェン、ポリアニリン（PANI）に代表される導電性高分子は主鎖に π 共役系をもち、酸化還元による電解をともない可逆的な体積変化を示すことから、EAPアクチュエータとして注目されている[7,8]。導電性高分子の電解伸縮は、①溶媒和したドーパントイオンの高分子マトリクスへの挿入、②電子状態の変化による高分子鎖の構造変化、③高分子鎖内の静電反発、および④高分子鎖間の静電反発により起こる（図6.2.2）。これに対し、ドデシルベンゼンスルホン酸のような大きなドーパントイオンの場合、還元時に脱ドーピングは起こらず、代わりに電解液からカチオンを取り込む

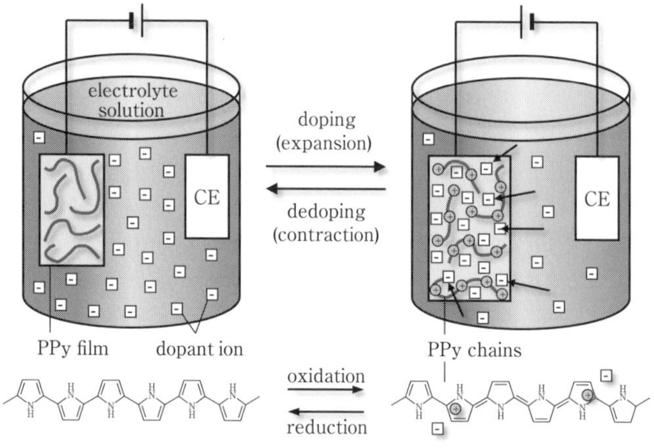

図6.2.2　電気化学的な酸化還元によるポリピロール（PPy）フィルムの体積変化

ため体積は逆に膨張する。電解重合により作製したPPyフィルムが12.4%の伸縮率と22 MPaの発生応力を示すことが明らかにされ[9]、ダイアフラムポンプや触覚ディスプレイへの応用について検討されている。エネルギー変換効率は0.3%以下[10]と低いが、電気化学的酸化還元が二次電池の充放電に相当することから、入力エネルギーのほとんどは回収可能である。伸縮速度（13.8%/s）[11]は筋肉（300%/s）に比べ遅いが、これはフィルムの伸縮がイオンの拡散律速であることに起因する。

一方で、MEMS（micro-electro-mechanical system）技術を用いてPPyマイクロアクチュエータが作製されている[12]。一辺300 μmの立方体のヒンジ部分にPPyを電解重合することで、立方体の開閉が1 s以下で起こる。また、マイクロロボットアームを作製し、直径100 μmのガラスビーズをマニュピュレートすることに成功している[13][14]。さらに、二枚のPPyフィルムをテープで接着した三層アクチュエータが作製され、電気化学－力学（electrochemo-mechanical）挙動が詳細に検討されている[15]。興味深いことに、素子はアクチュエータ機能と触覚センサ機能を同時に発現することがわかっている。2本の配線だけで制御可能なことから、積層化によるインテリジェントシステムへの応用が期待できる。

導電性高分子アクチュエータのほとんどは、電解液中か膨潤状態で動作する「湿式システム」であり、空気中で駆動させるにはレドックスガスや固体電解質、イオン液体などが必要であった[16,17]。一方、電解重合により合成したPPyフィルムが空気中で高速変形する現象が見出され[18,19]、直接回転運動を取り出す「高分子モーター」が試作されている[20,21]。さらに、PPyフィルムに数V印加することにより空気中で収縮することが明らかにされ、EAPアクチュエータ特性が詳細に検討されている[22]。しかし、PPyフィルムの電気収縮率は約1%と小さく、キャスト法や印刷法に比べ電解重合法によるフィルム作製は効率が低く時間がかかる等の問題があった。そこで、ウェットプロセスにより製膜可能なポリ（4-スチレンスルホン酸）をドープしたポリ（3, 4-エチレンジオキシチオフェン）（PEDOT:PSS）水分散液が着目されている。PEDOT:PSSは高い導電性や耐熱性、優れた熱安定性や力学特性を有することから、帯電防止剤や固体電解コンデンサ、有機エレクトロルミネッセンスのホール輸送層として既に用いられており、タッチパネルや有機太陽電池のフレキシブル透明電極等への応用も期

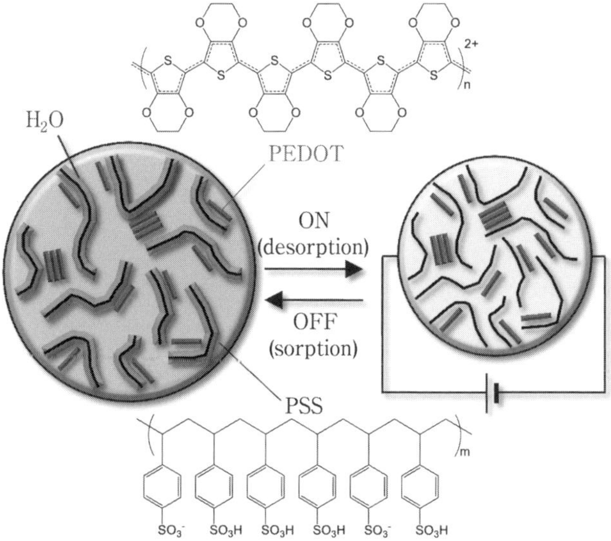

図6.2.3　PEDOT : PSSフィルムの電気収縮メカニズム

待されている[23)]。キャスト法により作製したPEDOT:PSSフィルムの両端に直流電流を印加すると、空気中で可逆的に伸縮することが知られている[24)]。10 V印加によりフィルムは2.4%収縮し、PPyフィルムに比べ2倍以上大きい。電解液やレドックスガスを用いていないことから、PEDOT:PSSフィルムの電気収縮メカニズムは従来の電気化学的ドーピングと明らかに異なる。電流値は95 mAであり、ジュール熱の発生によりフィルムの表面温度は25から64 ℃に上昇するが、電圧印加によりフィルム近傍の相対湿度が急激に上昇することから、フィルムの伸縮は水蒸気の吸脱着に基づくことが明らかにされた（図6.2.3）。ここで、電気刺激は水蒸気の吸着平衡をコントロールしており、PEDOT:PSSフィルムは電圧のオン・オフに応答して、あたかも呼吸をするかのように水分子を吸ったり吐いたりして伸縮するユニークな性質をもつことが明らかにされている[25)]。また、8万回以上安定に動作し、収縮応力は自重（2.5 mg）の1万倍以上の応力に相当する17 MPa（59 gf）に達している。さらに、PEDOT:PSSフィルムの伸縮をテコの原理で拡大し、実際の筋肉のように動作するアクチュエータ「ポリマッスル」や、PETフィルム上にPEDOT:PSSを塗布したバイモルフ型屈曲素子「ポリフラワー」が試作されている（図6.2.4）[26)]。

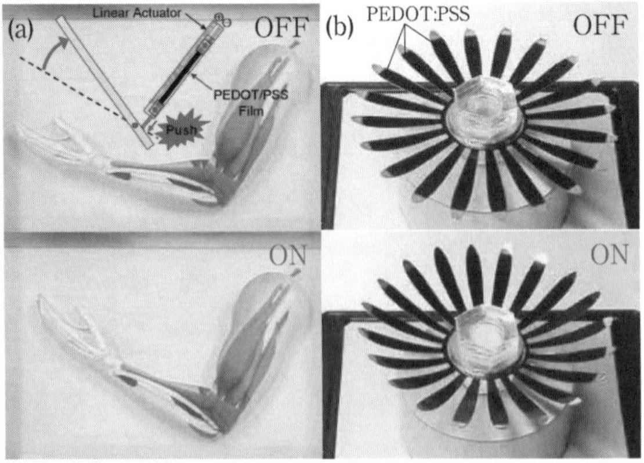

図6.2.4　PEDOT:PSSフィルムを用いたアクチュエータ(a)ポリマッスルと(b)ポリフラワー

6.2.4　カーボンナノチューブ(CNT) アクチュエータ

単層カーボンナノチューブ(SWCNT)シート(バッキーペーパー)からなる電気二重層キャパシタの充放電で駆動するアクチュエータが開発されている[27]。ひずみと発生応力はそれぞれ0.2%、0.75 MPaであり、0.5 Vの印加電圧で140,000回以上動作し、1 kHzでも応答する。一方、静電反発で駆動するCNTエアロゲルアクチュエータは電圧駆動型であり、5 kV印加により空気中で220%の変位と3.7×104 %/sのひずみ速度を示し、80 Kから1900 Kの幅広い温度領域で安定に動作する[28]。

6.2.5　コイル状高分子アクチュエータ

安価で強靭なナイロン繊維を撚ったコイル状高分子アクチュエータが作製され、温度に応答して可逆的に伸縮することが報告されている[29]。図6.2.5に示すコイル状高分子アクチュエータは筋肉の100倍以上の応力を発生し、熱収縮率および出力密度はそれぞれ49%、5.3 kW/kgに達する。ナイロン繊維をCNTシートで被覆または金属メッキすることで、ジュール加熱により電場駆動している。一方、直鎖低密度ポリエチレン(LLDPE)を用いることでコイル状高分子アクチュエータを60℃の低温で駆動することに成功している[30]。従来のナイロン繊維に比べ電力消費は20%と小さく、出力密度および収縮応力はそれぞれ1.6 kW/kg、69 MPaに達し、エネルギー効率は約2%であった。また、90 ℃における収縮率は23%であった。延伸したLLDPE繊維中のラメラ結晶間を架橋するタイ分子が、コイル状高分子アクチュエータの変形に重要な役割を果たしていると考えられる。

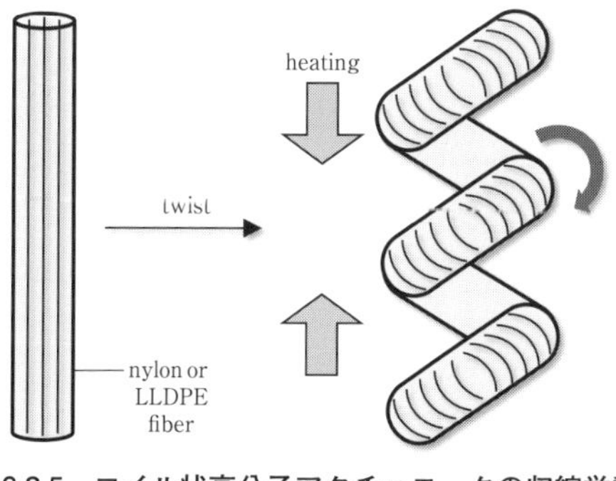

図6.2.5　コイル状高分子アクチュエータの収縮挙動

6.2.6　誘電エラストマー／ゲルアクチュエータ

誘電エラストマー（Dielectric Elastomer: DE）は電圧駆動型ソフトアクチュエータであり、電流がほとんど流れないため電気化学的な消耗や熱による劣化が少なく、高いエネルギー効率と優れた耐久性が期待できる。シリコーンやアクリルエラストマーシートの両面にカーボンや銀グリースを塗布したDEアクチュエータが開発されている（図6.2.6）[31]。予ひずみ（プレストレイン）を加えたDEに数kV印加すると、電極間に静電引力（マックスウェル応力）がはたらき、エラストマーが圧縮変形することで、垂直方向に100%以上伸長する。また、ポリロタキサン構造を有するスライドリングマテリアル（SRM）のシートをロール状に巻き取った円筒形アクチュエータが作製され、義手に応用されている[3]。

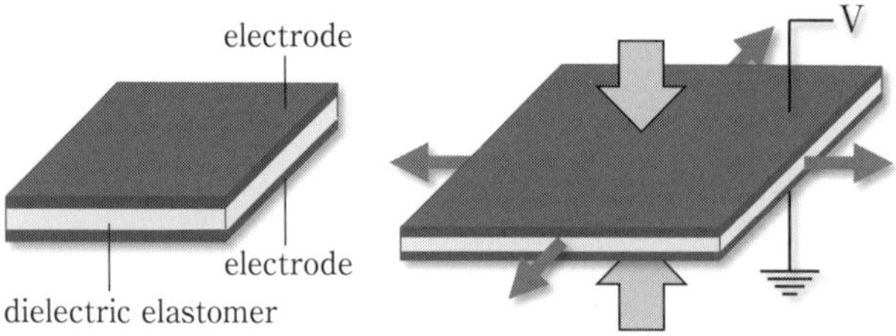

図6.2.6　マックスウェル応力によるDEの圧縮変形挙動

ジメチルスルホキシドに膨潤したポリビニルアルコールゲルに250 V/mmの電圧を印加すると0.1 sで8%収縮することが報告されている[32]。また、可塑化したポリ塩化ビニル（PVC）ゲルが、高電圧印加によりアメーバ様のクリープ変形することが見い出され、オートフォーカス機構への応用について検討されている[33]。さらに、PVCゲルとメッシュ電極を積層したPVCゲルアクチュエータが開発され、300 ～ 400 Vで約10%の収縮率と9 Hzの応答性が実現されている[34]。50 ～ 90 kPaの応力を発生することから、アシストウェアへの応用が検討されている。

6.2.7　液晶エラストマー／ゲルアクチュエータ

ゴムと液晶が融合した液晶エラストマー（LCE）は、架橋された高分子ネットワークにメソゲン基を有する液晶性高分子である。シアノビフェニル（CB）系LCEの局所ダイレクタが力学的刺激に敏感に応答することが見出され、交流電場（振幅25 MV/m、周波数1 Hz）印加により35%のひずみが誘起されることが報告されている[35]。一方、強誘電液晶LCEアクチュエータが開発され、1.5 MV/mの低電場で4%変形させることに成功している[36]。

6.2.8　圧電性高分子アクチュエータ

ポリフッ化ビニリデン（PVDF）は分極により圧電性を発現することから、センサやアクチュエータ、スピーカー、振動発電など様々な応用が検討されている[37]。また、ポリL乳酸（PLLA）のずり圧電性を利用したフィルム型トランスデューサが作製され、2 kg以上の物体を100 rpmで回転させることに成功している[38]。PLLAはキラル高分子のため分極処理が不要で、配向処理のみで圧電性を発現する。

6.2.9　静電フィルムアクチュエータ

電荷間に働くクーロン力で駆動する静電フィルムアクチュエータは、電極をパターニングしたポリイミドやPETフィルムからなる固定子と移動子が互いに滑り合うように動き、発生力は電圧の2乗に比例するとともに積層化によりさらに増大する[39]。50層積層した静電フィルムアクチュエータは、1.5 kV印加により300 Nの力を発生することから、ロボット用高出力アクチュエータとして期待できる[40]。

6.2.10　コンプライアント電極の重要性

EAPソフトアクチュエータは多種多様であるが、共通の課題は電極の選択である。アクチュエータの変形に追随できるコンプライアント（従順な）電極に求められる性能は、①柔軟性（低弾性率）・伸縮性、②高導電性（低抵抗）、③成形加工性である。DEアクチュエータの電極には銀やカーボン等の導電グリースが用いられているが、ペースト状のため扱いにくく一般に抵抗が高い。電流がほとんど流れない電圧駆動型アクチュエータには使用できるが、電流駆動型アクチュエータには不向きである。一方、IPMCアクチュエータやコイル状高分子アクチュエータの電極には化学メッキした金や白金、銀等の金属が使用されている。電気伝導度は十分高いが、剛直で高価、作製プロセスが複雑等の問題もある。CNTやグラフェンも注目されているが、バッキーゲルの電気伝導度は57 S/cmと低く[41]、電流駆動型アクチュエータの高速化にはさらなる高導電化が必要である。

PEDOT:PSSはコロイド分散型の導電性高分子であり[23]、ソフトアクチュエータ材料だけでなく電極としても使用可能である。一般に、コロイド表面には絶縁性のPSSが過剰に存在し、水素結合するとともにキャリア移動を妨げているため、フィルムは脆く電気伝導度も低い（図6.2.7(a)）。これに対し、キシリトールやアラビトール等の糖アルコール（SA）を添加・加熱すると、PSS間の水素結合が弱められ均質化するとともにPEDOTが結晶化するため、フィルムの破断伸度（γ）と電気伝導度（σ）が著しく向上する（図6.2.7(b)）[42]。興味深いことに、イオン液体を含んだポリウレタン（IL-PU）フィルムの両面にPEDOT:PSS-SAフィルム（膜厚約20 μm）を貼り合わせるだけで、イオン伝導性高分子アクチュエータを簡単に作製できる。2 V印加によりPU内のイオン液体が分極することで電気二重層を形成し、フィルムはアノード側に屈曲する（図6.2.8(a)）[43]。ここで、PEDOT:PSS-SAフィルムの電気伝導度は300 S/cmと高いことから、電極の薄膜化が容易

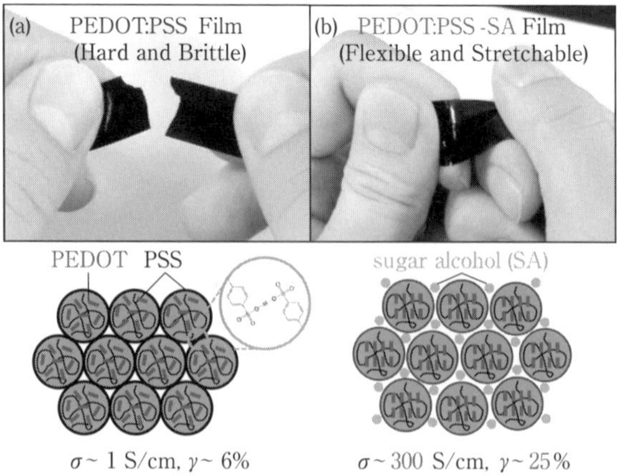

図6.2.7　(a)PEDOT:PSSと(b)PEDOT:PSS-SAフィルムの柔軟性と電気伝導性向上のメカニズム

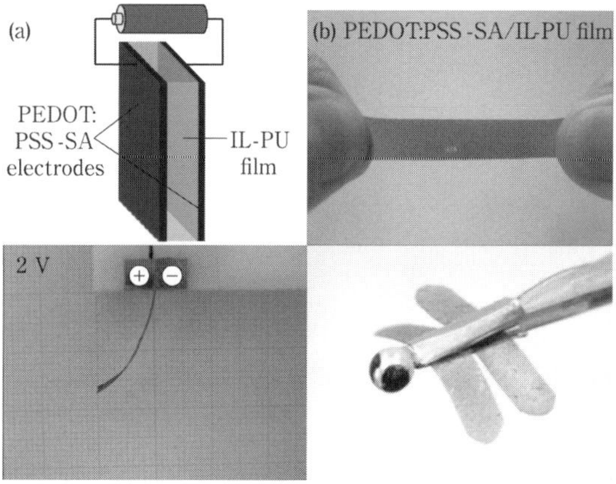

図6.2.8　(a)PEDOT:PSS-SA/IL-PUアクチュエータの構造と電気屈曲挙動、(b)PEDOT:PSS-SAをIL-PU上にスプレー塗布した伸縮性フィルムと半透明アクチュエータ

である。PEDOT:PSS-SA分散液を厚さ約1 μmスプレー塗布したPEDOT:PSS-SA/IL-PUフィルムは100%以上延伸しても導通することから、半透明な伸縮性ソフトアクチュエータの作製が可能である（図6.2.8(b)）。

6.2.11　おわりに

さまざまなEAPソフトアクチュエータについて、具体例を紹介しながら解説した。モーターやエンジン、油圧ポンプなど従来の機械システムが部品間の相対的な位置変化で駆動するのに対し、ソフトアクチュエータは分子レベルのミクロな構造変化を集積してマクロな変形や体積変化を引き起こすことから、マイクロ・ナノマシンへの応用が期待されている。さらに、ウェットプロセスを用いた印刷によりソフトアクチュエータが作製できることから、低コストで大量生産可能なプリンテッドアクチュエータやペーパーアクチュエータの実現も夢ではない。ソフトアクチュエータの実用化には、応答速度や耐久性、エネルギー変換効率など克服すべき問題も多いが、電気機械結合係数を高めるような材料設計や高次構造・階層構造制御により、さらなる高性能化が可能である。一方、EAPアクチュエータを変形させることで、逆に電気エネルギーを取り出せることから、フレキシブルセンサや発電デバイスへの応用も検討されている。EAPソフトアクチュエータの創り出す未来に期待したい。

＜参考文献＞

1）“ウェアラブルデバイスの小型，薄膜化と伸縮，柔軟性の向上技術”，技術情報協会，(Dec. 2015)

2）F. Carpi : “Electromechanically Active Polymers”, Springer (Dec. 2016)

3）K. Asaka and H. Okuzaki : “Soft Actuators”, Springer (Nov. 2014)

4）安積欣志，奥崎秀典，鈴森康一：“ソフトアクチュエータの材料・構成・応用技術”，S&T (Nov. 2016)

5）K. Oguro, Y. Kawami and H. Takenaka : “Bending of an ion-conducting polymer film-electrode composite by an electric stimulus at low voltage”, J. of Micromachine Soc., **5**, pp.27-30 (1992)

6）T. Fukushima, K. Asaka, A. Kosaka and T. Aida : “Fully plastic actuator through layer-by-layer casting with ionic-liquid-based bucky gel”, Angew. Chem. Int. Ed., **44**, pp.2410-2413 (Apr. 2005)

7）R.H. Baughman, L.W. Shacklette, R.L. Elsenbaumer, E. Plichta and C. Becht : “Conjugated Polymeric Materials: Opportunities in Electronics, Optoelectronics, and Molecular Electronics”, Kluwer Academic Publishers, pp.559-582 (1990)

8）T.F. Otero and J. Rodoriguez : “Intrinsically Conducting Polymers: An Emerging Technology”, Kluwer Academic Publishers, pp.179-190 (1993)

9）S. Hara, T. Zama, W. Takashima and K. Kaneto : “Artificial Muscles Based on Polypyrrole Actuators with Large Strain and Stress Induced Electrically”, Polym. J., **36**, pp.151-161 (Feb. 2004)

10）H. Fujisue, T. Sendai, K. Yamato, W. Takashima and K. Kaneto : “Work behaviors of artificial muscle based on cation driven polypyrrole”, Bioinspir. Biomim., **2**, pp.S1-S5 (Jun. 2007)

11）S. Hara, T. Zama, W. Takashima and K. Kaneto : “Free-standing gel-like polypyrrole actuators doped with bis (perfluoroalkylsulfonyl) imide exhibiting extremely large strain”, Smart Mater. Struct., **14**, pp.1501-1510 (Nov. 2005)

12）E. Smela, O. Inganäs and I. Lundström : “Controlled Folding of Micrometer-Size Structures”, Science, **268**, pp.1735-1738 (Jun. 1995)

13）E.W.H. Jager, O. Inganäs and I. Lundström : “Microrobots for Micrometer-Size Objects in Aqueous Media: Potential Tools for Single-Cell Manipulation”, Science, **288**, pp.2335-2338 (Jun. 2000)

14）E.W.H. Jager, E. Smela and O. Inganäs : “Microfabricating Conjugated Polymer Actuators”, Science, **290**, pp.1540-1545 (Nov. 2000)

15）T.F. Otero and M.T. Cortés : “Artificial Muscles with Tactile Sensitivity”, Adv. Mater., **15**, pp.279-282 (Feb. 2003)

16）Q. Pei and O. Inganäs : “Artificial Muscles with Tactile Sensitivity” , Synth. Met., **57**, pp.3730-3735 (Apr. 1993)

17）W. Lu, A.G. Fadeev, B. Qi, E. Smela, R.B. Mattes, J. Ding, G.M. Spinks, J. Mazurikiewicz, D. Zhou, G.G. Wallace, D.R. MacFarlane, S.A. Forsyth and M. Forsyth : “Use of Ionic Liquids for π-Conjugated Polymer Electrochemical Devices”, Science, **297**, pp.983-987 (Aug. 2002)

18）H. Okuzaki, T. Kuwabara, K. Funasaka and T. Saido : “Humidity-Sensitive Polypyrrole Films for Electro-Active Polymer Actuators”, Adv. Funct. Mater., **23**, pp.4400-4407 (Sep. 2013)

19） H. Okuzaki and T. Kunugi : "Adsorption-induced bending of polypyrrole films and its application to a chemomechanical rotor", J. Polym. Sci., Polym. Phys., **34**, pp.1747-1749（Jul. 1996）
20） H. Okuzaki and T. Kunugi : "Adsorption-induced chemomechanical behavior of polypyrrole films", J. Appl. Polym. Sci., **64**, pp.383-388（Apr. 1997）
21） H. Okuzaki, T. Kuwabara and T. Kunugi : "A polypyrrole rotor driven by sorption of water vapour", Polymer, **38**, pp.5491-5492（Oct. 1997）
22） H. Okuzaki and K. Funasaka : "Electromechanical Properties of a Humido-Sensitive Conducting Polymer Film", Macromolecules, **33**, pp.8307-8311（Oct. 2000）
23） 奥崎秀典："PEDOTの材料物性とデバイス応用"，S&T（2012）
24） H. Okuzaki, H. Suzuki and T. Ito : "Electromechanical Properties of Poly（3,4-ethylenedioxythiophene）/Poly（4-styrene sulfonate）Films", J. Phys. Chem. B, **113**, pp.11378-11383（Jul. 2009）
25） H. Okuzaki, K. Hosaka, H. Suzuki and T. Ito : "Effect of temperature on humido-sensitive conducting polymer actuators", Sens. Act. A, **157**, pp.96-99（Jan. 2010）
26） H. Okuzaki, K. Hosaka, H. Suzuki and T. Ito : "Humido-sensitive conducting polymer films and applications to linear actuators", React. Funct. Polym., **73**, pp.986-992（Jul. 2013）
27） R.H. Baughman, C. Cui, A.A. Zakhidov, Z. Iqbal, J.N. Barisci, G.M. Spinks, G.G. Wallace, A. Mazzoldi, D.D. Rossi, A.G. Rinzler, O. Jaschinski, S. Roth and M. Kertesz : "Carbon Nanotube Actuators", Science, **284**, pp.1340-1344（May. 1999）
28） A.E. Aliev, J. Oh, E. Kozlov, A.A. Kuznetsov, S. Fang, A.F. Fonseca, R. Ovalle, M.D. Lima, M.H. Haque, Y.N. Gartstein, M. Zhang, A.A. Zakhidov and R.H. Baughman : "Giant-Stroke, Superelastic Carbon Nanotube Aerogel Muscles", Science, **323**, pp.1575-1578（Mar. 2009）
29） C.S. Haines, M.D. Lima, N. Li, G.M. Spinks, J. Foroughi, J.D.W. Madden, S.H. Kim, S. Fang, M.J. Andrade, F. Göktepe, Ö. Göktepe, S.M. Mirvakili, S. Naficy, X. Lepró, J. Oh, M.E. Kozlov, S.J. Kim, X. Xu, B.J. Swedlove, G.G. Wallace and R.H. Baughman : "Artificial Muscles from Fishing Line and Sewing Thread", Science, **343**, pp.868-872（Feb. 2014）
30） M. Hiraoka, K. Nakamura, H. Arase, K. Asai, Y. Kaneko, S.W. John, K. Tagashira and A. Omote : "Power-efficient low-temperature woven coiled fibre actuator for wearable applications", Sci. Rep., **6**, 36358（Nov. 2016）
31） R. Pelrine, R. Kornbluh, Q. Pei and J. Joseph : "High-Speed Electrically Actuated Elastomers with Strain Greater Than 100%", Science, **287**, pp.836-839（Feb. 2000）
32） T. Hirai, H. Nemoto, M. Hirai and S. Hayashi : "Electrostriction of highly swollen polymer gel: Possible application for gel actuator", J. Appl. Polym. Sci., **53**, pp.79-84（Jul. 1994）
33） T. Hirai, T. Ogiwara, K. Fujii, T. Ueki, K. Kinoshita and M. Takasaki : "Electrically Active Artificial Pupil Showing Amoeba-Like Pseudopodial Deformation" , Adv. Mater., **21**, pp.2886-2888（July. 2009）
34） 橋本稔："積層型PVCゲルアクチュエータの応用展開"，精密工学会誌, **80**，pp.727-730（Jun. 2014）
35） T. Okamoto, K. Urayama and T. Takigawa : "Large electromechanical effect of isotropic-genesis polydomain nematic elastomers", Soft Matter, **7**, pp.10585-10589（Oct. 2011）
36） W. Lehmann, H. Skupin, C. Tolksdorf, E. Gebhard, R. Zentel, P. Kruger, M. Losche and F. Kremer :

"Giant lateral electrostriction in ferroelectric liquid-crystalline elastomers", Nature, **410**, pp.447-450 (Mar. 2001)

37) E. Fukuda : "Recent developments of polar piezoelectric polymers", IEEE Trans. Dielectr. Electr. Insul., **13**, pp.1110-1119 (Oct. 2006)

38) Y. Tajitsu : "Development of environmentally friendly piezoelectric polymer film actuator having multilayer structure", Jpn. J. Appl. Phys., **55**, 04EA07 (Mar. 2016)

39) S. Egawa and T. Higuchi : "Multi-layered electrostatic film actuator", IEEE Int. Conf. Micro Electro Mech. Syst., pp.166-171 (Feb. 1990)

40) T. Niio, S. Egawa, H. Kimura and T. Higuchi : "Electrostatic artificial muscle: compact, high-power linear actuators with multiple-layer structures", IEEE Int. Conf. Micro Electro Mech. Syst., pp.130-135 (Jan. 1994)

41) T. Sekitani, Y. Noguchi, K. Hata, T. Fukushima, T. Aida and T. Someya : "A Rubberlike Stretchable Active Matrix Using Elastic Conductors", Science, **321**, pp.1468-1472 (Sep. 2008)

42) Y. Li, R. Tanigawa and H. Okuzaki : "Soft and flexible PEDOT/PSS films for applications to soft actuators", Smart Mater. Struct., **23**, 074010 (Jun. 2014)

43) H. Okuzaki, S. Takagi, F. Hishiki and R. Tanigawa : "Ionic liquid/polyurethane/PEDOT:PSS composites for electro-active polymer actuators", Sens. Actuators B, **194**, pp.59-63 (Apr. 2014)

6.3 MRエラストマー

6.3.1 はじめに

第3.1節でも述べたように、MR流体はオイル等の分散媒にμmサイズの強磁性体微粒子を分散した懸濁液であることから、長時間静置した際の分散粒子の沈降がネックとなる場合があり、また使用に際してはMR流体封止のためのシールを必要とする。MR（Magneto-Rheological）エラストマーは、シリコンゴム等の非磁性のマトリックスにμmサイズの強磁性体微粒子を分散して固化したソフトマテリアルであり、印加磁場に対して主に粘弾性特性が変化する機能性を呈するが、特に弾性的特性が大きく変化する。その使用に際しては、ソフトマテリアルであることから、粒子沈降の問題もなく、使用に際して液体シールなどを設ける必要もない。ただ、MR流体は粒子クラスター崩壊に伴う降伏現象後でもせん断流動を続けることができるが、MRエラストマーはソフトマテリアルであることから降伏現象が生じる以前での変形条件での使用ということになる。MRエラストマーは、1995年頃から提案され、各種のマトリックスをベースとして主にカルボニル鉄粒子を混入したものが創製され、可変弾性特性を活用した各種の適応同調吸振器、振動アイソレータ、支持ブッシュ、マウントなどへの応用が試みられてきている[1)2)]。

本節では、MRエラストマーの創製方法、MR効果発現メカニズムと特徴、磁気レオロジー（MR）特性、そして特徴的な工学分野への応用展開として、建築構造物を対象とした、積層エラストマー可変剛性吸振器の開発とその適応同調吸振器への応用、積層エラストマー免震基礎アイソレータの開発とその免震制御への応用、そしてMRエラストマーが外力によるせん断変形に対して磁気特性が変化する機能性を有することを活用した振動発電への応用事例を紹介する。

6.3.2 MRエラストマーの創製

MRエラストマーは、エラストマーマトリックス素材に強磁性体微粒子を分散して固化したソフトマテリアルである。そのマトリックス素材としては、非磁性のシリコンゴム、天然ゴム、ポリウレタン、PDMSなどが用いられ、そのマトリックス素材によってMRエラストマーの硬さ、気孔率、初期弾性率、磁場依存弾性率などのMRエラストマーの諸特性が大きく異なる。また、強磁性体微粒子としては、高い飽和磁化特性、低い残留磁気、高い透磁率をもつことからμmサイズのカルボニル鉄粒子が一般に用いられることが多い。図6.3.1には、MRエラストマーの作成プロセスの一例を示す[3]。シリコンゴムをマトリックス素材としてカルボニル鉄粒子をフィラーとして混入する場合で、まずビーカー等の容器にシリコンゴム、シリコーンオイル、カルボニル鉄粒子、および添加剤としてシリコンゴムの硬化剤をそれぞれ所定の量を計量して入れて混合する（図(a)、(b)）。その後、その混合液を真空槽に入れて液中に混入した気泡の脱気を行い（図(c)）、真空槽から取り出して若干混ぜてから静置する（図(d)）。その後、その混合液を所定の型のモールドに注入して（図(e)）、時間をかけて硬化させる（図(f)）。その硬化過程において、粒子の沈降回避等に配慮しながら硬化されると粒子が一様に分散された等方性（Isotropic）のMR

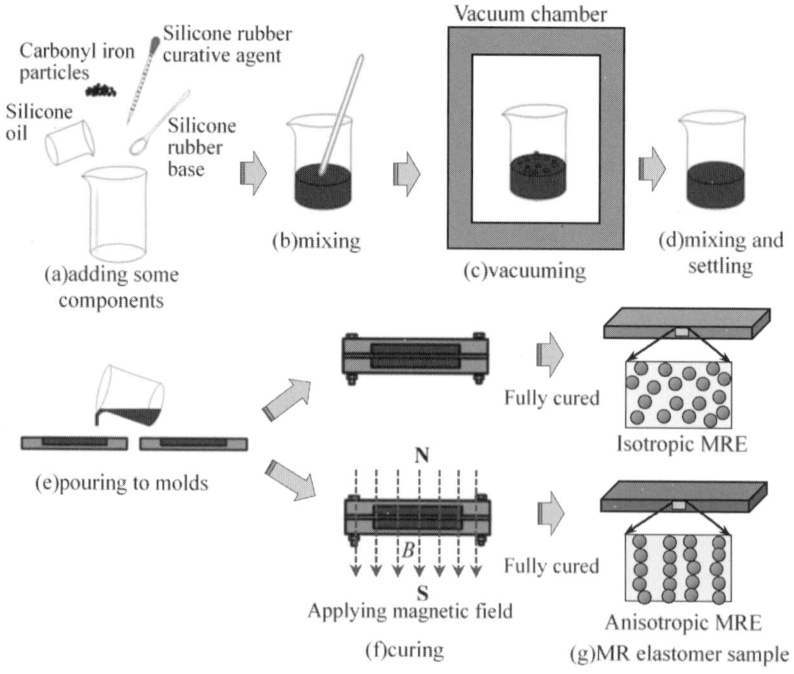

図6.3.1　MRエラストマーの作成プロセスの一例[3]

エラストマー（図(g)上図）が創製され、図(f)の下図に示すように磁場を印加しながら硬化させると印加磁場方向に粒子が配向した異方性(Anisotropic)のMRエラストマー(図(g)下図)を作成することができる。

6.3.3　MRエラストマーのMR効果の発現メカニズム

MRエラストマーのMR効果の発現は、第3.1節のMR流体と同様に、基本的にはエラストマー中にフィラーとして混入した強磁性体粒子の印加磁場下での磁気分極による粒子間の磁気双極子相互作用に起因する。ただ、MR流体との大きな違いは、液体ではなくMRエラストマーはソフトマテリアルであることである。そのため、MR流体のように降伏せん断応力に達した降伏後の塑性域でも流動することが可能であるため粘性的特性を大きく変化できるが、MRエラストマーは降伏以前の粘弾性域内での変形が主となるため、磁場によって粘性的特性よりもむしろ弾性的特性が大きく可変となる。従って、MRエラストマーのせん断変形下でのせん断応力は、横弾性率G、あるいは動的特性として貯蔵弾性率G'の印加磁場による変化特性として捉えられることが多い。

MRエラストマーの無磁場時のせん断変形に対する横弾性率G_0は、フィラーとして混入した強磁性体微粒子間の機械的相互作用を考慮して、次式のように表せる[4)]。

$$G_0=G_e(1+2.5\phi+14.1\phi^2) \qquad \cdots (3.6.1)$$

ここで、G_eはエラストマーマトリックスの横弾性率、ϕは分散微粒子の体積分率である。

印加磁場による横弾性率の増分ΔGは、MRエラストマー中に形成された磁気分極した強磁性体粒子間の磁気双極子モーメント間の干渉によって引き起こされる。長い粒子チェーン配置を考慮して、二つの近接する粒子間の磁気飽和以前の磁気双極子モーメントを考慮して[5)]、磁場印加による横弾性率の増分ΔGは次式のように表される。

$$\Delta G=36\phi\mu_0\mu_1\beta^2H^2(a/d)^3\zeta \qquad \cdots (6.3.2)$$

ここで、ϕは粒子体積分率、$\beta=(\mu_p-\mu_1)/(\mu_p+2\mu_1)\approx1$、$\mu_0=4\pi\cdot10^{-7}$[H/m]は真空の透磁率、$\mu_1$はエラストマーマトリックスの比透磁率(≈1)、

μ_pは強磁性粒子の比透磁率（≈1,000）、aは磁性粒子の半径、dは隣接する粒子間の初期の中心間距離、$\zeta=1.202$、そしてHは印加磁場強度である。すなわち、磁場印加による横弾性率は、強磁性体粒子の体積分率ϕおよび印加磁場強度Hの二乗に比例して増大することになる。

MRエラストマーのMR効果の評価は、無磁場時の横弾性率G_0に対する磁場印加による横弾性率の増分ΔGの比$\Delta G/G_0$として表されることが多い。

6.3.4　MRエラストマーの磁気レオロジー（MR）特性

(1)　PDMSベースMRエラストマーのMR特性

PDMS（Polydimethylsiloxane）をエラストマー素材として3～5 μmのカルボニル鉄粒子をフィラーとして混入して硬化させたMRエラストマー（粒子無配向）の定常的MR特性を図6.3.2に示す[6]。厚さ1 mm、直径ϕ20 mmのMRエラストマーを磁場印加可能な平行二円盤間に設置して、5 rad/sで回転せん断変形を加えた際のせん断歪γ－せん断応力τ曲線を示しており、印加磁場とカルボニル鉄粒子の重量分率（60、80 wt%）とによる違いを表している。図(a)、(b)のいずれのカルボニル鉄粒子重量分率においても、せん断応力がせん断歪に対してほぼ線形的に上昇し、若干オーバーシュートを呈しながら一定値に収束している。この線形的に上昇する傾きが横弾性率に相当し、一定値

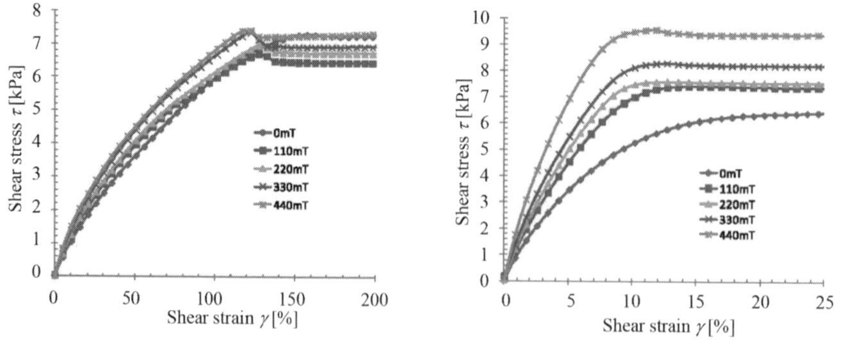

(a)　Iron 60 wt%　　(b)　Iron 80 wt%

図6.3.2　PDMSベースMRエラストマーの定常的な歪－せん断応力曲線の印加磁場および鉄粒子重量分率による違い

に収束しているのはその時点でMRエラストマー面と円盤面間に滑りが発生しており、収束するせん断応力の一定値は両面の摩擦状態に依存する。その横弾性率は、カルボニル鉄粒子の重量分率が多くなるほど、かつ印加磁場が高くなるほど増大する。

図6.3.3には、平行二円盤レオメータの上側円盤に往復回転振動を与えて計測したPDMSベースMRエラストマー（粒子無配向）の動的粘弾性特性として、せん断歪振幅γ_aに対する貯蔵弾性率G'と損失弾性率G"の変化を示す[6]。図(a)、(b)のいずれの鉄粒子重量分率の場合においても、貯蔵弾性率G'および損失弾性率G"はせん断歪振幅の増大に伴い徐々に若干低下する傾向を呈するが、ある臨界の歪振幅に達すると急激に減少している。この臨界の歪振幅は、図(a)の場合には約120％程度で、図(b)の場合には約10％程度となり、図6.3.2の定常的な歪－せん断応力曲線の一定値へ収束する歪にほぼ相当している。このことから、貯蔵弾性率G'および損失弾性率G"の急激な低下はMRエラストマー面と上側円盤面の滑りに起因して発生しており、両面間の滑り摩擦特性が入った非線形粘弾性を呈しており、粘性的特性が支配的になる。また、印加磁場が大きくなるほど貯蔵弾性率G'および損失弾性率G"ともに増大し、MRエラストマーの剛性と減衰能を印加磁場によって高めることができることがわかる。

PDMSベースMRエラストマー（粒子無配向）の周波数スイープ試

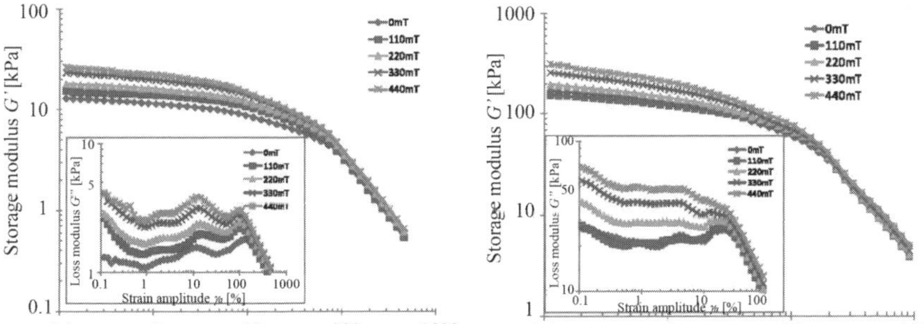

(a)　Iron 60 wt%　　(b)　Iron 80 wt%

図6.3.3　PDMSベースMRエラストマーの動的粘弾性特性（歪振幅スイープ試験）

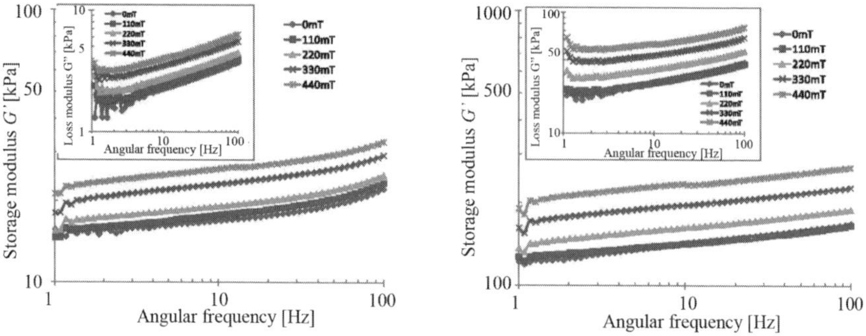

(a)　Iron 60 wt%　　(b)　Iron 80 wt%

図6.3.4　PDMSベースMRエラストマーの動的粘弾性特性（周波数スイープ試験）

験（せん断歪振幅γ_a=1.0%一定）の動的粘弾性の測定結果を図6.3.4に示す[6]。図(a)、(b)のいずれの鉄粒子重量分率の場合でも、貯蔵弾性率G'および損失弾性率G''ともに周波数にほぼ比例して線形的に増大し、印加磁場が高くなるほどそれらの値も大きくなる。特に、鉄粒子重量分率はMRエラストマーの無磁場時の初期の貯蔵弾性率G'および損失弾性率G''に影響を及ぼし、重量分率が60%から80%と多くなると、それぞれ約10倍程度大きい値を示している。

(2)　シリコンゴムベースMRエラストマーのMR特性

シリコンゴムをエラストマー素材とし平均粒子径6 μmのカルボニル鉄粒子（重量分率70 wt%一定）をフィラーとして混入して硬化させたシリコンゴムベースMRエラストマー（粒子無配向、粒子配向）の動的粘弾性特性が報告されている[3]。本シリコンゴムベースMRエラストマーは、図6.3.1に示すMRエラストマーの作成プロセスに従って創製され、シリコンゴムに添加するシリコーンオイルの混合割合を変化することによってMRエラストマーの初期剛性を調整し、硬化する際に無磁場と磁場印加によってそれぞれ粒子無配向（等方性）および粒子配向（異方性）のMRエラストマーとしている。図6.3.5には、15 wt%のシリコーンオイルを添加した粒子無配向と粒子配向のMRエラストマーのSEM 写真を示す。図(a)の磁場無しで硬化したMRエラストマーでは等方的に一様に粒子が分散しているのに対して、図(b)の磁場印加下で硬化させたMRエラストマーではMRエラストマーの表面に垂直な印加磁場方向に粒子が配向した様子が明確に観察される。

本シリコンゴムベースMRエラストマー（長さ50 mm×幅12 mm×厚さ2 mm）の動的粘弾性は、第3.2節のMR流体多孔質コンポジットのMR特性評価で用いた図3.2.3に示すダブルギャップの往復せん断型レオメータを用いて測定されている。図6.3.6には、粒子無配向MRエラストマーのシリコーンオイル添加量（図(a)）および印加磁場（図(b)）によるせん断歪振幅γ_a=40％一定の場合のせん断歪－せん断応力ヒステリシスループの変化特性を示す[3)]。図(a)の無磁場時のヒステリシスループはほぼ楕円形状をしており、シリコーンオイルの添加割合が

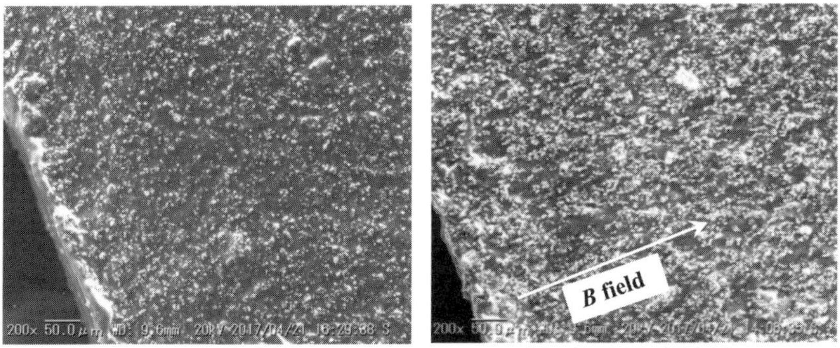

(a)　粒子無配向（等方性）　　(b)　粒子配向（異方性）

図6.3.5　粒子無配向および粒子配向シリコンゴムMRエラストマーのSEM写真

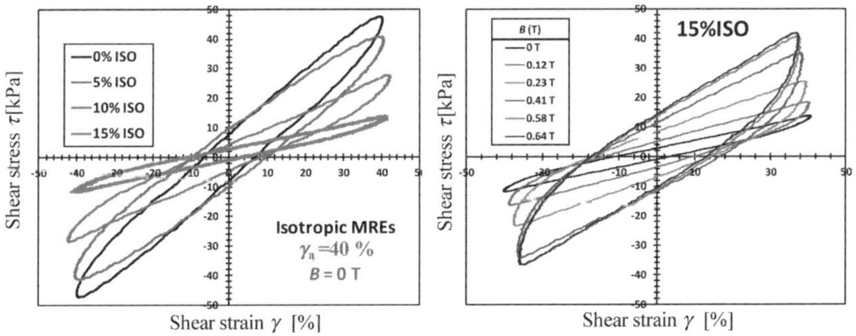

(a)　シリコーンオイルの添加量による変化（B=0 T）　　(b)　印加磁場による変化（15% ISO）

図6.3.6　粒子無配向MRエラストマーのせん断歪－せん断応力ヒステリシスループ

0、5、10、15 wt%（それぞれシリコンゴム割合30、25、20、15 wt%に相当）と多くなるに伴い、MRエラストマーの剛性を表すヒステリシスループの傾きが低下している。このことは、シリコーンオイルを添加することによってMRエラストマーの無磁場時の初期剛性を柔らくする効果があることを意味している。図(b)の最も柔らかいシリコーンオイル添加割合15 wt%のMRエラストマーの印加磁場に伴うヒステリシスループの変化は、楕円形状から若干外れた非線形ループを呈し、かつその傾きが印加磁場の増大に伴い大きくなり剛性が高くなっている。すなわち、印加磁場によってMRエラストマーの剛性を可変なことがわかる。このシリコーンオイルの添加割合および印加磁場による剛性の変化を、図6.3.6のせん断歪－せん断応力ヒステリシスループを線形化して求めた貯蔵弾性率G'の変化として表したのが図6.3.7(a)、(b)である[3]。粒子無配向（図(a)）および粒子配向（図(b)）にかかわらず、最も柔らかいシリコーンオイル添加割合15 wt%のMRエラストマーが、無磁場時（B=0 T）の初期貯蔵弾性率G'_0が最も小さく、かつB=0 ～ 0.6 Tの印加磁場の変化に対する貯蔵弾性率G'の変化幅も最も大きくなっている。作成したすべてのMRエラストマーに関して、その無磁場時（B=0 T）の初期貯蔵弾性率G'_0のせん断歪振幅ε_aに対する変化を図6.3.8(a)にまとめて示す[3]。初期貯蔵弾性率G'_0は、せん断歪振幅γ_aが大きくなるに伴い低下し、シリコーンオイル添加割合が多くなるほど低下して柔らかくなることがわかる。また、シリコーンオイル添加割合が0, 5 wt%と少ない比較的硬いMRエラストマーでは、初期貯蔵弾性率G'_0が粒子配向（ANI）と粒子無配向（ISO）で大きく異なり、粒子配向の場合に大きい。この両者の差は、シリコーンオイル添加割合が10、15 wt%と多くなって柔らかいMRエラストマーとなるほど小さくなる。

印加磁場（B=0 ～ 0.6 T）に対する貯蔵弾性率G'の増分$\Delta G'$を初期貯蔵弾性率G'_0で除した$\Delta G'/G'_0$はMRエラストマーのMR効果の大小を表す。その作成したすべてのMRエラストマーによる違いやせん断歪振幅γ_aに対する変化を図6.3.8(b)にまとめて示す[3]。いずれのMRエラストマーでも、$\Delta G'/G'_0$はせん断歪振幅γ_aが大きくなるにつれて低下し、シリコーンオイル添加割合が多くなり柔らかくなるほど上昇する。シリコーンオイル添加割合0 wt%のシリコンゴムだけの場合には、粒子

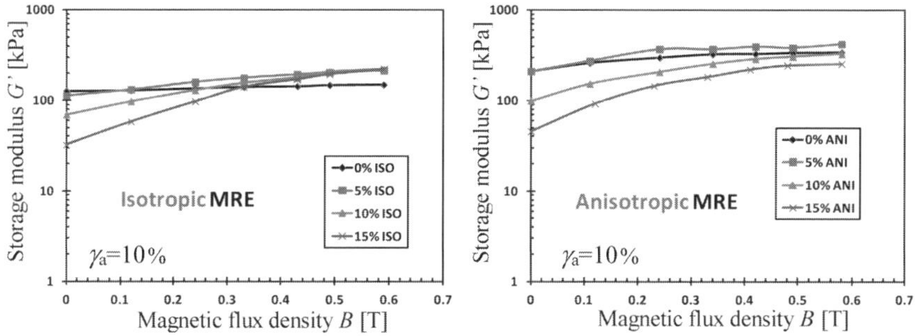

(a)　粒子無配向MRエラストマー　　(b)　粒子配向MRエラストマー

図6.3.7　印加磁場による貯蔵弾性率G'の変化のシリコーンオイル添加量による違い

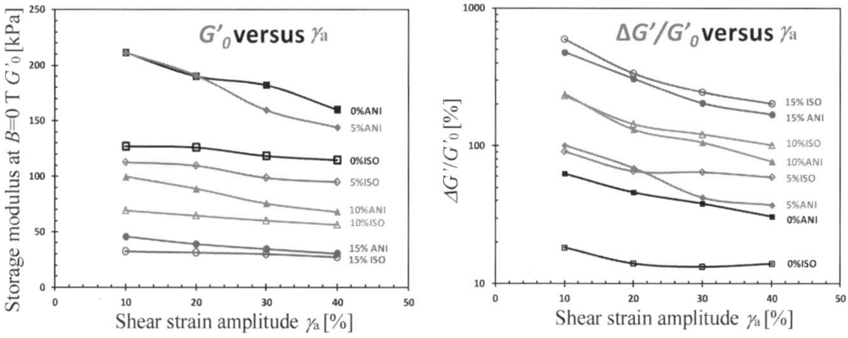

(a)　G'_0 vs. γ_a　　(b)　$\Delta G'/G'_0$ vs. γ_a

図6.3.8　貯蔵弾性率G'の無磁場時G'_0および磁場印加（B=0～0.6 T）による増分割合$\Delta G'/G'_0$の歪振幅γ_aに対する変化

配向および粒子無配向のMRエラストマーに対して、$\Delta G'/G'_0$はそれぞれ63.0%と18.1%とそれほど大きくはない。一方、シリコーンオイル添加割合15 wt%の最も柔らかいMRエラストマーの場合には、粒子配向の場合に最大で479%で粒子無配向の場合にはさらに大きく596%と約6倍の貯蔵弾性率G'の変化が得られ、著しく大きなMR効果を示すことがわかる。

6.3.5　MRエラストマーを活用した可変剛性吸振器とその適応同調吸振器への応用

上述したように、MRエラストマーは、印加磁場によりその減衰特性よりもむしろ弾性的特性を大きく変化できる機能性を示す。従って、MRエラストマーの応用に際しては、この剛性可変機能を活用することが多い。この剛性可変機能を活用した積層MRエラストマー吸振器の試作機が開発されている[7)]。この可変剛性吸振器は、図6.3.9(a)に示すように、厚さ1 mm、直径ϕ35 mmのシリコンゴムベースMRエラストマーシートと鋼板をそれぞれ16枚交互に積層して、その中間に永久磁石を、その周囲に電磁石コイル（線径ϕ1 mm, 巻数1,000 turns）と鉄鋼ヨークを配置して磁気回路が構成される構造をしている。電磁石へのコイル電流の印加方向により、積層MRエラストマーに印加される磁界を強めたり(図6.3.9(b))、弱めたりする(図6.3.9(c))ことにより、永久磁石だけによる磁界印加時の剛性を中心に剛性を増大および低下させることができる。図6.3.10に示す本積層MRエラス

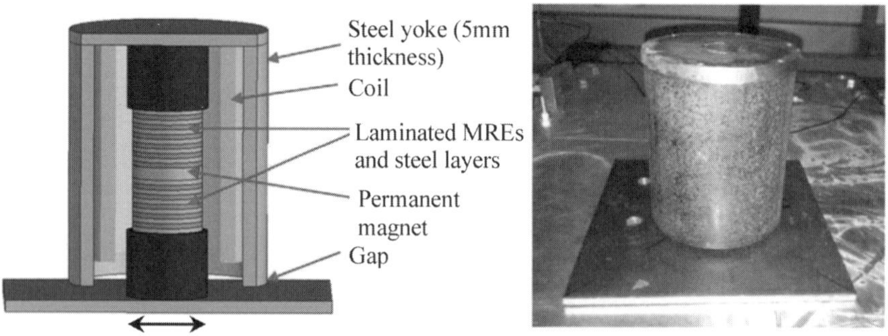

(a)　積層MRエラストマー可変剛性吸振器

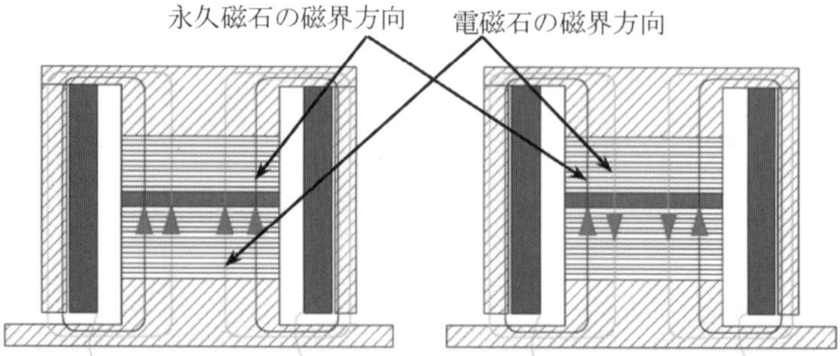

(b)　同方向磁界印加　　(c)　反対方向磁界印加

図6.3.9　積層MRエラストマー可変剛性吸振器とコイル電流による磁界制御

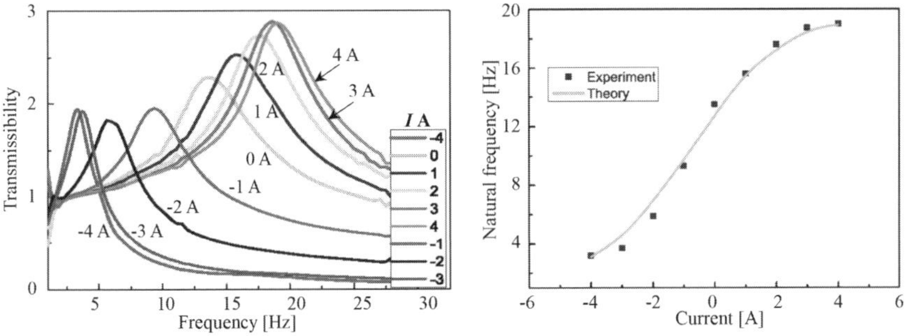

(a)　周波数伝達率　　　　(b)　印加電流による固有振動数の変化

図6.3.10　可変剛性機能を有する積層MRエラストマー吸振器の周波数伝達率および固有振動数の電磁石コイル印加電流 I Aによる変化

トマー可変剛性吸振器の基礎を水平方向に加振した際の周波数伝達率特性および固有振動数のコイル印加電流による変化からわかるように、印加電流 I Aに応じて吸振器の剛性が変化することにより、吸振器の固有振動数は、13.5 Hz（I=0 A）を中心に正電流印加時に上昇し、負電流印加時に低下しており、3.2 Hzから19 Hz程度まで固有振動数が可変なことがわかる。

本積層MRエラストマー可変剛性吸振器を1階建ての建物モデルSDOF振動系のルーフに設置することによって、吸振器の固有振動数を基礎の入力振動周波数に適応的に同調させることよって、広範な入力振動数に適応して建物の振動を効果的に抑制することができる。図6.3.11には、そのSDOF建物振動系＋積層MRエラストマー適応同調吸振器からなる振動系のモデルと適応同調吸振器による振動制御の結果を示す[7)]。図(a)に示すように、積層MRエラストマー適応同調吸振器は、基礎の振動 x_0 を検出し短時間フーリエ変換（Short time Fourier transform（STFT））を施して基礎振動の主要周波数成分を算出して、その周波数に吸振器の固有振動数をコイル電流を可変して同調させることによって、図(b)に示すように、SDOF建物振動系の振動エネルギーを吸収して振動を効果的に抑制することができる。図(b)は、8～19 Hzまでの入力振動周波数で基礎を正弦波加振した際の上記の積層MRエラストマー適応同調吸振器を適用した場合の基礎 a_0 および1階建物ルーフ a_1 の加速度信号のレベル比 a_1/a_0 を、固有振動数を11 Hzに

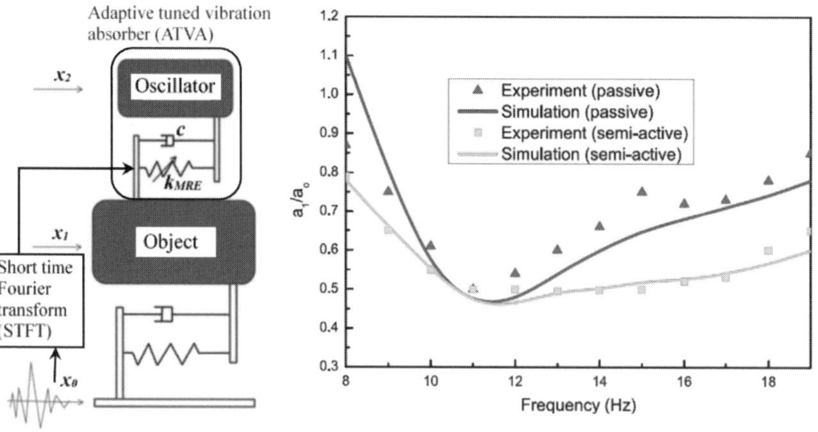

(a)　SDOF+吸振器の振動系モデル　　(b)　可変剛性吸振器による振動制御の結果

図6.3.11　SDOF振動系の積層MRエラストマー適応同調吸振器による振動制御

固定したパッシブ吸振器を適用した場合と比較して示している。11 Hzを除いたすべての入力振動周波数において、パッシブ吸振器を適用した場合に比して積層MRエラストマー適応同調吸振器を適用した場合の方がレベル比a_1/a_0が小さく、効果的な振動抑制が実現されていることがわかる。

6.3.6　MRエラストマーを活用した基礎アイソレータと免震制御

積層MRエラストマー基礎アイソレータの縮尺モデルが開発され、三階の建物モデルを対象としてその免振制御の効果が示されている[8)]。ここで開発された積層MRエラストマー基礎アイソレータは、図6.3.9の積層MRエラストマー可変剛性吸振器と酷似した構造をしており、10枚のMRエラストマーシートと11枚の鉄板を交互に積層し、その両端に二つの永久磁石を、その周囲に電磁石コイルと鉄鋼ヨークを配置して磁気回路が構成される構造をしている。コイル電流は永久磁石の磁界を打ち消すように印加され、コイル印加電流によって剛性が柔らかくなる特性を有している。図6.3.12に示す積層MRエラストマー基礎アイソレータの基礎を水平方向に正弦波スイープ加振をした際の周波数伝達率のコイル印加電流Iによる変化からわかるように、コイ

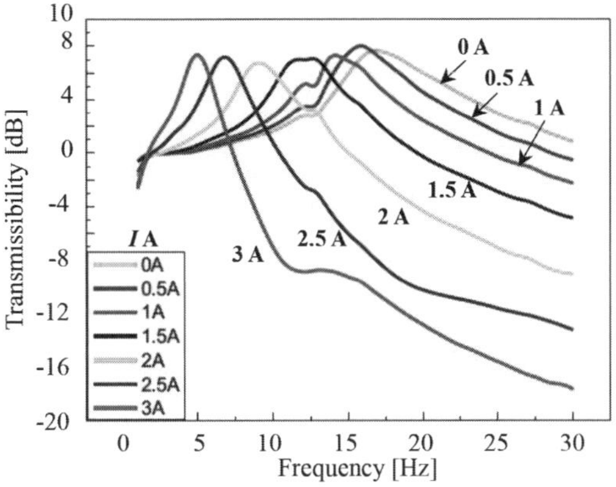

図6.3.12　積層MRエラストマーを活用した可変剛性基礎アイソレータの周波数伝達率のコイル印加電流 / Aによる変化

ル電流を増すとアイソレータの水平方向の剛性が低下することによって、アイソレータの固有振動数は、16.5 Hz（I=0 A）から5 Hz（I=3 A）まで約70%程度変化できる。

図6.3.13(a)に示すように、この積層MRエラストマー基礎アイソレータ4台の上に三階の建物モデルを搭載した3-DOFの免震制御システムを構築して、加振テーブルによる免震制御性能が評価されている[8)]。図6.3.13(b)には、時間スケーリングしたEI Centro地震波に対する建物モデルの二階および三階床の加速度応答波形を示す。一階床を加振テーブルに固定した場合 (fixed base)、固定減衰・剛性基礎アイソレータ (Passive)、およびファジー制御を適用した積層MRエラストマー可変剛性基礎アイソレータ（Controlled）の場合のものを比較して示してある。加速度応答振幅は、当然ながら固定基礎の場合に最も大きく、ファジー制御MRE基礎アイソレータの場合に最も小さく、地震波が終了するまで小さな加速度振幅を維持しており、良好な免震制御性能を発揮している。なお、ファジー制御では、一階と三階床の相対変位$x_3 - x_1$、一階床変位x_1、基礎床速度dx_g/dtを変数に用いてそれらのメンバーシップ関数に応じてコイル印加電流を最大の3 Aと最小の0 Aに切り換える制御を行っている[8)]。

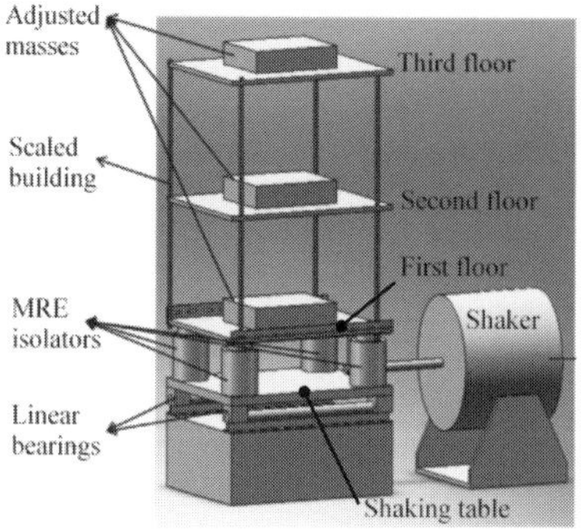

(a)　加振テーブル上のMRE基礎アイソレータ+三階建物モデル

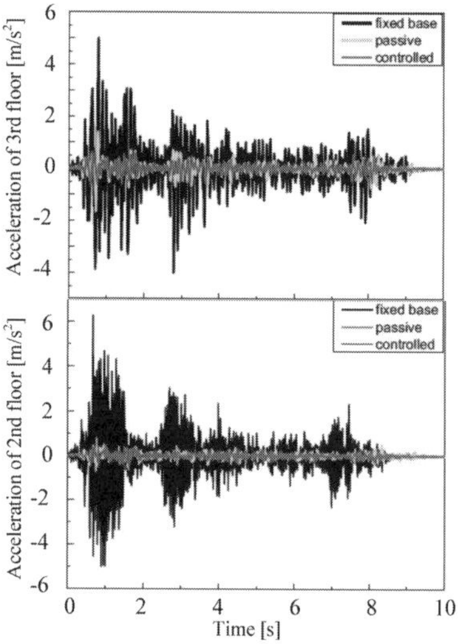

(b)　二階、三階床の加速度応答波形

図6.3.13　MRE基礎アイソレータ+三階建物モデルのEl Centro地震波に対する応答(固定基礎、固定剛性基礎アイソレータ、およびファジー制御MRE基礎アイソレータの場合の比較)

6.3.7　MRエラストマーのせん断変形による磁気特性変化と振動発電への応用

上述したように、MRエラストマーは、磁場を加えることによって外力による変形に対する応力を変化することができる。一方、磁性体に外力による応力を加え変形させるとその磁化特性が変化する現象がありビラリ効果（Villari effect）と呼ばれている。磁性体であるMRエラストマー、特に粒子配向MRエラストマーが印加磁場下において外力であるせん断力による往復せん断変形に伴ってその磁気特性（透磁率）が大きく変化することが見いだされ、その磁気特性変化の特性と機構とが明らかにされ、その特徴的な機能性を活用したファラデーの電磁誘導の法則を利用して振動エネルギーを電気エネルギーに変換する振動発電システムについて検討されている[9]。

図6.3.14(a)に示すように、一部に空隙（間隙5.0 mm、磁極面長l=50 mm、幅b=12 mm）を有して磁気閉回路を構成する四角形環状の電磁石（励磁コイル：線径d_c=0.5 mm、巻数1,560 turns）を用い、その空隙

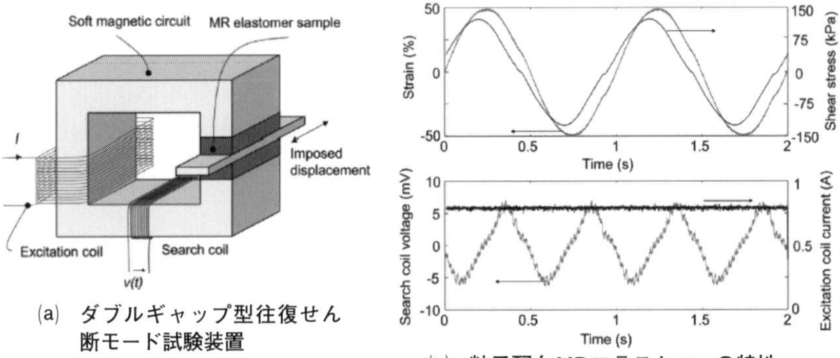

(a)　ダブルギャップ型往復せん断モード試験装置

(b)　粒子配向MRエラストマーの特性

図6.3.14　MRエラストマーの往復せん断変形に伴う応力とサーチコイル電圧の変化[9)]

部の両磁極面にMRエラストマー（厚さ2.0 mm、磁束通過面の面積A=50 mm×12 mm）を1枚ずつ貼り付け、その間に厚さ1 mmの鉄製の可動平板を装填した構造をもつダブルギャップ型往復せん断モード試験装置を用いて、供試MRエラストマーのせん断変形に伴う磁気特性の変化を測定している。この装置の励磁コイルに直流定電流を印加することでMRエラストマーのせん断方向に垂直な一様磁場Bが印加される。MRエラストマーのせん断変形に伴う磁気特性（透磁率）の変化は、電磁石の鉄芯に巻き付けたサーチコイル（巻数300 turns）の電圧変動$v(t)$から電磁誘導の法則に従って磁束密度の変化ΔBとして算出される。また、鉄製の可動平板は、可変速モータとスライダー・クランク機構によって正弦波状（周波数f=1 Hz）の繰り返し変位が与えられ、MRエラストマーに往復せん断変形が付与される。その変位xをレーザー変位計で計測し、可動平板に加わる力fをロードセルで計測し、それぞれMRエラストマーのせん断歪とせん断応力に変換される。

図6.3.14(b)の励磁コイル電流0.8 A時のシリコンゴムベース粒子配向MRエラストマーに関する試験結果からわかるように、せん断応力の付与による往復せん断変形に伴いサーチコイル電圧$v(t)$がせん断歪の2倍の周波数で振幅約5 mV程度で時間的に変動している。すなわち、サーチコイルを巻き付けた電磁石の鉄芯を流れる磁束が時間変動していることを意味しており、MRエラストマーの透磁率が往復せん断変

形に伴って変化していることになる。一方、視点を変えれば、可動平板で振動エネルギーがMRエラストマーに伝えられ、サーチコイルによって電気エネルギーに変換する振動発電システムへ応用することも可能である。MRエラストマーは柔軟性と順応性があり大きな振動振幅へ適用可能であり、かつ低コストであるなどのメリットがある。

図6.3.15には、得られたサーチコイルの電圧$v(t)$から電磁誘導の法則に従って算出したサーチコイルが巻かれた鉄芯を流れる磁束密度の変化ΔBのせん断歪に対する変化を示す。粒子無配向（図(a)）および粒子配向（図(b)）MRエラストマーの場合を比較したもので、いずれの印

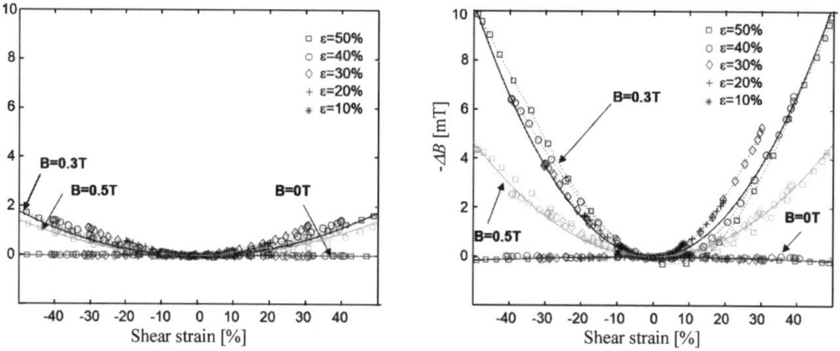

(a)　粒子無配向MRエラストマー　　(b)　粒子配向MRエラストマー

図6.3.15　磁場B下のMRエラストマーの往復せん断変形に伴う磁束密度の変化[9]

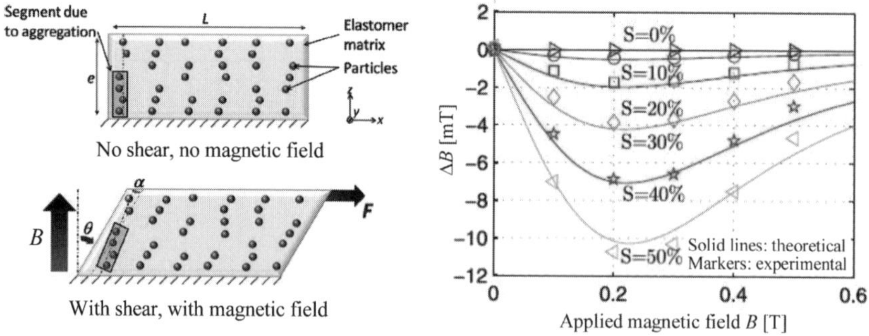

(a)　MRエラストマーの磁化モデルの原理　　(b)　磁束密度変化ΔB vs. 印加磁場B

図6.3.16　粒子配向MRエラストマーの印加磁場B下でのせん断歪振幅Sによる磁束密度変化ΔBの特性[10]

加磁場（B=0、0.3、0.5 T）およびせん断歪振幅（ε=10、20、30、40、50%）においても、粒子配向MRエラストマーの方が磁束密度の変化ΔBがせん断歪に対して大きく変化していることがわかる。このことは、MRエラストマーの透磁率の大きな変化には、強磁性体粒子の鎖状構造が関与していることを意味している。また、印加磁場B=0.3 T程度の場合に最もΔBが大きく変化しており、印加磁場BもMRエラストマーの透磁率の変化に関与していることがわかる。

これらのことが、図6.3.16(a)に示す粒子配向MRエラストマーの凝集粒子鎖からなるセグメントの方向が印加磁場・せん断歪下で印加磁場方向に対して偏向することに伴ってセグメントの磁化率が変化するという磁化モデルによって理論的に解析し、明らかにされている[10]。MRエラストマーの磁束密度の変化ΔBは、印加磁場Bおよびせん断歪振幅Sに対して図6.3.16(b)に示すように変化し、せん断歪振幅Sが大きくなるほど増大する。また、すべてのせん断歪振幅Sにおいて、印加磁場Bの上昇に伴い、ΔBはB=0.22 T程度で最大となりそれ以上では徐々に減少する特性を示しており、実線の理論解析結果は実験結果に良く一致している。このΔBの印加磁場Bに対する変化特性において、約B=0.22 T以上でΔBが減少する特性は、凝集粒子鎖からなるセグメントあるいは各粒子が磁気的に飽和することに起因していることを、一定間隔を置いて連なる一連の粒子鎖のせん断変形に伴う離隔に配慮したFEM磁場解析によって明らかにされている[11]。今後、以上の研究成果に基づいて、ソフトマテリアルであるMRエラストマーの柔軟性、順応性、そして低コストなどの特徴を最大限に活かした最適な振動発電システムやセンサーシステムが開発されることを期待したい。

6.3.8　おわりに

シリコンゴム、PDMS等をマトリックスとして、強磁性体微粒子を分散して固化したMRエラストマーは、印加磁場による可変粘弾性特性、特に可変弾性特性を有する。本節では、主にせん断変形モードでの基本的MR特性とその振動制御分野への応用、そして外的な力による磁気特性の変化を活用した振動発電やセンサーへの応用などについて取り上げ解説している。その他に、圧縮・伸展モードでのマウントやブッシュへの活用や磁場印加による磁気歪効果を活用したアクチュエータへの応用など、MRエラストマーが発揮する多彩な機能性を活用した特徴的なデバイスやシステムへの応用展開が期待できる。

＜参考文献＞

1) Y. Li, J. Li, W. Li and H. Du: “A State-of-the-art Review on Magnetorheological Elastomer Devices”, Smart Materials and Structures, **23**, 12, Article No.123001, pp.1-24 (2014-11).

2) A. K. Bastola, M. Paudel, L. Li and W. Li: “Recent Progress of Magnetorheological Elastomers: A Review”, Smart Materials and Structures, **29**, 12, Article No.123002, pp.1-27 (2020).

3) T. Tian and M. Nakano: “Fabrication and Dynamic Viscoelastic Properties of Silicone Rubber-based MR Elastomers with Silicone Oil”, Int. J. of Applied Electromagnetics and Mechanics, **59**, 1, pp.349-355 (2019-3).

4) E. Guth: “Theory of Filler Reinforcement”, J. of Applied Physics, **16**, 20, pp.20-25 (1945).

5) L. C. Davis: “Model of Magnetorheological Elastomers”, J. of Applied Physics, **85**, 6, pp.3348-3351 (1999-3).

6) W. Li and M. Nakano: “Fabrication and Characterisation of PDMS based Magnetorheological Elastomers”, Smart Materials and Structures, **22**, 5, Article No.055035, pp.1-7 (2013-5).

7) S. Sun, H. Deng, J. Yang, W. Li, H. Du, G. Alici and M. Nakano: “An Adaptive Tuned Vibration Absorber Based on Multilayered MR Elastomers”, Smart Materials and Structures, **24**, 4, Article No.045045, pp.1-13 (2015-4).

8) J. Yang, S. Sun, T. Tian, W. Li, H. Du, G. Alici and M. Nakano: “Development of a Novel Multi-layer MRE Isolator for Suppression of Building Vibrations Under Seismic Events”, Mechanical Systems and Signal Processing, **70-71**, pp.811-820 (2016-3).

9) G. Sebald, M. Nakano, M. Lallart, T. Tian, G. Diguet and J.-Y. Cavaille:” Energy Conversion in Magneto-Rheological Elastomers”, Science and Technology of Advanced Materials, **18**, 1, pp.766-788 (2017-12).

10) M. Lallart, G. Sebald, G. Diguet, J.-Y. Cavaille and M. Nakano: “Anisotropic Magnetorheological Elastomers for Mechanical to Electrical Energy Conversion”, J. of Applied Physics, **122**, 10, Article No.103902, pp.1-7 (2017-9).

11) G. Diguet, G. Sebald, M. Nakano, M. Lallart and J.-Y. Cavaille:” Magnetic Particle Chains Embedded in Elastic Polymer Matrix Under Pure Transverse Shear and Energy Conversion”, J. of Magnetism and Magnetic Materials, **481**, pp.39-49 (2019-7).

索 引

さ

編著者紹介

中野 政身

所属：東北大学 未来科学技術共同研究センター

1982年　早稲田大学大学院 理工学研究科 博士後期課程修了、工学博士

1982年　山形大学 工学部 助手、助教授を経て

1997年　山形大学 工学部 教授

2008年　東北大学 流体科学研究所 教授

2018年　東北大学 未来科学技術共同研究センター 教授、現在に至る

米国リーハイ大学 客員教授（1990年）、東北大学 流体科学研究所 客員教授（2000年）

機能性流体、流体関連振動・騒音、振動制御などに関わる知能流体制御システム工学の研究に従事

○日本フルードパワーシステム学会理事、日本混相流学会元理事、日本機械学会フェロー、日本技術者教育認定機構フェロー、日本フルードパワーシステム学会「機能性流体に関連する研究委員会（7回設置（各3年間））」委員長

○日本機械学会:学会賞（論文）（1981年、2014年）、東北支部技術研究賞（2003年、2007年）、流体工学部門フロンティア表彰（2003年）、部門賞（2010年）、貢献表彰（2011年）、自動車技術会：論文賞（2015年）、日本義肢装具学会：土屋和夫論文賞（2016年）、日本フルードパワーシステム学会：学術貢献賞（2017年）、技術開発賞（2018年）、ほか

初歩と実用シリーズ

機能性流体入門

—基礎と応用—

2021年7月30日　初版第1刷発行

定　価　本体2,500円＋税《検印省略》

編　　著　中野政身

発 行 人　小林大作

発 行 所　日本工業出版株式会社

https://www.nikko-pb.co.jp　e-mail：info@nikko-pb.co.jp

本　　社　〒113-8610　東京都文京区本駒込6-3-26

TEL：03-3944-1181　FAX：03-3944-6823

大阪営業所　〒541-0046　大阪市中央区平野町1-6-8

TEL：06-6202-8218　FAX：06-6202-8287

振　　替　00110-14874

■乱丁本はお取替えいたします。

ISBN978-4-8190-3307-7 C3053　¥2500E